Mechanics of materials

# 재료역학

김의수 지음

도서출판 동화기술

# 머리말

재료역학은 소방, 안전, 가스, 에너지를 전공한 학생에게 있어서는 필수적이며 이에 관한 다수의 서적이 출판되어 있고 기본이 되는 과목임에도 불구하고 기계 전공자 외에 접하기가 어렵고 개념 이해보다는 수치적 계산이 많다는 점에서 일반 공학도나 관련 직종에 관계하시는 분들이 학습하는데 많은 애로점을 가지고 있다. 기계공학 관점에서 재료역학은 기본과 심화 과정이 별도로 분리하여 학습이 진행되고 그 깊이 또한 각각 매우 깊다고 할 수 있으나 소방, 안전, 가스, 에너지를 전공한 학생에 있어서는 과목 하나의 깊이 보다는 역학적 관점에서 하중에 대한 고체의 변형 및 고체에 미치는 영향에 관한 폭넓은 지식을 습득하는 것이 오히려 학습에 있어 도움이 되리라 생각해 본다.

이에 저자는 기계공학, 재료공학 등을 전공하지 않은 일반 공학도와 현재 공학 관련 업무를 하고 있음에도 불구하고 전혀 공학적 지식이 없는 직장인들을 대상으로 스스로 공부하여 이해하기 힘든 재료역학 과목에 대해 이해력을 증진시키고 간단한 문제를 해결할 수 있도록 하는데 목적을 두고 본 서적의 내용을 구성하였다.

물리, 공학적 지식이 전혀 없는 학생과 일반인들을 위해 우선 재료역학 지식을 습득하기 위해 기초가 되는 물리량에 대해 연습문제와 더불어 이를 이해할 수 있도록 다루었으며, 이를 바탕으로 재료역학의 기초가 되는 고체의 성질에 관한 지식을 제공하였다. 이후 본격적으로 정하중에 관한 고체 정역학과 응력의 조합 상태, 평면 도형의 성질을 제시하였으며, 비틀림을 고려한 고체의 변형과 보의 처짐, 보의 처짐, 부정정보에 대해 마무리함으로써 재료역학적 기본 지식을 학습시키고자 하였고 이를 위해 재료역학 관련 각종 자격시험에 대비한 최근 기출문제와 유사한 문제를 수록하여 실전감각을 익히도록 고려하였다.

또한, 재료의 경우는 기계공학 실험을 통한 물성치 취득이 매우 중요함으로 이러한 재료의 인장응력, 굽힘응력, 전단응력, 피로응력, 충격응력, 비틀림응력 등을 산출하기 위해 각종 시험에 대해 우선 학습한 후 재료의 기초적인 물성에 관한 이론적 지식을 함양시키고자 하였고, 파괴의 개념과 파단면 검사에 관한 내용을 따로 정리함으로써 재료역학 관련 전반적인 감각을 익히도록 고려하였다.

본 저자는 국립과학수사연구원, 삼성전자, LG전자 등에서 공정엔지니어 및 연구원, 사고조사관 등의 실제 경험을 바탕으로 실제 사용 빈도가 높은 재료역학에 관한 지식을 제시함으로써 현장에서 적용이 반드시 필요한 살아 있는 실무 지식을 담아 기술하는데 노력하였다. 또한 원고 집필을 위해 자료 발췌 및 정리 등에 힘써 준 한국교통대학교 기계안전공학실험실 학생들에게 감사드리고, 마지막으로 책의 출판을 위해 물심양면 도와준 아내와 도서출판 동화기술 직원 분들께 감사드리며, 본 서적을 통해 많은 분들이 재료역학을 전반적으로 이해하는데 많은 도움이 되길 소망해 본다.

충주캠퍼스 테크노관에서

저자 김의수 올림

# 차례

## Chapter 4
### 평면도형의 성질



## Chapter 5
### 비틀림(Torsion)



## Chapter 6
### 보(Beam)의 전단과 굽힘

## Chapter 7

# 보의 응력



## Chapter 8

# 보의 처짐



## Chapter 9

# 부정정보



## Chapter 10

# 기둥

## Chapter 11
## 기계공학실험



## Chapter 12
## 파괴와 파단면 검사

Chapter

# 01 하중

## 1.1 하중과 응력

### 1.1.1 하중(Load)

물체가 외부에서 힘의 작용을 받았을 때 그 힘을 외력(External Force)이라 하고, 재료에 가해진 외력을 하중(Load)이라 한다.

**1) 하중이 작용하는 방법에 의한 분류**

① 인장하중(Tensile Load) : 재료의 축방향으로 늘어나려고 하는 하중

② 압축하중(Compressive Load) : 재료의 축방향으로 밀어 줄어들게 하는 하중

③ 휨하중(Bending Load) : 재료를 구부려 휘어지게 하는 하중

④ 비틀림 하중(Torsional Load) : 재료를 비틀려는 하중

⑤ 전단하중(Shearing Load) : 재료를 가위로 자르려는 것처럼 작용하는 하중

**2) 하중이 걸리는 속도에 의한 분류**

① 정하중(Static Load) : 시간과 더불어 크기와 방향이 변화하지 않거나, 변화하더라도 무시할 수 있을 정도의 아주 작은 하중

② 동하중(Dynamic Load) : 하중의 크기와 방향이 시간과 더불어 변화하는 하중으로 그 작용하는 방법에 의하여 다시 다음과 같이 나눈다.

㉠ 반복하중(Reapeated Load) : 하중의 크기와 방향이 같고 일정한 하중이 되풀이하여 작용하는 하중

㉡ 교번하중(Alternative Load) : 하중의 크기와 방향이 음·양으로 반복하면서 변화하는 하중

㉢ 충격하중(Impact Load) : 짧은 시간 내에 급격히 변화하는 하중

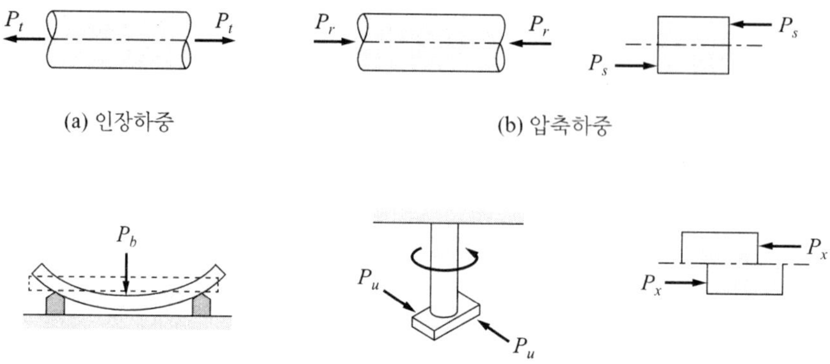


(a) 인장하중 (b) 압축하중

(c) 휨하중 (d) 비틀림 하중 (e) 전단하중

[그림 1.1] 작용하는 상태에 따른 하중의 분류

### 3) 분포상태에 의한 분류

① 집중하중(Concentrated Load)

② 분포하중(Distributed Load)

## 1.1.2 응력(Stress)

어떤 물체에 하중이 걸리면 그 재료의 내부에는 저항하는 힘이 생겨 균형을 이루는데 이 저항력을 응력이라고 하며, 단위는 [kg/cm$^2$]으로 나타낸다.

### 1) 응력의 종류

① 수직응력(Normal Stress) : 단면에 대하여 수직하게 작용하는 응력 [인장응력($\sigma_t$), 압축응력($\sigma_c$)]

② 전단응력(Shearing Stress) : 단면에 대하여 평행하게 작용하는 응력(=접선응력(Tangential Stress))

### 2) 인장응력과 압축응력

① 인장응력 : $\sigma_t = \dfrac{P_t}{A}$

② 압축응력 : $\sigma_c = \dfrac{P_t}{A}$

($P_t$ : 인장하중, $P_c$ : 압축하중, $A$ : 단면적)

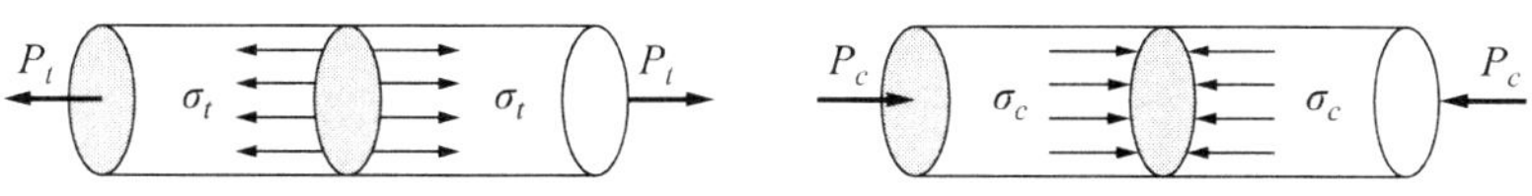


(a) 인장응력　　　(b) 압축응력

[그림 1.2] 수직응력

### 3) 전단응력

① 전단응력(Shearing Stress) : $\tau = \dfrac{P_s}{A}$ ($P_s$ : 전단하중)

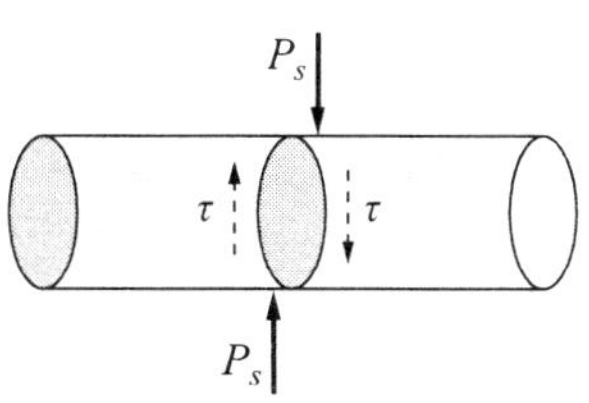


[그림 1.3] 전단응력(접선응력)

# 1.2 변형률과 탄성계수

## 1.2.1 변형률(Strain)

물체에 외력을 가하면 내부에 응력이 발생하며 형태와 크기가 변하는데, 그 변화량과 원래 치수와의 비율, 즉 단위길이에 대한 변형량으로서 변화의 정도를 비교한 것을 말한다.

### 1) 종변형률(세로변형률 : Longitudinal Strain)

수직(축, 세로)변형률(Axial Strain) : $\varepsilon = \dfrac{l' - l}{l} = \dfrac{\delta}{l}$

"인장"인 경우 : $\delta = l' - l$

"압축"인 경우 : $\delta = l - l'$

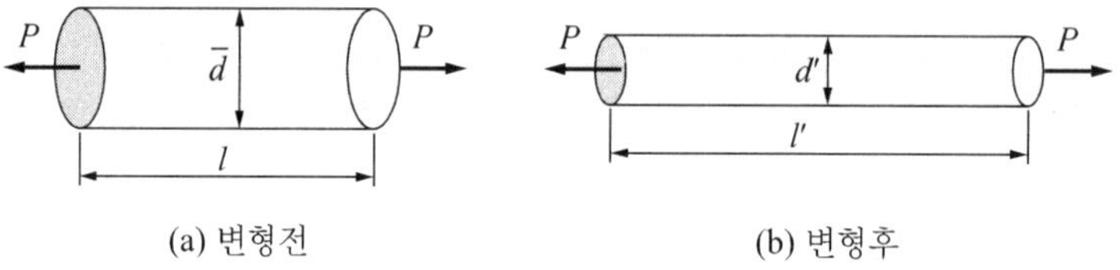


[그림 1.4] 수직응력에 의한 변형률

### 2) 횡변형률(가로 변형률 : Lateral Strain)

가로변형률 : $\varepsilon' = \dfrac{d' - d}{d} = \dfrac{\lambda'}{d}$($\lambda'$ : 가로변형 길이)

"인장"인 경우 : $\lambda = d' - d$

"압축"인 경우 : $\lambda = d - d'$

### 3) 전단변형률(Shearing Strain)

$$\text{전단변형률} : \gamma = \frac{\lambda}{l}$$

$$\tan\theta = \frac{\lambda_s}{l} \fallingdotseq \theta = \gamma(rad)$$

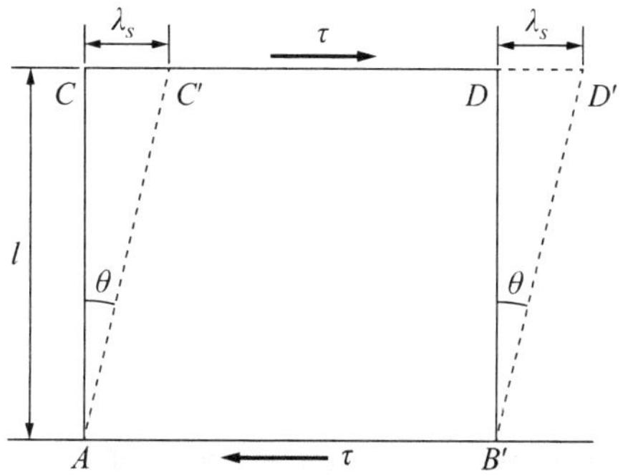


[그림 1.5] 전단응력에 의한 변형률

### 4) 체적변형률(Volumetric Strain)

물체에 세로 변형률이 생기면 체적이 변화하고 그 변형량 $\Delta V$의 원래 체적 $V$에 대한 비, 즉 $\Delta V$를 $V$로 나눈 단위 체적마다의 체적 변화율의 비를 체적 변형률이라 한다.

$$\varepsilon_v = \frac{\Delta V}{V}$$

여기서, $V$: 원래의 체적(mm$^3$)
$\Delta V$ : 체적의 변화량(mm$^3$)

또한 물체의 한 변의 길이가 $l$인 정육면체가 각 변이 인장변형 $\varepsilon(+)$ 또는 압축변형 $\varepsilon(-)$을 발생하고 있다고 하면 미소량 $\varepsilon$의 2차항 이상은 극히 적은 값이므로 무시하면 결국,

$$\varepsilon_v = \frac{V' - V}{V} = \frac{(l \pm \lambda)^3 - l^3}{l^3} = \frac{l^3(1 \pm \varepsilon)^3 - l^3}{l^3}$$

$$= \pm 3\varepsilon + 3\varepsilon^3 \pm \varepsilon^3 \fallingdotseq \pm 3\varepsilon$$

$$\therefore \varepsilon_v = \pm 3\varepsilon$$

즉, 체적 변형률($\varepsilon_v$)은 종변형률($\varepsilon$)의 3배에 상당함을 알 수 있다.

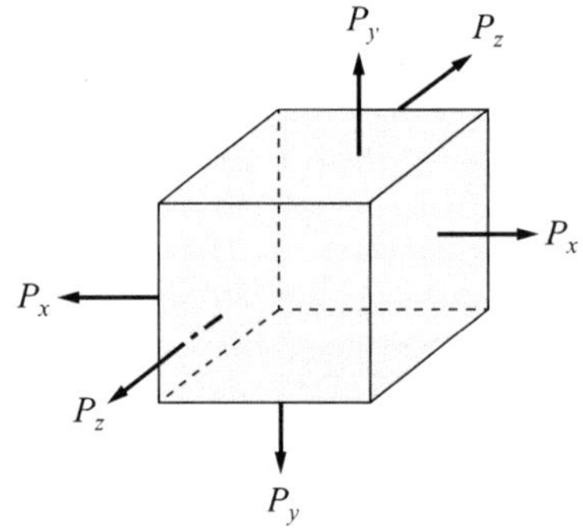


[그림 1.6] 체적 변형률

## 1.2.2 탄성계수

Tomas Young은 재료의 강성(Stiffness)을 측정하는데 변형률에 대한 응력의 비를 사용할 것을 제안하였다. 이 비를 Young의 계수 혹은 탄성계수라 하고, 그 비는 응력과 변형률 선도의 직선부분 기울기이다.

### 1) 훅(Hooke)의 법칙 : 비례한도 이내에서 응력과 변형율은 비례한다.

$$\sigma \propto \varepsilon$$

### 2) 세로탄성계수(종탄성계수)

① $E = \dfrac{\sigma}{\varepsilon} = \dfrac{P/A}{\delta/l} = \dfrac{P \cdot l}{A \cdot \delta}$, $\delta = \dfrac{Pl}{AE}$

② 연강에서 세로탄성계수 $E = 2.1 \times 10^6\ [\mathrm{kg/cm^2}]$

### 3) 가로탄성계수(횡탄성계수)

① $G = \dfrac{\tau}{\gamma} = \dfrac{P_s/A}{\lambda/l} = \dfrac{P_s \cdot l}{A \cdot \lambda}$

② 연강에서 가로탄성계수 $G = 0.81 \times 10^6\,[\mathrm{kg/cm^2}]$

[표 1.1] 재료의 기계적 성질

| 재료 | $E$ (kg/cm$^2$ × 10$^6$) | $G$ (kg/cm$^2$ × 10$^6$) | $K$ (psi) × 10$^6$ | $E$ (psi) × 10$^6$ | $G$ (psi) × 10$^6$ | $K$ (psi) × 10$^6$ | 1/m = $\mu$ |
|---|---|---|---|---|---|---|---|
| 철 | 2.15 | 0.83 | 1.75 | 30.58 | 11.81 | 24.89 | |
| 연강 ($C$0.12～0.2%) | 2.12 | 0.84 | 1.48 | 30.16 | 11.95 | 21.05 | 0.28～0.3 |
| 경강 ($C$0.4～0.5%) | 2.09 | 0.84 | 1.36 | 29.73 | 11.95 | 19.35 | |
| 주강 | 2.15 | 0.83 | 1.75 | 30.58 | 11.81 | 24.89 | |
| 주철 | 0.75～1.30 | 0.29～0.40 | 0.6～1.73 | 10.67～18.49 | 4.13～5.69 | 8.54～24.61 | 0.2～0.3 |
| 니켈강 (Ni 2～3%) | 2.1 | 0.84 | 1.4 | 29.87 | 11.95 | 19.92 | 0.3 |
| 니켈 | 2.1 | 0.73 | 1.54 | 29.87 | 10.38 | 21.29 | 0.31 |
| 텅스텐 | 3.7 | 1.6 | 3.33 | 52.63 | 22.76 | 47.37 | 0.17 |
| 구리 | 1.25 | 0.47 | 1.22 | 17.79 | 6.69 | 17.35 | 0.34 |
| 청동 | 1.16 | | | 16.5 | | | |
| 인청동 | 1.34 | 0.43 | 3.84 | 19.6 | 6.12 | 54.62 | 0.187 |
| 포금 | 0.95 | 0.40 | 0.51 | 13.51 | 5.69 | 7.25 | |
| 황동(7·3) | 0.98 | 0.42 | 0.49 | 13.94 | 5.97 | 6.97 | 0.34 |
| 알루미늄 | 0.72 | 0.27 | 0.72 | 10.24 | 3.84 | 10.24 | 0.34 |
| 두랄루민 | 0.70 | 0.27 | 0.57 | 9.96 | 3.84 | 8.11 | 0.33 |
| 주석 | 0.55 | 0.28 | 0.18 | 7.82 | 3.98 | 2.56 | 0.45 |
| 납 | 0.17 | 0.078 | 0.07 | 2.42 | 1.01 | 1.00 | 0.45 |
| 아연 | 1.00 | 0.30 | 1.0 | 14.23 | 4.27 | 14.23 | 0.2～0.3 |
| 금 | 0.81 | 0.28 | 2.52 | 11.52 | 3.98 | 35.85 | 0.42 |
| 은 | 0.81 | 0.29 | 1.31 | 11.52 | 4.13 | 18.63 | 0.48 |
| 백금 | 1.70 | 0.62 | 2.2 | 24.18 | 8.82 | 31.3 | 0.39 |

## 1.3 응력과 변형률 선도

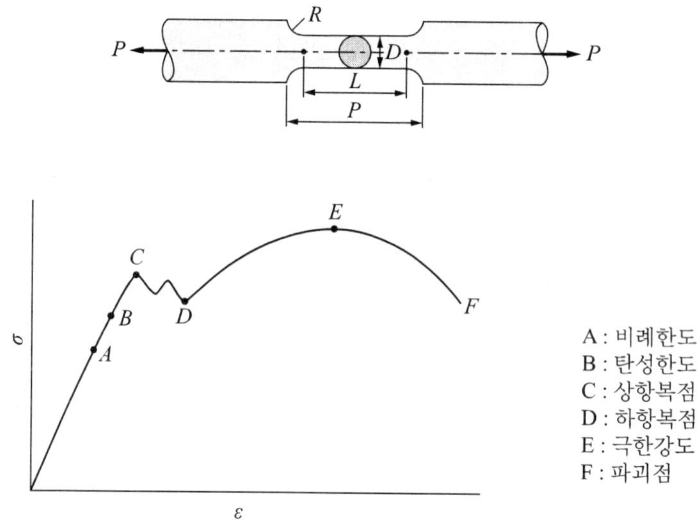


[그림 1.7] 응력 - 변형률 선도

재료의 기계적 성질을 결정하는 시험법 중 가장 중요한 것은 인장시험이다. 위의 [그림 1.7]에서와 같이 인장시편에 축 방향으로 하중을 서서히 가하면서 정해진 표점거리 $L$의 신장량을 기록한다. 이렇게 하여 얻은 하중을 시편의 단면적으로 나누어 각 하중에 해당하는 응력($\sigma$)을 얻고 신장량을 표점거리 $L$로 나누어 변형율($\varepsilon$)을 얻은 다음 그러한 관계를 나타낸 것이 응력 - 변형률 선도이다.

① **탄성(Elasticity)과 소성(Plasticity)**

㉠ **탄성** : 물체에 외력의 크기가 탄성한도 내에서 작용하면 변형을 일으키고 외력이 제거되면 원형(원상태)으로 돌아간다. 이와 같이 외력이 제거되는 동시에 원상태로 되돌아가는 성질을 탄성이라 한다.

㉡ **소성** : 외력의 크기가 탄성한도를 초과하여 물체에 작용하면 외력을 제거한 후에도 변형의 일부분은 소실되고 영구변형을 일으키는데, 이러한 영구변형을 발생하는 물체의 성질을 소성이라 한다.

② **비례한도(Proportional limit)** : 응력과 변형률이 직선비례하는 한계응력,

즉 A 점을 말한다.

③ **탄성한도(Elastic limit)** : 잔류 응력이 존재하지 않는 상한응력을 말하며 B 점이다.

④ **변형 경화(Strain hardening)** : 미끄럼 변형이 모든 부분에 미치면 일단 미끄러진 면은 미끄럼에 대한 저항이 증가하기 때문에 더욱 변형이 증가하면 응력도 증가해가는 성질을 말한다. 어떤 재료가 변형경화되면, 탄성한계가 증가되어 재료의 강도가 증가한다. 또한 재료의 전체적인 변형률이 감소한다.

⑤ **피로** : 재료는 정하중상태에서 충분한 강도를 가지고 있더라도 반복하중 및 교번하중을 받으면 바로 파괴되는 현상

⑥ **크리이프(Creep)** : 재료에 어떤 일정한 하중을 가하거나 어떤 온도에서 장시간 동안 유지하면 시간이 경과함에 따라 변형이 증가되는 현상

⑦ **취성(Brittleness)** : 인성이 상실되어 충격하중이 극히 작음에도 불구하고 파괴되는 현상

⑧ **바우싱거효과(Baushinger effect)** : 반대 방향의 하중을 반복해서 작용시킬 때 나타나는 탄성한계의 하강 현상

⑨ **탄성후기효과(Elasticafter effect)** : 재료에 영구변형을 일으키게 하면 그 양이 시간의 경과에 따라서 변화는 현상

# 1.4 포아송의 비(Poisson's Ratio)($\nu$)

## 1.4.1 포아송의 비

재료의 탄성 한계 내에서 그 재료의 종변형률과 횡변형률의 비는 일정한 값을 갖는데, 이러한 비를 포아송의 비라 하며 이것은 한 재료가 갖는 고유한 성질이다.

$$\nu = \frac{1}{m} = \frac{\varepsilon'}{\varepsilon} = \frac{\lambda_s/d}{\delta/l} = \frac{l\lambda_s}{d\delta}\ (m : \text{포아송수 또는 횡축계수})$$

포아송의 비는 절대량의 비교이므로 항상 +값이다. 일반적으로 공업용 금속의 $\nu$는 0.27~0.33 정도이고 고무의 $\nu=0.5$이다. 즉, $\nu=0$에서부터 $\nu=0.5$ 사이의 값을 갖는다.

즉, 고무의 경우는 $\nu=0.5=\frac{1}{2}$이므로 체적이 거의 변하지 않는다.

$$\varepsilon' = \frac{\varepsilon}{m} = \frac{\sigma}{mE}$$

$$\varepsilon_x = \frac{1}{E}\left[\sigma_x - \nu(\sigma_y + \sigma_z)\right],\ \sigma_x = \frac{E}{1-\nu^2}(\varepsilon_x + \nu\varepsilon_y)$$

**참고**

* 단면적의 변화율 $= \frac{\Delta A}{A} = 2\nu\varepsilon$
* 단면적의 변화량 : $\Delta A = 2\nu\varepsilon A$
* 체적 변화율 : $\varepsilon_v = \frac{\Delta V}{V} = \varepsilon(1-2\nu)$
* 체적 변화량 : $\Delta V = \varepsilon(1-2\nu)V$

## 1.4.2 탄성계수 사이의 관계

$$G = \frac{E}{2(1+\nu)} = \frac{mE}{2(m+1)},\ K = \frac{mE}{3(m-2)} = \frac{GE}{9G-3E}$$

($K$ : 체적탄성계수)

$$mE = 2G(m+1) = 3K(m-2)$$

여기서, $E$ : 세로 탄성계수

$G$ : 횡탄성계수

$m$ : 포와송 수
$K$ : 체적 탄성계수

# 1.5 안전율과 응력집중

## 1.5.1 안전율

### 1) 사용응력

구조물과 기계 등에 실제로 사용되었을 경우 발생하는 응력이다. 사용응력은 허용응력 및 탄성한도 내에 있어야 하며 설계를 할 때는 충격하중, 반복하중, 압축응력, 인장응력 등 각종 요일을 고려하여 실제로 발생될 응력을 산출한 후 충분히 안전하도록 재료를 선택하고 부재 크기 등을 정해야 한다.

### 2) 허용응력(Allowable Stress)

기계나 구조물에 사용되는 재료의 최대 응력은 언제나 탄성한도 이하여야만 하중을 가하고 난 후 제거했을 때 영구변형이 생기지 않는다. 기계의 운전이나 구조물의 작용이 실제적으로 안전한 범위 내에서 작용하고 있는 응력을 사용응력(Working Stress)이라 하고, 재료를 사용하는데 허용할 수 있는 최대 응력을 허용응력이라 할 때 사용응력은 허용응력보다 작아야 한다.

사용응력 ≤ 허용응력 ≤ 탄성한도

### 3) 안전율(Safety Factor)

안전율은 응력계산 및 재료의 불균질 등에 대한 부정확을 보충하고 각 부분의 불충분한 안전율과 더불어 경제적 치수결정에 대단히 중요한 것으로서 다음과 같이 표시된다.

$$S = \frac{\text{최대응력}(\sigma_u)}{\text{허용응력}(\sigma_a)} = \frac{\text{항복응력}(\sigma_y)}{\text{허용응력}(\sigma_a)}$$

안전율을 크게 잡을수록 설계의 안정성은 증가하나 그로 인해 기계·구조물의 중량이 무거워지고, 재료·공사량 등이 불리해지므로 최적 설계를 위해서 안전율은 안전성이 보장되는 한 가능한 작게 잡아야 한다. 안전율이나 허용응력을 결정하려면 재질, 하중의 성질, 하중과 응력계산의 정확성, 공작방법 및 정밀도, 부품형상 및 사용 장소 등을 고려하여야 한다.

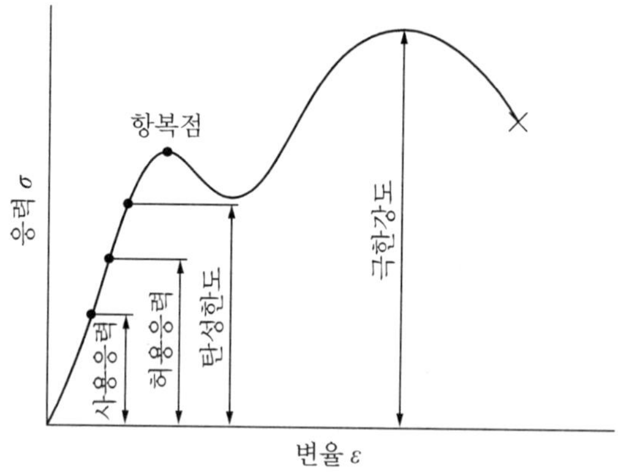


[그림 1.8] 응력 - 변형률 선도

#### 4) 안전율의 선정

① 재질 및 그 균일성에 대한 신뢰도 : 일반적으로 연성 재료는 내부 결함에 대한 영향이 취성재료보다 적다. 또 탄성파손 후에도 곧 파괴가 일어나지 않으므로 취성재료 보다 안전율을 작게 한다. 인장굽힘에 대해서는 많이 검토가 되었으나 전단, 비틀림, 진동, 압축 등은 아직 불명확한 점이 안전율을 크게 한다.

② 응력계산의 정확도 : 형상 및 응력장용상태가 단순한 것은 정확도가 괜찮으나 가정이 많을수록 안전율을 크게 한다.

③ 응력의 종류 및 성질 : 응력의 종류 및 성질에 따라 안전율을 다르게 적용한다.

④ 불연속 부분의 존재 : 단단한 축, 키홈 등 불연속 부분에는 응력집중으로

인한 노치효과가 있으므로 안전율을 크게 잡는다.

⑤ 사용 중 예측하기 어려운 변화의 가정 : 마모, 부식, 열응력 등에 다른 안전율을 고려한다.

⑥ 공작 정도 : 기계 수명에 영향을 미치므로 안전율을 고려한다.

[표 1.2] 경험적 안전율

| 재료 | 정하중 | 동하중 | | |
|---|---|---|---|---|
| | | 반복하중 | 교번하중 | 충격하중 |
| 일반구조용강 | 3 | 5 | 8 | 12 |
| 주강 | 3.5 | 5 | 8 | 15 |
| 주철 및 취성금속류 | 4 | 6 | 10 | 15 |
| 동, 연금속 | 5 | 6 | 10 | 15 |
| 목재 | 7 | 10 | 15 | 20 |
| 석재 | 15 | 25 | – | – |

## 1.5.2 응력집중 및 응력확대계수

① **응력집중계수**

균일 단면의 형태를 갖는 물체를 인장 또는 압축을 할 때는 응력이 전단면에 등분포 된다고 가정할 수 있으나 노치(notch)나 구멍(hole) 등과 같이 단면이 급변하는 부품에 하중이 작용하면 그 단면에 나타나는 응력분포상태는 일반적으로 대단히 불규칙하게 되고 이 급변하는 부분에 국부적으로 큰 응력이 일어나게 된다. 이 큰 응력이 일어나는 현상을 응력 집중(stress concentration)이라 한다. 최대응력($\sigma_{\max}$)과 평균응력($\sigma_n$)의 비를 응력집중계수(Factor of Stress Concentration) 또는 형상계수(Form Factor)라 부르며, 이것을 $\sigma_K$로 표시하면 다음과 같다.

$$\alpha_K = \frac{\sigma_{\max}}{\sigma_n}$$

여기서, $\alpha_K$ : 응력집중계수(형상계수)

$\sigma_{max}$ : 최대응력

$\sigma_n$ : 평균응력(공칭응력)

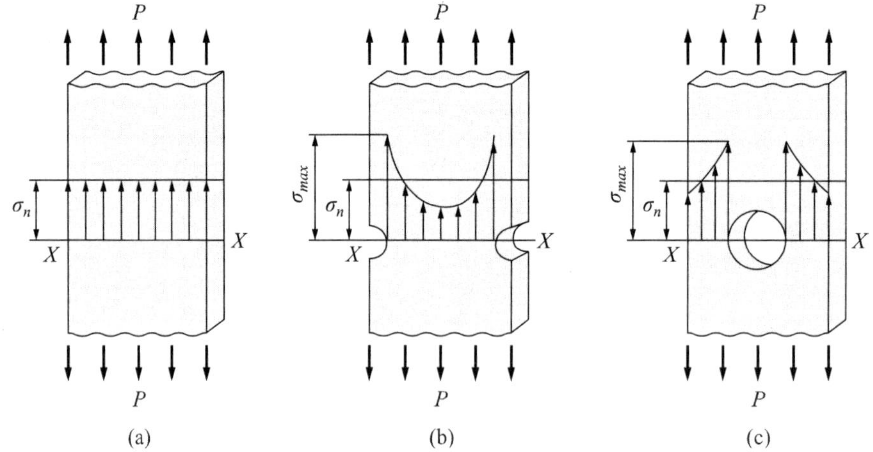


[그림 1.9] 응력집중

그림 (c)에서 판에 가해지는 응력은 구멍에 가까운 부분에서 최대가 되고 또 구멍에서 떨어진 부분이 최소가 된다, 응력집중계수의 값은 탄성률 계산 또는 응력측정시험(Strain Gauge, 광탄성시험)으로부터 구할 수 있다. 응력집중은 정하중일 때 취성재료 특히 주물에서는 크게 나타나고 반복하중이 계속되는 경우에는 노치에 의한 응력집중으로 파로균열이 많이 발생하고 있다. 그러므로 설계시점부터 재료에 대한 사항을 고려하여야 한다.

② **응력확대계수 $k$(Stress Intensify Factor)**

선단의 반경이 한없이 작아진 것을 균열이라고 한다. 이 날카로운 균열 선단에서의 탄성응력집중계수는 무한대가 되므로 균열의 거동이나 파괴강도를 논할 때는 응력집중과는 다른 취급을 하여야 한다.

균열선단에는 낮은 응력 하에서도 반드시 약간 크기의 소성역이 존재하며 이 소성역의 크기가 길이에 비해 훨씬 작을 때에는 탄성론에 의거해서 균열선단의 응력 및 왜곡(Distortion Warping : 비틀림을 받는 단면의 대하여 수직방향의 변형)의 분포를 나타내는 3개의 응력확대계수로 나타낼 수 있다. 저응력 취성파괴, 피로균열, 환경균열의 진전이나 파괴 등에 적용하고 소성역이 작다는 조건하에서만 적용한다.

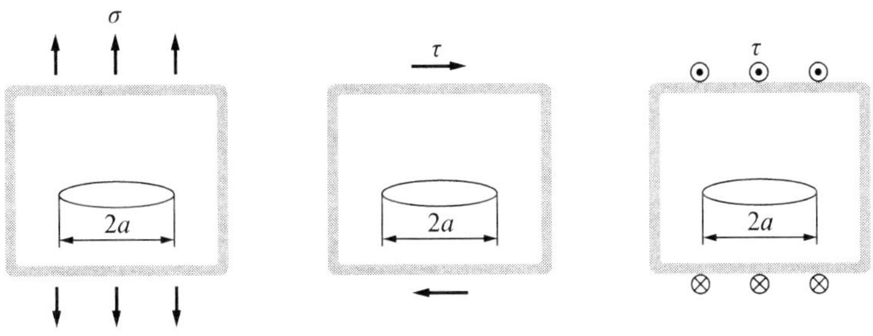

$k_1 = \sigma\sqrt{\pi a}$ $k_2 = \tau\sqrt{\pi a}$ $k_3 = \tau\sqrt{\pi a}$

[그림 1.10] 응력확대계수

### 힘의 평형

(1) 힘의 평형상태 : 어느 물체에 여러 개의 힘이 작용하더라도 그 물체에 운동변화가 없다면 이들의 힘은 평형상태에 있다. 힘의 평형조건은 다음과 같다.

1) $\sum X = 0$ ($X$방향 힘의 총합은 0이다.)

2) $\sum Y = 0$ ($Y$방향 힘의 총합은 0이다.)

3) $\sum M = 0$ (임의의 점 주위에 대한 각 힘의 모멘트 총합은 0이다.)

(2) 두 힘의 합성

$$\therefore F = \sqrt{F_1^{\,2} + F_2^{\,2} + 2F_1 \cdot F_2 \cos\theta}$$

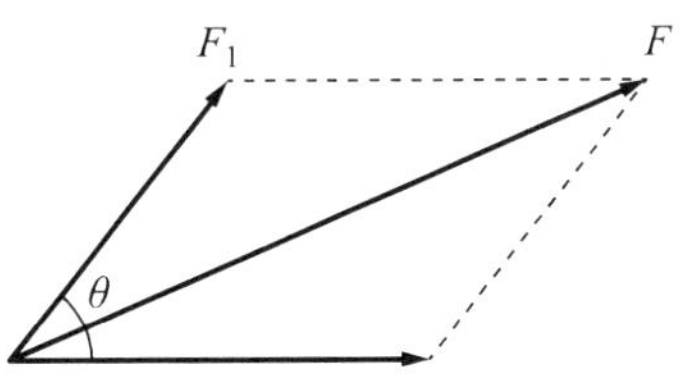


[그림 1.11] 두 힘의 합성

(3) 세 힘의 평형

$$\therefore \frac{F_1}{\sin\theta_1} = \frac{F_2}{\sin\theta_2} = \frac{F_3}{\sin\theta_3}$$

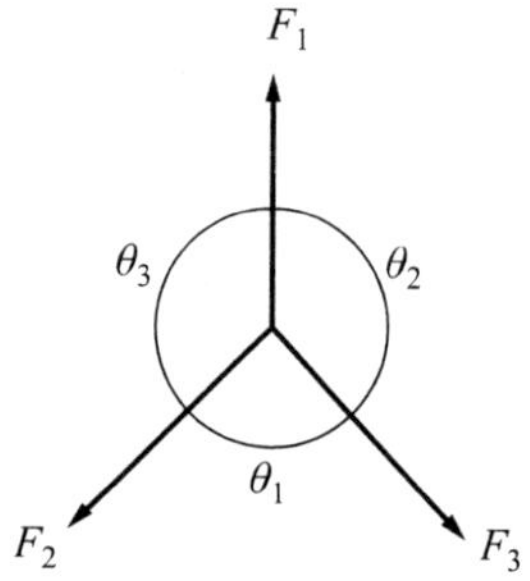


[그림 1.12] 라미(Lami)의 정리

### 피로강도와 피로수명

(1) 피로 및 피로강도

기계나 구조물 중에는 피스톤이나 커넥팅 로드 등과 같이 인장과 압축을 되풀이해서 받는 부분이 있는데, 이러한 경우 그 응력이 인장(또는 압축)강도보다 훨씬 작다 하더라도 이것을 오랜 시간에 걸쳐서 연속적으로 되풀이하여 작용시키면 드디어 파괴되는데, 이 같은 현상을 재료가 "피로"를 일으켰다고 하며 이 파괴 현상을 "피로파괴"라 한고, 어느 응력에 대하여 되풀이 횟수가 무한대가 되는 한계가 있는데 이 같은 응력의 최대한을 피로한도(피로강도)라 한다.

(2) 피로강도(한도)에 영향을 주는 인자

1) 치수효과 : 부재의 치수가 커지면 피로한도가 낮아진다.

2) 표면효과 : 부재의 표면 다듬질이 거칠면 피로한도가 낮아진다.

$$\text{표면계수} = \frac{\text{임의의 표면거칠기 시험편의 피로한도}}{Cu \text{ 이하의 표면거칠기 시험편의 피로한도}}$$

3) 노치효과 : 단면치수나 형상 등이 갑자기 변하는 것에 응력집중이 되고 피로한도가 급격히 낮아진다.

$$\text{노치계수} = \frac{\text{노치가 없는 경우 피로한도}}{\text{노치가 있는 경우 피로한도}}, \text{응력집중계수} = \frac{\text{피로응력}}{\text{공칭응력}}$$

4) 압입효과 : 강압 끼워 맞춤, 때려 박음 등에 의하여 피로한도가 낮아진다.

(3) 피로강도를 상승시키는 인자

1) 고주파 열처리

2) 침탄, 질화 열처리

3) Roller 압연

4) Shot Peening & Sand Blasting

5) 표층부에 압축잔류응력이 생기는 각종 처리

(4) S - N 곡선

진폭응력(S), 반복획수(N) 곡선을 의미한다. 재료는 응력이 반복해서 작용하면 정응력 경우보다도 훨씬 작은 응력 값에서 파괴를 일으킨다. 이 경우 파괴를 일으킬 때까지의 반복횟수는 반복되는 응력의 진폭에 따라 상당한 영향을 받는다. 이 관계를 표시하기 위하여 응력 진폭의 값 S를 종축에, 그 응력 진폭에서 재료가 파괴될 때까지의 반복횟수 N의 대수를 횡축에 그린 것을 S - N 곡선이라 한다. 일반적으로 강 같은 재료의 S - N 곡선은 그림과 같으며 응력 진폭이 작은 쪽의 파괴까지 반복횟수는 증가한다. 그러나 어느 응력치 이하로 어떤 응력을 반복해도 파괴가 생기지 않고 곡선은 평행이 된다. 이와 같이 곡선이 수평이 되기 시작하는 곳의 한계응력을 재료의 피로한도 또는 내구한도라 한다. 이때 반복횟수는 강에서 $10^6$, $10^7$이지만 비철금속은 $5\times10^8$이 되어도 S - N 곡선이 수평이 되지 않는 것이 있다.

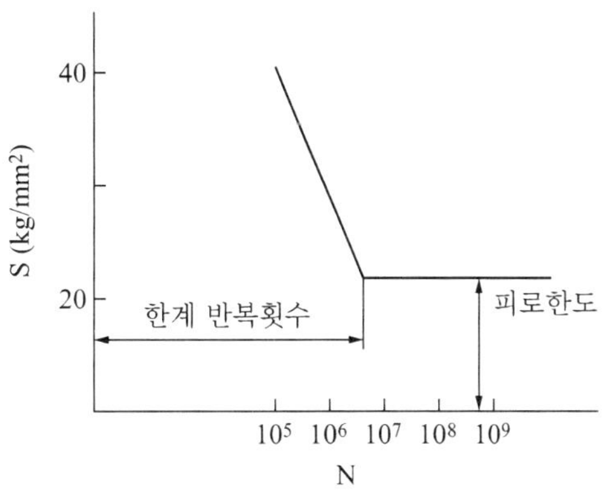


[그림 1.13] S - N곡선

(5) 피로수명

피로시험에서 방향이 일정하고 크기가 어느 범위 사이에 주기적으로 변화하는 응력을 되풀이하든가 혹은 인장과 압축응력을 되풀이하여 파괴에 이르기까지의 횟수를 피로수명이라 한다.

(6) 피로강도와 인장강도

1) 회전 휨 피로강도 : $\sigma_{ab} = 0.25(\sigma_S + \sigma_B) + 5\ [\mathrm{kg_f/mm^2}]$

2) 인장과 압축피로강도 : $\sigma_{wz} = (0.7 \sim 0.9)\sigma_{wb}\ [\mathrm{kg_f/mm^2}]$

여기서, $\sigma_S$ : 인장항복점[$\mathrm{kg_f/mm^2}$]

$\sigma_B$ : 인장강도 [$\mathrm{kg_f/mm^2}$]

3) $\delta_f$(피로강도)$=0.5\sigma_t$(인장강도)

# 연습 문제

01. 길이 300 cm의 연강 둥근 막대로서 1,000 kg의 물체를 매달려고 한다. 허용 응력을 800 kg/cm$^2$이라 하면 둥근 막대의 직경은 몇 cm로 할 것인가? 또 $E=2.1\times10^6$ kg/cm$^2$이라 할 때 몇 mm 늘어나는가?

해설 우선 $\sigma=\dfrac{P}{A}$에서 $800=\dfrac{10,000}{\dfrac{\pi}{4}\times d^2}$ $\therefore d=3.99\ \text{cm}$

또한 $\lambda=\dfrac{Pl}{AE}=\dfrac{\sigma l}{E}=\dfrac{800\times300}{2.1\times10^6}=0.114\ \text{cm}=1.14\ \text{mm}$

02. 길이 60 cm, 직경 2 cm인 연강봉을 1,000 kg의 인장력을 주었을 때, 0.018 cm 늘어났다. 이때의 응력은?

해설 $\sigma=\dfrac{P}{A}=\dfrac{1,000}{\dfrac{\pi}{4}\times2^2}=318.31\ \text{kg/cm}^2$

03. 직경 3 cm의 삼로프에 6,000 N의 하중을 달았을 때 허용인장 응력에 달했다. 삼의 극한 인장강도를 50 MPa라고 하면 안전율은 얼마 정도인가?

해설 허용응력 $\sigma_a=\dfrac{P}{A}=\dfrac{2,000}{\dfrac{\pi}{4}\times0.03^2}=2.9\times10^6(N/\text{m}^2)=2.9(\text{Mpa})$

결국, 안전율 $S=\dfrac{\sigma_u}{\sigma_a}=\dfrac{50}{2.9}=17.24\fallingdotseq17.2$

04. 그림과 같이 원형 단면을 갖는 연강봉이 20 ton의 인장 하중을 받을 때 이 봉의 신장량을 수하면?(단, $E=2\times10^6$ kg/cm$^2$이다.)

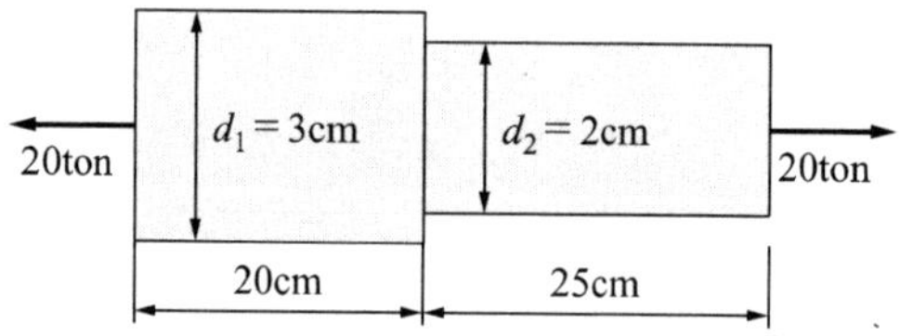


해설 $\lambda=\lambda_1+\lambda_2=\frac{Pl_1}{A_1E}+\frac{Pl_2}{A_2E}=\frac{P}{E}\left(\frac{l_1}{A_1}+\frac{l_2}{A_2}\right)$

$$=\frac{20,000}{2\times10^6}\left(\frac{20}{\frac{\pi}{4}\times3^2}+\frac{25}{\frac{\pi}{4}\times2^2}\right)=0.108\text{ cm}$$

05. 수평력 40 kg과 수직력 30 kg이 한 점에 작용할 때 그 합력의 크기는 얼마인가?

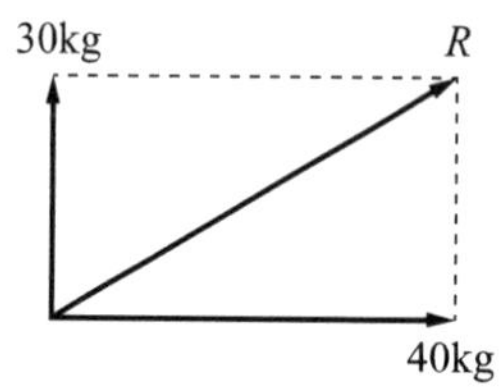


해설 합력 $R=\sqrt{30^2+40^2}=50$ kg

06. 길이 $l=1$ m이고, 지름 $d=1.6$ cm인 원형 단면봉에 $P=3,000$ kg의 축하중을 작용시켰을 때 $\lambda=2.2$ mm가 늘어났다면, 봉에 발생하는 인장 응력과 세로 탄성 계수는?

해설 우선 $\sigma=\frac{P}{A}=\frac{3,000}{\frac{\pi}{4}\times1.6^2}=1,493\text{ kg/cm}^2$

또한 $\sigma = E\varepsilon$에서 $E = \frac{\sigma}{\varepsilon} = \frac{\sigma}{\left(\frac{\lambda}{l}\right)} = \frac{1,492}{\left(\frac{0.22}{100}\right)} = 6.78 \times 10^5 \text{ kg/cm}^2$

**07.** 단면적 5 cm$^2$인 재료의 단면에 2,000 kg의 전단력을 가했더니 0.001 rad의 전단 변형도를 나타냈다. 이 재료의 $G$(가로 탄성 계수)는 얼마인가?

**해설** $\tau = G\gamma$에서 $G = \frac{\tau}{\gamma} = \frac{P}{A\gamma} = \frac{2,000}{5 \times \frac{1}{1,000}} = 0.4 \times 10^6 \text{ kg/cm}^2$

**08.** 어떤 봉이 인장력 $P$를 받아서 세로 변형률 $\varepsilon$이 0.04가 되었다. 이 봉의 세로 탄성 계수가 2.1×10$^6$(kg/cm$^2$)라면 변형률 $\varepsilon'$는?(단, 이 재료의 포와송 수는 3이다.)

**해설** $\mu - \frac{\varepsilon'}{\varepsilon} = \frac{1}{m}$ 에서 $\varepsilon' - \frac{\varepsilon}{m} - \frac{0.04}{3} = 0.013$

**09.** 지름이 22 mm의 재료가 2,500 kg의 전단 하중을 받아 0.00075 rad의 전단 변형률이 생겼다. 이 재료의 가로 탄성 계수 $G$의 값은 몇 kg/cm$^2$인가?

**해설** $\tau = G\gamma$에서 $G = \frac{\tau}{\gamma} = \frac{P}{A\gamma} = \frac{1,500}{\frac{\pi}{4} \times 2.2^2 \times 0.00075} = 5.26 \times 10^5 \text{ kg/cm}^2$

**10.** 2 ton의 인장 하중을 받는 연강제 둥근 막대가 있다. 이 때 발생하는 응력이 200 kg/cm$^2$이었다면 지름은 몇 mm인가?

**해설** $\sigma = \frac{P}{A} = \frac{4P}{\pi d^2}$에서 $d = \sqrt{\frac{4P}{\pi\sigma}} = \sqrt{\frac{4 \times 2,000}{\pi \times 200}} = 3.57 \text{ cm} = 357 \text{ mm}$

11. 그림과 같은 구조물에서 각 이음부는 힌지(hinge)이고 봉의 자중을 무시할 때 외력 $P$에 대한 경사봉의 반력 $R_1$은 얼마인가?

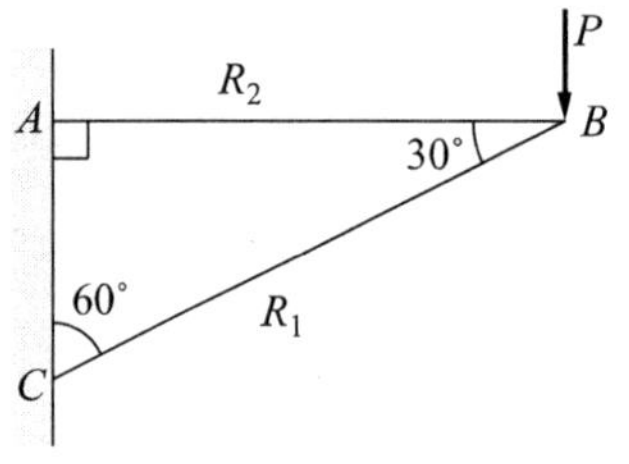


해설 라미의 정리에 의해 $\frac{R_1}{\sin 270^{\circ}} = \frac{P}{\sin 30^{\circ}}$에서 $R_1 = -2P = 2P$(압축)

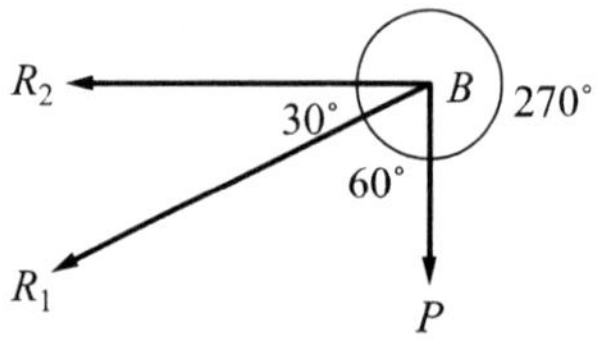


12. 두 개의 강봉 $AB$, $BC$가 그림과 같이 그 끝이 이어져 있을 때, $B$점에 3,000 kg의 하중을 받으면 $BC$에 작용하는 힘은 얼마인가?

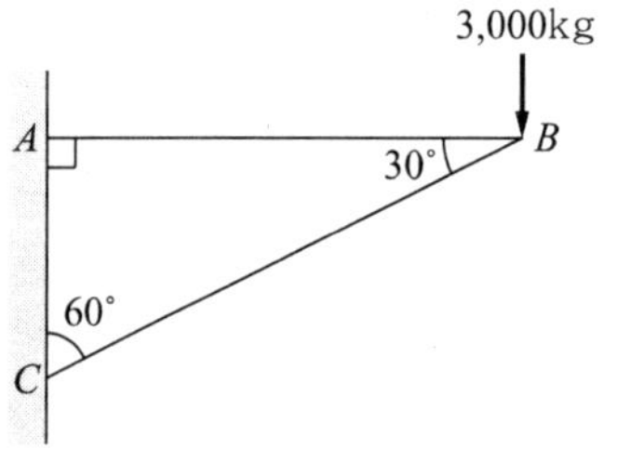


해설 라미의 정리에 의해 $\frac{T_{BC}}{\sin 270^{\circ}} = \frac{3,000}{\sin 30^{\circ}}$

결국, $T_{BC} = -6,000\ \text{kg} = 6,000\ \text{kg}$(압축)

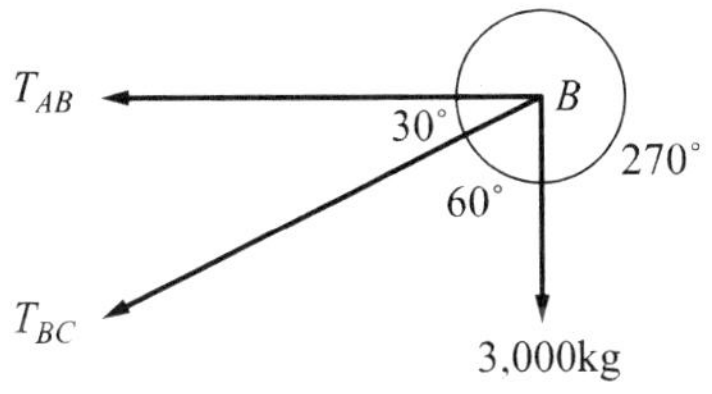


13. 그림과 같은 구조물의 부재 $AC$, $BC$가 $P=1,000$ kg의 하중을 받고 있을 때 $AC$ 부재가 받고 있는 압축력은 얼마인가?

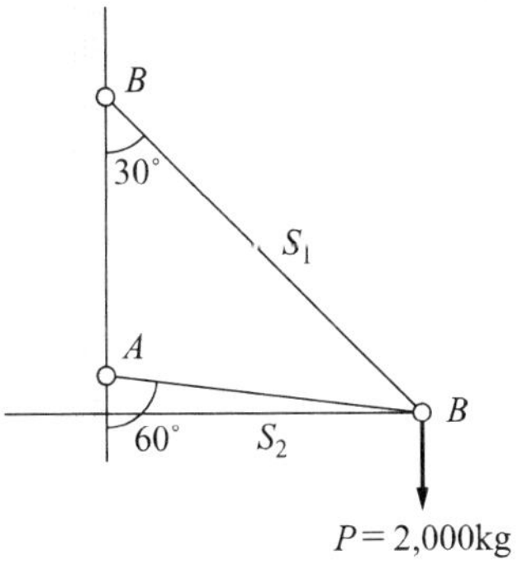


해설 $$\frac{S_2}{\sin 210^\circ} = \frac{2,000}{\sin 30^\circ}$$

결국, $S_2 = -2,000$ kg $= 2,000$ kg(압축)

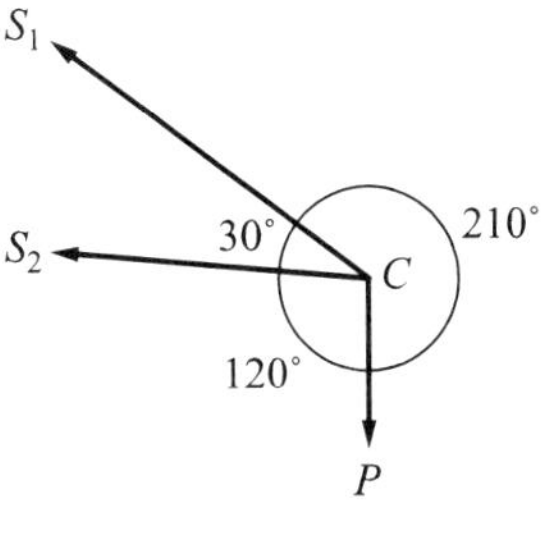


14. 지름 20 mm, 길이 3 m의 환봉이 3,000 kg의 축인장 하중을 받고 3 mm 늘어났다고 한다. 이 환봉의 종탄성 계수는 몇 kg/cm$^2$인가?

해설 $\lambda = \frac{Pl}{AE}$에서 $E = \frac{Pl}{A\lambda} = \frac{3,000 \times 300}{\frac{\pi \times 2^2}{4} \times 0.3} = 1.27 \times 10^6 \text{ kg/cm}^2$

15. 그림과 같은 수평봉 $BC$와 경사봉 $AC$가 $C$점에서 집중 하중 100 kg을 받고 있다. 수평봉 $BC$의 내력을 $S_1$, 경사봉 $AC$의 내력을 $S_2$라 할 때 각각의 내력은 얼마인가?

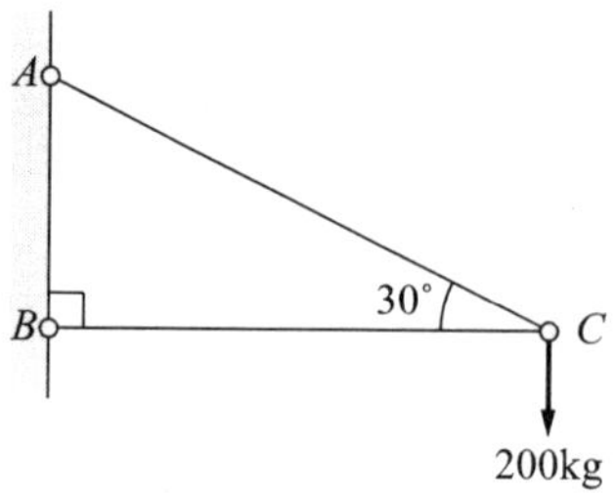


해설 라미의 정리에 의해 $\frac{S_1}{\sin 240°} = \frac{S_2}{\sin 90°} = \frac{200}{\sin 30°}$

결국, $S_1 = -200\sqrt{3} = 200\sqrt{3}$(압축)

$S_2 = 400 \text{ kg}$(인장)

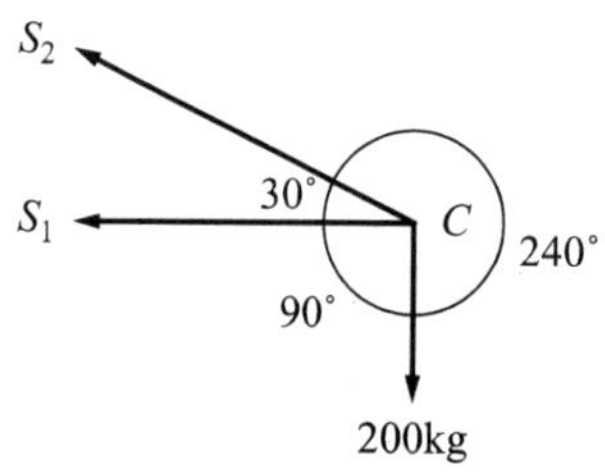


16. 길이 30 cm, 단면적 4 cm×6 cm의 각재(角材)의 강봉에 18 ton의 인장력이 작용하여 0.0110 cm 늘어났다고 하면 이 재료의 탄성 계수는 몇 kg/cm²인가?

해설 $\lambda = \frac{Pl}{AE}$에서 $E = \frac{Pl}{A\lambda} = \frac{18,000 \times 30}{4 \times 6 \times 0.0110} = 2.04 \times 10^6 \text{ kg/cm}^2$

**17.** 길이 4 m의 봉이 하중을 받아서 5 mm가 늘어났다. 이 봉의 탄성 계수는 $2\times10^6$ kg/cm$^2$이다. 이 봉이 받는 응력은 얼마인가?

**해설** $\sigma = E\varepsilon = E\cdot\dfrac{\lambda}{l} = 2\times10^6\times\dfrac{0.5}{400} = 2{,}500\ \mathrm{kg/cm^2}$

**18.** 지름 10 cm의 환봉이 있다. 여기서 축방향 인장력 $P$를 작용시켰더니 지름이 0.0025 cm 감소했다. $E=2.1\times10^6$ kg/cm$^2$, 1/m = 0.3으로 할 때 $P$의 값은 몇 kg인가?

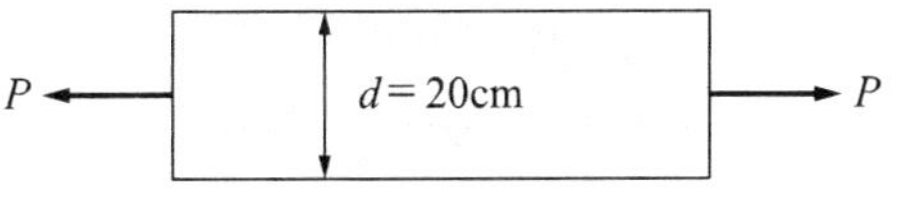


**해설** $\mu = \dfrac{\varepsilon}{\varepsilon'} = \dfrac{\left(\dfrac{\delta}{d}\right)}{\left(\dfrac{\sigma}{E}\right)} = \dfrac{E\delta}{d\sigma} = \dfrac{AE\delta}{dP}$ 에서

$$P = \frac{AE\delta}{\mu d} = \frac{\frac{\pi}{4}\times20^2\times2.1\times10^6\times0.0025}{0.3\times20} = 274{,}888\ \mathrm{kg}$$

**19.** 나비 $D=12$ cm, 두께 $t=2$ cm인 판의 중앙에 지름 $d=2$ cm인 구멍이 뚫려 있다. 인장 하중 $P=8{,}000$ kg이 작용하면 응력 집중으로 인한 최대 응력 $\sigma_{max}$은 몇 kg/cm$^2$인가?(단, 응력 집중 계수 $\alpha_k=2.5$로 한다.)

**해설** $\sigma_n = \dfrac{P}{A} = \dfrac{P}{(D-d)t} = \dfrac{8{,}000}{(12-2)\times2} = 400\ \mathrm{kg/cm^2}$

결국, $\alpha_k = \dfrac{\sigma_{max}}{\sigma_n}$ 에서 $\sigma_{max} = \alpha_k\cdot\sigma_n = 2.5\times400 = 1{,}000\ \mathrm{kg/cm^2}$

20. 길이 10 m, 단면적 10 cm$^2$의 철강봉을 5,000 kg으로 인장하여 0.25 cm 늘어났다. 이 재료의 탄성 계수는 몇 kg/cm$^2$인가?

해설 $\lambda = \dfrac{Pl}{AE}$에서 $E = \dfrac{Pl}{A\lambda} = \dfrac{5,000 \times 1,000}{10 \times 0.5} = 1.0 \times 10^6\ \mathrm{kg/cm^2}$

21. 지름 22 mm의 환봉이 5,000 kg의 전단 하중을 받아 0.00175 rad의 변형률이 생겼다면 이 재료의 전단 탄성 계수는 몇 kg/mm$^2$인가?

해설 $\tau = G\gamma$에서 $G = \dfrac{\tau}{\gamma} = \dfrac{P}{A\gamma} = \dfrac{5,000}{\dfrac{\pi}{4} \times 22^2 \times 0.00175} = 7,516\ \mathrm{kg/mm^2}$

22. 그림상의 부재 $AC$ 부분이 받고 있는 힘은 다음 중 어느 것인가?(단, 부재의 자중은 무시한다.)

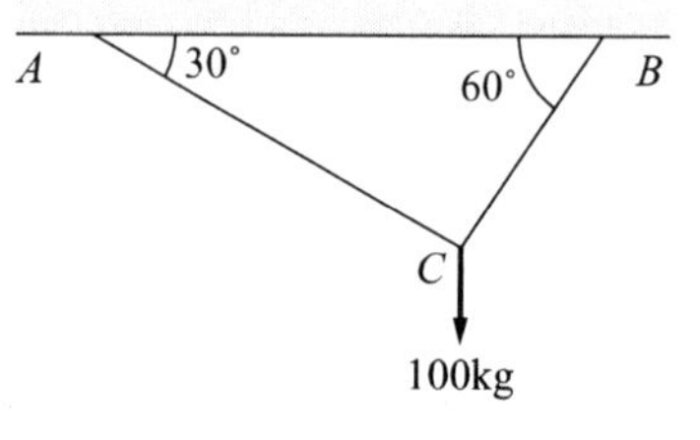


해설 라미의 정리에 의해 $\dfrac{T_{AC}}{\sin 150^\circ} = \dfrac{100}{\sin 90^\circ}$ $\quad \therefore T_{AC} = 50\ \mathrm{kg}$(인장)

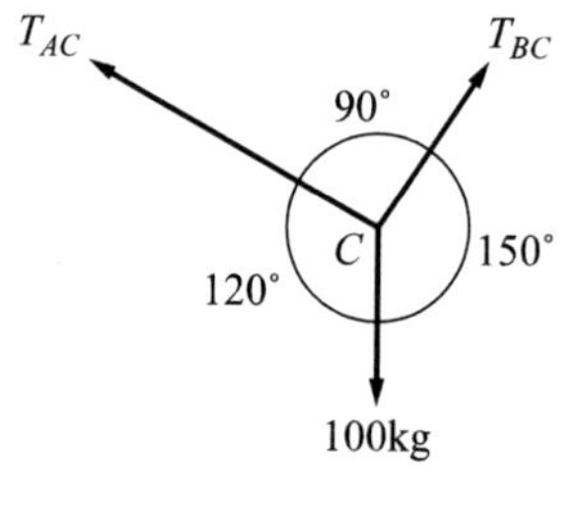

23. 어느 재료의 세로 탄성 계수 $E$와 가로 탄성 계수 $G$를 측정하였더니 $E$=21,000 kg/mm$^2$, $G$=8,400 kg/mm$^2$을 얻었다. 이 재료의 포와송의 비는 얼마인가?

해설 $mE = 2G(m+1) = 3K(m-2)$에서 양변을 $m$으로 나누면

$$E = 2G(1+\mu) = 3K(1-2\mu) \quad \therefore \mu = \frac{E}{2G} - 1 = \frac{42,000}{2 \times 8,400} - 1 = 1.5$$

24. 두께 1 cm, 폭 5 cm의 연강재 판에 $P$=520 kg의 인장 하중이 작용한다. 지금 판의 중심부에 원형 구멍이 뚫려져 있을 경우, 이때 구멍의 직경은 얼마인가?(단, 안전율은 5, 형상계수 $\alpha_k$=3, 연강의 극한 강도 $\alpha_u$=3,900 kg/cm$^2$이다.)

해설 $\sigma_{max} = \dfrac{\sigma_u}{S} = \dfrac{3,900}{5} = 780 \text{ kg/cm}^2$이므로

$\sigma_{max} = \alpha_k \cdot \sigma_n = \alpha_k \cdot \dfrac{P}{A} = \alpha_k \cdot \dfrac{P}{(b-d)t}$에서

$$d = b - \frac{\alpha_k \cdot P}{t \cdot \sigma_{max}} = 5 - \frac{3 \times 520}{1 \times 780} = 3 \text{ cm}$$

25. 그림과 같은 힘계에서 무게 $W$의 추에 의하여 케이블 $AC$가 15 kg의 장력을 받고 있다. 케이블의 $x$, $y$ 힘 성분은 얼마인가?

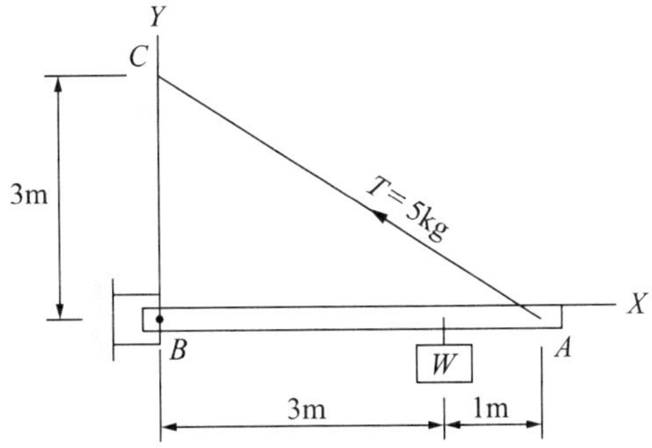


해설 비례식을 적용하면 우선 $4:5 = T_x : 5 \quad \therefore T_x = 4 \text{ kg}$

또한 $3:5 = T_y:5 \quad \therefore T_y = 3\text{ kg}$

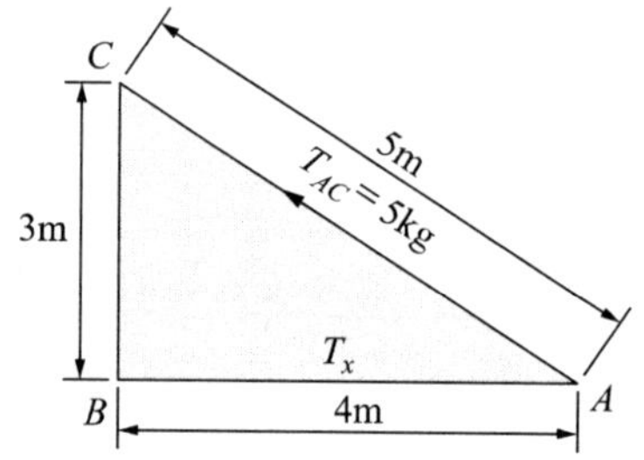


**26.** 그림과 같이 10 kg의 강구가 판 사이에 끼어 있을 때 접촉점 $A$, $B$에서의 반력을 구하면?(단, 접촉점에서의 마찰은 무시한다.)

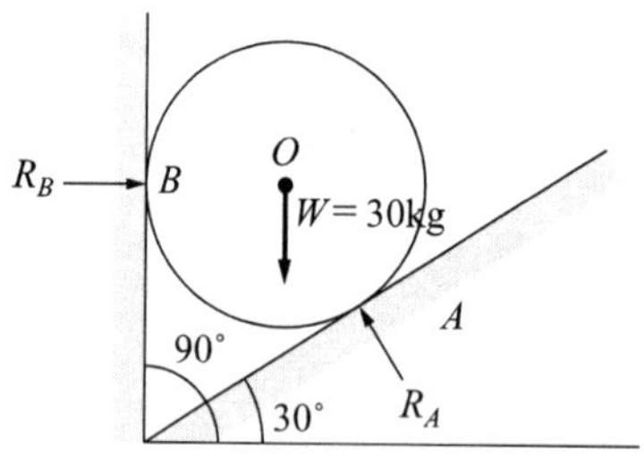


**해설** 다음과 같은 힘의 다각형에서 우선 $R_A \cos 30° = W$에서

$R_A = \dfrac{W}{\cos 30°} = \dfrac{30}{\cos 30°} = 34.65\text{ kg}$ 또한 $R_A \cos 60° = R_B$에서

$R_B = 34.65 \times \cos 60° = 17.325\text{ kg}$

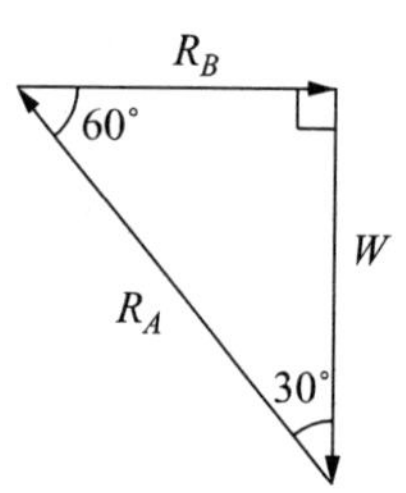

27. 단면적이 10 $cm^2$인 둥근봉이 4,000 kg의 압축 하중을 받을 때 단면적의 변화량은 얼마인가?(단, $\mu = \frac{1}{m} = 0.25$, $E = 2 \times 10^4$ kg/$mm^2$이다.)

해설 단면적의 변화율 : $\frac{\Delta A}{A} = 2\mu\varepsilon$에서

$$\therefore \Delta A = 2\mu\varepsilon A = 2\mu \cdot \frac{\sigma}{E}A = 2\mu\frac{P}{AE} = 2\mu\frac{P}{E} = 2 \times 0.25 \times \frac{4,000}{2 \times 10^6} = 0.001\ \text{cm}^2$$

결국, 압축 하중을 받으므로 단면적은 증가한다.

28. 길이 3 m, 지름 3 cm인 강봉에 4,000 kg의 인장 하중을 작용시켰을 때 강봉에 발생하는 응력과 변형량은?(단, 강봉의 탄성 계수 $E = 2.1 \times 10^6$ kg/$cm^2$이다.)

해설 우선, 응력 $\sigma_1 = \frac{P}{A} = \frac{4,000}{\frac{\pi}{4} \times 3^2} = 566\ \text{kg/cm}^2$

또한 변현량 $\lambda = \frac{Pl}{AE} = \frac{\sigma_t \cdot l}{E} = \frac{566 \times 300}{2.1 \times 10^6} \fallingdotseq 0.08\ \text{cm}$

29. 지름 1 cm의 강봉을 10 t의 힘으로 인장할 때 이 강봉은 얼마나 가늘어지는가? (단, 포아송의 비 $\frac{1}{3}$, 탄성 계수 $E = 2.1 \times 10^6$ kg/$cm^2$이다.)

해설 포와송의 비 $\mu = \frac{\varepsilon}{\varepsilon'} = \frac{\left(\frac{\delta}{d}\right)}{\left(\frac{\sigma}{E}\right)} = \frac{E\delta}{\sigma d} = \frac{E \cdot \delta}{\frac{P}{A} \cdot d} = \frac{E \cdot \delta}{\frac{4P}{\pi d^2} \cdot d} = \frac{\pi d E\delta}{4P}$에서

$$\therefore \delta = \frac{4P\mu}{\pi d E} = \frac{4 \times 10,000 \times \frac{1}{3}}{\pi \times 1 \times 2.1 \times 10^6} = 0.002\ \text{cm} = 0.02\ \text{mm}$$

30. 나비 $D=12$ cm, 두께 $t=2$ cm인 판의 중앙에 지름 $d=2$ cm인 구멍이 뚫려있다. 인장 하중 $P=2{,}000$ kg이 작용하면 응력 집중으로 인한 최대 응력 $\sigma_{max}$은 몇 kg/cm²인가?(단, 응력 집중 계수 $\alpha_k=2.5$로 한다.)

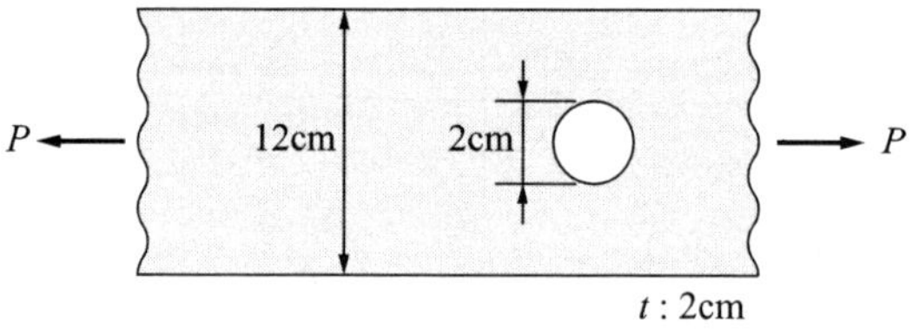


해설 공칭응력(=평균응력) : $\sigma_n = \dfrac{P}{A} = \dfrac{P}{(D-d)t} = \dfrac{2{,}000}{(12-2)\times 2} = 100\ \text{kg/cm}^2$

결국, 응력 집중 계수 $\alpha_K = \dfrac{\sigma_{max}}{\sigma_n}$이므로

$\therefore \sigma_{max} = \alpha_K \cdot \sigma_n = 2.5\times 100 = 250\ \text{kg/cm}^2$

31. 그림과 같이 10 kg, 20 kg, $F$의 세 개의 힘이 평형 되었을 때 $F$의 크기는?

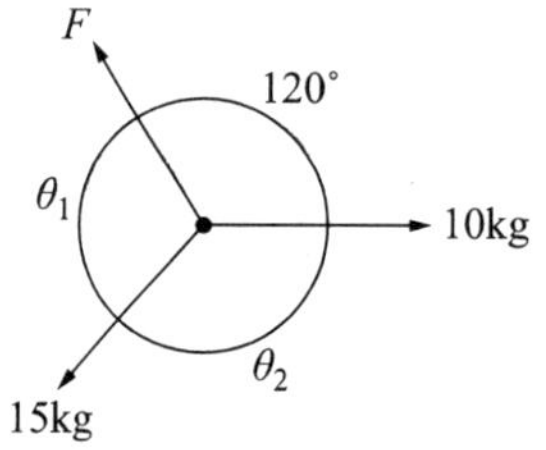


해설 라미의 정리에 의해 $\dfrac{10}{\sin\theta_1} = \dfrac{F}{\sin\theta_2} = \dfrac{20}{\sin 120°}$

$\sin\theta_1 = 10\times\dfrac{\sin 120°}{20} = 10\times\dfrac{\sin 60°}{20} = 0.433$

$\sin 26° = \sin 154° \fallingdotseq 0.433$

$\therefore \theta_1 \fallingdotseq 154°,\ \theta_2 = 360° - (\theta_1 + 120°) = 106°$

결국, $F = 20\times\dfrac{\sin 106°}{\sin 120°} = 22.2$ kg

Chapter 02

# 재료의 정역학

## 2.1 조합된 봉의 응력과 변형량

### 2.1.1 직렬조합 단면

응력($\sigma$)은

$$\sigma_1 = \frac{P}{A_1},\ \sigma_2 = \frac{P}{A_2}$$

변형량($\lambda$)은

$$\lambda = \lambda_1 + \lambda_2 = \frac{Pl_1}{A_1E_1} + \frac{Pl_2}{A_2E_2}$$

$$= \frac{\sigma_1 l_1}{E_1} + \frac{\sigma_2 l_2}{E_2}$$

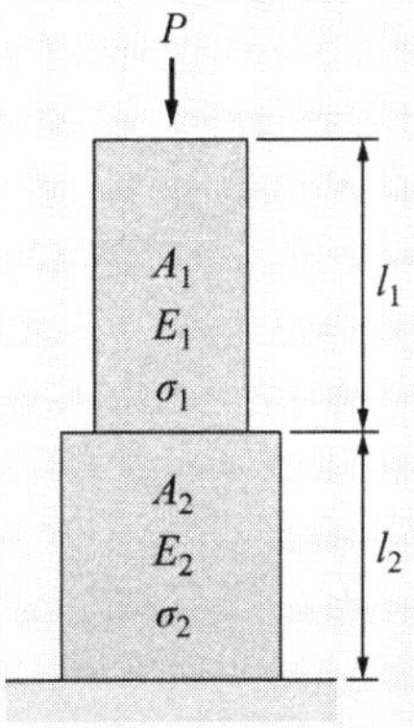


[그림 2.1]
직렬 조합 단면

## 2.1.2 병렬조합 단면

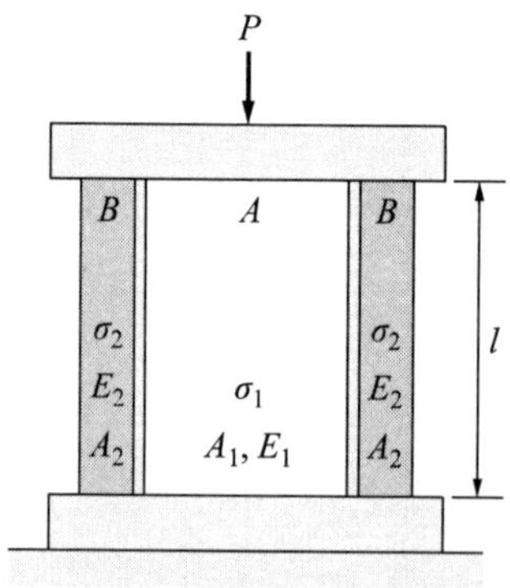


[그림 2.2] 병렬 조합 단면

종류가 서로 다른 재료의 봉을 모아서 하나의 봉으로 구성된 병렬조합 단면을 알아보면 각 재료가 모두 동일한 변형 $\varepsilon$이 생겨 있으므로

$$\varepsilon = \frac{\sigma_1}{E_1} = \frac{\sigma_2}{E_2} \quad \cdots\cdots\cdots\cdots\cdots\cdots\cdots\cdots \text{①}$$

각 재료에 가해지는 하중의 합계는 축력 $P$와 같으므로

$$P = \sigma_1 A_1 + \sigma_2 A_2 \quad \cdots\cdots\cdots\cdots\cdots\cdots\cdots \text{②}$$

결국, ①, ②식에서

$$\sigma_1 = \frac{PE_1}{A_1E_1 + A_2E_2}, \ \sigma_2 = \frac{PE_2}{A_1E_1 + A_2E_2}$$

변형률($\varepsilon$)은

$$\varepsilon = \varepsilon_1 = \varepsilon_2 = \frac{\sigma_1}{E_1} = \frac{\sigma_2}{E_2} = \frac{P}{A_1E_1 + A_2E_2}$$

변형량($\lambda$)은

$$\lambda = \lambda_1 = \lambda_2 = \varepsilon_1 l = \varepsilon_2 l = \frac{Pl}{A_1E_1 + A_2E_2}$$

# 2.2 자중을 고려한 응력 및 변형량

## 2.2.1 균일 단면의 봉

비중량($\gamma$) : 단위체적당 무게

$$\therefore \gamma = \frac{W}{V} \text{에서} \quad W = \gamma V = \gamma V = \gamma \cdot A \cdot l$$

여기서, $W_x$ : 임의의 $x$ 단면에서의 자중

$$W_x = \gamma V_x = \gamma A x \ (\mathrm{kg})$$

$$\therefore \sigma_x = \frac{P + W_x}{A} = \frac{P + \gamma A x}{A} = \frac{P}{A} + \gamma x$$

여기서

$x = 0$ 이면, $\sigma_{min} = \dfrac{P}{A}$

$x = l$ 이면, $\sigma_{max} = \dfrac{P}{A} + \gamma l \le \sigma_a$

또한 $d\lambda$: 미소길이 $dx$에서의 미소늘음량

$\lambda = \dfrac{Pl}{AE}$에서

$$d\lambda = \frac{P_x \cdot dx}{AE} = \frac{(P + W_x)dx}{AE} = \frac{Pdx}{AE} = \frac{Pdx}{AE} + \frac{\gamma A x dx}{AE}$$

$$= \frac{Pdx}{AE} + \frac{\gamma x dx}{E}$$

양변을 적분하면(전길이 $l$에 대하여)

$$\therefore \lambda = \frac{Pl}{AE} + \frac{\gamma l^2}{2E}$$

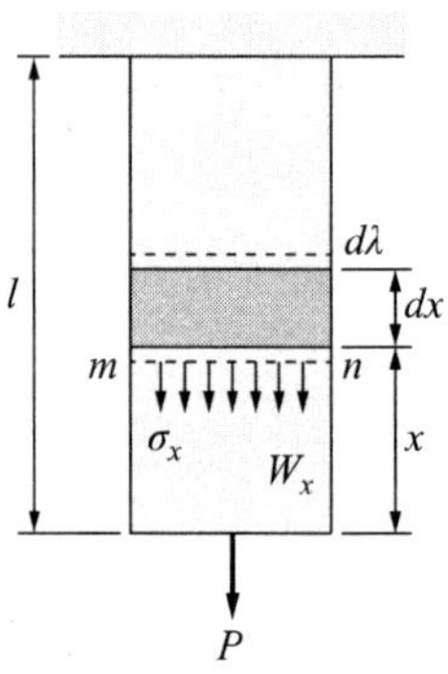


[그림 2.3] 균일 단면봉

## 2.2.2 균일 강도의 봉

모든 단면에 대하여 자중을 고려해도 $\sigma$가 일정하며 단면적의 변화가 요구된다.

결국, 전신장량 $\lambda = \dfrac{Pl}{AE} = \dfrac{\sigma l}{E}$

**자중만을 고려한 응력과 변형량**

| 구분 | 균일 단면봉 | 원추형 봉 |
|---|---|---|
| 형상 | 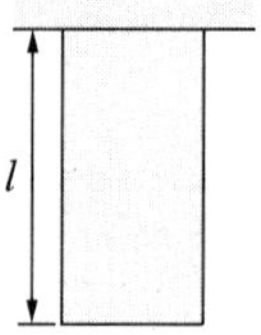 | 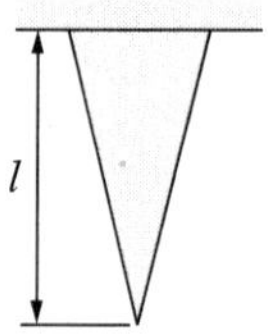 |
| 응력 | $\sigma = \gamma l$ | $\sigma = \dfrac{\gamma l}{3}$ |
| 변형량 | $\lambda = \dfrac{\gamma l^2}{2E}$ | $\lambda = \dfrac{\gamma l^2}{6E}$ |

결국, 균일 단면봉과 원추형 봉에서는 원추형 봉이 같은 길이에서는 균일 단면봉에 비해 응력과 변형량이 $\dfrac{1}{3}$과 같음을 알 수 있다.

# 2.3 열응력(Thermal Stress)

일반적으로 물체는 온도가 상승하면 팽창하고 온도가 하강하면 수축을 한다. 만약, 어떤 재료를 양단 고정하여 신축을 방해하면 재료는 마치 압축이나 인장을 받는 형태로 된다. 이 때 재료 내부에는 압축응력과 인장응력이 발생한다. 이와 같이 온도변화에 따라 발생하는 응력을 열응력이라 한다.

그림에서 온도 $t_1$ ℃에서 길이 $l$인 것이 온도 $t_2$ ℃에서 길이 $l'$로 변하였다면

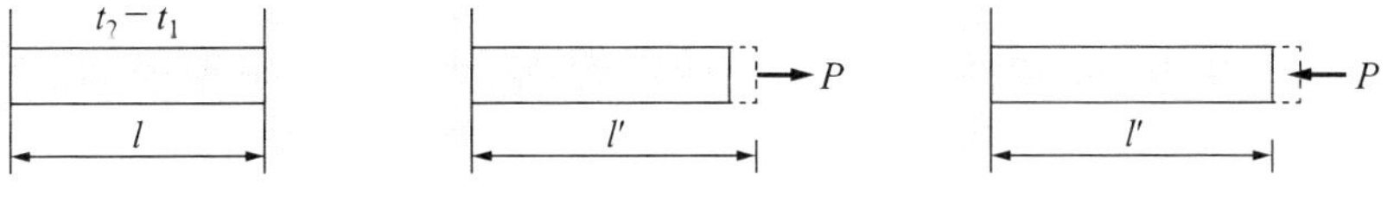


[그림 2.4] 열응력

| 구분 | 열에 의한 변형량, 변형률, 응력, 힘 |
|---|---|
| 변형량($\lambda$) | $\lambda = l' - l = \alpha(t_2 - t_1)l = \alpha \Delta t\, l$($\alpha$ : 선팽창계수, $\Delta t$ : 온도의 변화량) |
| 변형률($\varepsilon$) | $\varepsilon = \frac{\delta}{l} = \frac{\alpha(t_2 - t_1)l}{l} = \alpha(t_2 - t_1) = \alpha \Delta t$ |
| 열응력($\sigma$) | $\sigma = E\varepsilon = E\alpha(t_2 - t_1) = E\alpha\,\Delta t$($E$: 세로탄성계수 혹은 종탄성계수) |
| 힘($P$) | $P = \sigma A = E\alpha(t_2 - t_1)A = E\alpha\,\Delta t \cdot A$ |

* 온도변화에 따라서 내력은 길이와 단면적에 관계가 없다. $t_1 > t_2$일 때, 인장응력인 (+)이고 $t_1 < t_2$일 때, 압축응력인 (−)이다.

## 2.4 탄성에너지(Elastic Strain Energy)

균일한 단면의 봉에 인장 또는 압축하중이 작용하면, 이 하중에 의해서 봉이 신장 또는 수축되어 변형이 일어나므로 하중이 움직이게 되어 일을 하게 된다. 이 일은 정적 에너지로서 일부 또는 전부가 변형의 위치에너지(Potential Energy)로 바뀌어 봉의 내부에 저장하게 되는데 이 에너지를 변형에너지(Strain Energy) 혹은 탄성에너지라 한다.

### 2.4.1 수직응력에 의한 탄성에너지

균일한 단면봉의 탄성한도 내에서 하중 $P$을 작용시키면 봉은 $\lambda$만큼 늘어나서 재료에 대한 인장시험선도가 직선이 된다. 즉, 어느 하중의 최대치 $P$에 대응하는 변형량을 $\lambda$라 할 때, 하중이 $dP$만큼 증가하면 변형량도 $d\lambda$만큼 증가하며, 그 일은 빗금 친 부분의 면적 a, b, c, d로 표시된다. 따라서 $O$에서 $P$에 이르기까지의 과정에서 행하여지는 전일량, 즉 탄성에너지는 다음과 같다.

- 수직응력에 의한 탄성에너지 : $U = \dfrac{1}{2}P\delta = \dfrac{P^2 l}{2AE} = \dfrac{\delta^2}{2E}Al = \dfrac{E\varepsilon^2}{2}Al$
- 단위체적당 탄성에너지 :

$$u = \frac{U}{V} = \frac{\sigma^2 Al}{2E}\frac{1}{Al} = \frac{\sigma^2}{2E} = \frac{E\varepsilon^2}{2}\,(\mathrm{kg \cdot cm/cm^3})$$

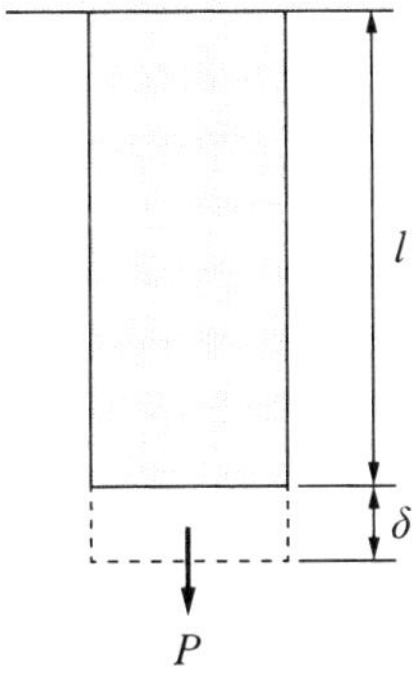


[그림 2.5] 수직응력에 의한 탄성에너지

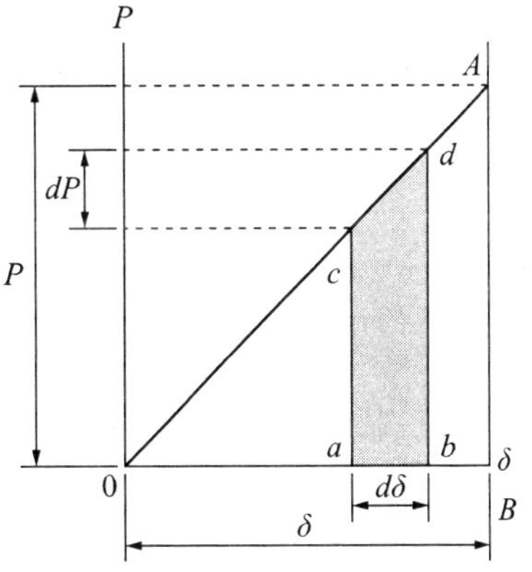


[그림 2.6] 인장시험선도

## 2.4.2 전단응력($\tau$)에 의한 탄성에너지

탄성에너지 $U = \frac{F\delta_s}{2} = \frac{F^2 l}{2AG} = \frac{\tau^2 Al}{2G} \qquad \therefore U = \frac{\tau^2 Al}{2G}$

최대 탄성에너지($u$)(단위체적당 탄성에너지 : Resilience)는

$u = \frac{U}{V}$ (kg · cm/cm$^3$)이므로

$$\therefore u = \frac{\tau^2 A l}{2GAl} = \frac{\tau^2}{2G} = \frac{G\gamma^2}{2} \text{ (kg · cm/cm}^3\text{)}$$

## 2.5 충격응력(Impact Stress)

위치에너지 : $E_p = W(h+\lambda)$

저장 가능한 탄성에너지 : $U = \dfrac{\sigma^2 Al}{2E}$

정하중에 의한 응력 : $\sigma_0 = \dfrac{W}{A}$

정하중에 의한 늘음량 : $\lambda_0 = \dfrac{Wl}{AE} = \dfrac{\sigma_0 \cdot l}{E}$

**충격에 의한 응력**

$$\sigma = \sigma_0\left[1 + \sqrt{1 + \frac{2h}{\lambda_0}}\right]$$

**충격에 의한 늘음량**

$$\lambda = \lambda_0\left[1 + \sqrt{1 + \frac{2h}{\lambda_0}}\right]$$

한편, 갑자기 추를 낙하시켰을 때는 $h = 0$을 대입하면

$$\therefore \sigma = 2\sigma_0, \ \lambda = 2\lambda_0$$

즉, 충격응력 및 신장은 정적응력 및 정적신장의 2배가 됨을 알 수 있다.

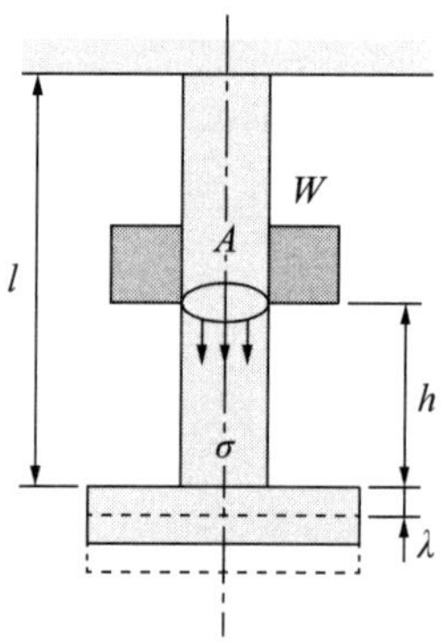


[그림 2.7] 충격응력

# 2.6 압력을 받는 원통

## 2.6.1 내압을 받는 얇은 원통

가스탱크, 물탱크, 보일러 등과 같이 안지름에 비해 두께가 매우 얇은 원통의 경우, 내압을 받는다면 강판의 내부에는 압력에 저항하는 인장응력이 생긴다. 즉, 원주방향의 인장응력 $\sigma_1$과 축방향의 축응력 $\sigma_2$가 생긴다.

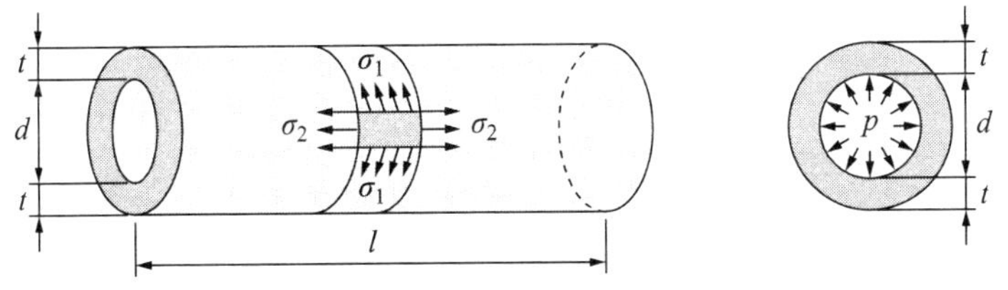


[그림 2.8] 내압을 받는 얇은 원통

### 1) 원주방향의 응력 : $\sigma_1$

내압을 $p$, 안지름을 $d$, 두께를 $t$, 길이를 $l$로 하면

$$\sigma_1 = \frac{Pd}{2t}$$

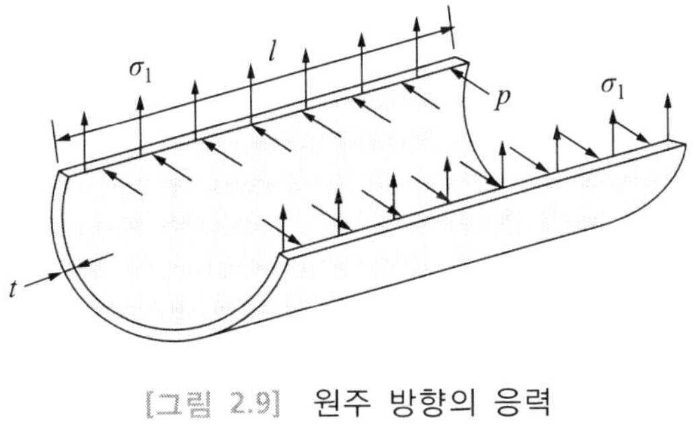


[그림 2.9] 원주 방향의 응력

2) **축방향(세로방향)의 응력 :** $\sigma_2$

결국, $\sigma_1 = \dfrac{Pd}{2t}$, $\sigma_2 = \dfrac{Pd}{4t}$ 이므로 원주방향의 응력이 더 크므로 원통형 보일러에서 과대한 압력으로 보일러 동판이 터진다면 세로방향, 즉 길이가 평행한 방향으로 균열이 생긴다.

두께 $t = \dfrac{Pd}{2\sigma_a \eta}$, 안지름 $d = \dfrac{2\sigma_a t\eta}{P}$, 내압 $P = \dfrac{2\sigma_a \eta t}{d}$

단, $\eta$ : 이음효율, $\sigma_a$ : 허용응력$(\mathrm{kg_f/cm^2})$ $(\sigma_a = \dfrac{\sigma_u}{S})$

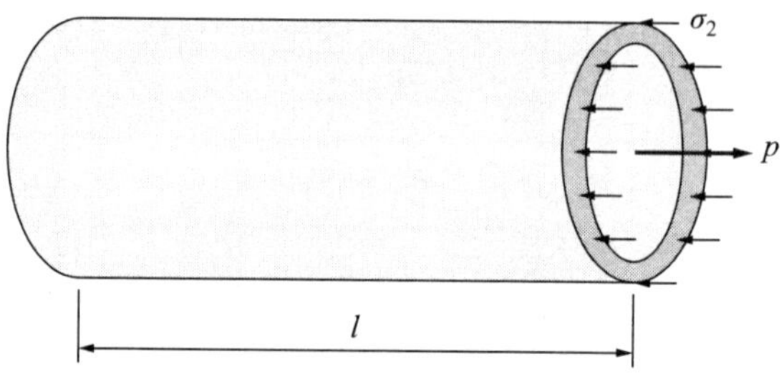


[그림 2.10] 축방향의 응력

## 2.6.2 얇은 살두께의 구

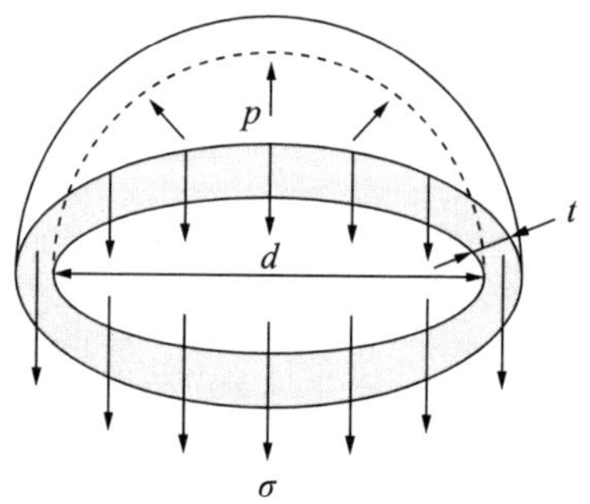


[그림 2.11] 얇은 살두께의 구

얇은 살두께의 구는 압력용기와 마찬가지로 원벽에 수직하게 압력을 받는다.

$$\therefore \sigma = \frac{Pd}{4t}$$

## 2.6.3 내압을 받는 두꺼운 원통

$$\sigma_t = p\frac{r_1^2(r_2^2 + r^2)}{r^2(r_2^2 - r_1^2)},\ (\sigma_t)_{\max} = (\sigma_t)_{r=r_1} = p\frac{r_2^2 + r_1^2}{r_2^2 - r_1^2}(P : \text{내압})$$

$$\sigma_r = -p\frac{r_1^2(r_2^2 + r^2)}{r^2(r_2^2 - r_1^2)},\ (\sigma_t)_{\min} = (\sigma_t)_{r=r_2} = \frac{2pr_1^2}{(r_2^2 - r_1^2)}$$

$$(P : \text{내부압력},\ (\sigma_t)_{\max} : \text{최대후프응력},\ r_2 = \frac{\text{외경}}{2},\ r_1 = \frac{\text{내경}}{2}$$

$$\frac{r_2}{r_1} = \sqrt{\frac{(\sigma_t)_{\max} + P}{(\sigma_t)_{\max} - P}},\ t = r_2 - r_1$$

여기서, $t$ : 두께

$\sigma_{\max}$ : 허용응력($kg_f/cm^2$)

$P$ : 내압($kg/cm^2$)

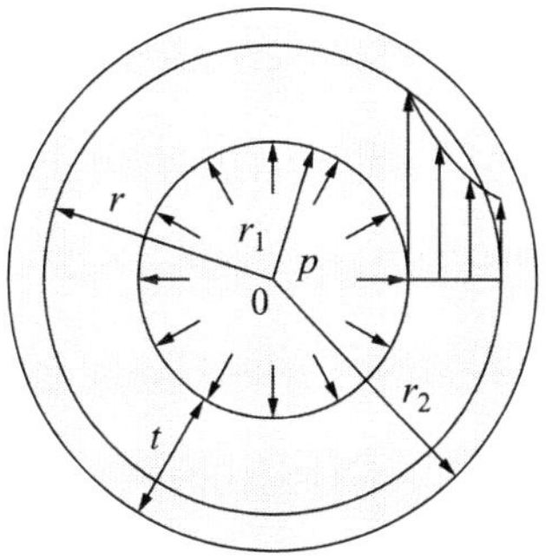


[그림 2.12] 내압을 받는 두꺼운 원통

## 2.6.4 얇은 회전체의 응력

각속도 $w = \dfrac{2\pi N}{60}(\text{rad/sec})$

원주 속도 $v = \dfrac{\pi d N}{60} = rw\,(\text{m/sec})$

구심가속도(법선속도) : $a_n = rw^2\,(\text{m/sec}^2)$

원심력 $F = ma_n = \dfrac{W}{g} rw^2\,(\text{kg})$

얇은 원환이 반지름 방향으로 균일하게 분포된 하중을 받을 때 이 원환의 단면적 A가 원주에 연하여 균일하고 두께 $t$가 반지름 $r$에 비하여 작은 경우에는 그와 같은 하중으로 인하여 그 원환 속에 발생하는 원주방향의 응력과 변형률이 각 단면에 균일하게 분포한다고 볼 수 있으므로 단순인장과 단순압축으로 취급할 수 있다. 그러므로 얇은 회전체의 응력은 내압을 받는 얇은 원통의 경우와 동일 취급한다.

즉, $\sigma_a = \dfrac{\gamma v^2}{g} = \dfrac{\gamma r^2 w^2}{g} = \dfrac{\gamma \pi^2 d^2 N^2}{60^2 g}$

원환응력은 각속도 $w$와 그 원환의 반지름 $r$의 양자에는 자승에 비례하고 또한 원주 속도 $v$의 자승에도 비례한다. 그러므로 고속으로 회전하는 큰 반지름의 원환속도에는 대단히 큰 응력이 발생한다.

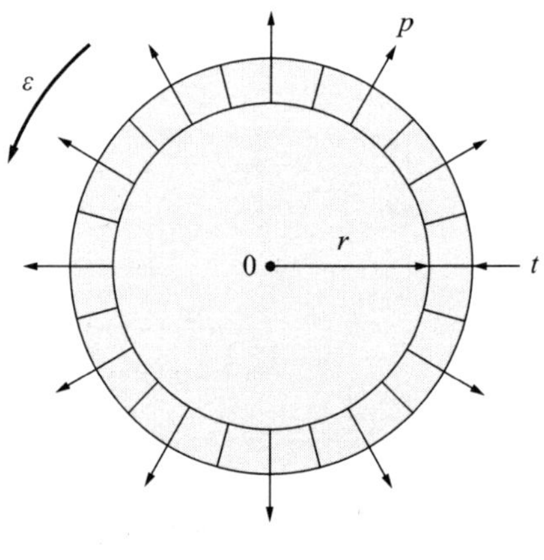


[그림 2.13] 얇은 회전체의 응력

# 연습 문제

01. 그림과 같은 막대기의 자중을 고려한 총 늘어난 양을 구하여라.(단, 하중을 $P$, 막대 단면적을 $A$, 비중량을 $W$라 한다.)

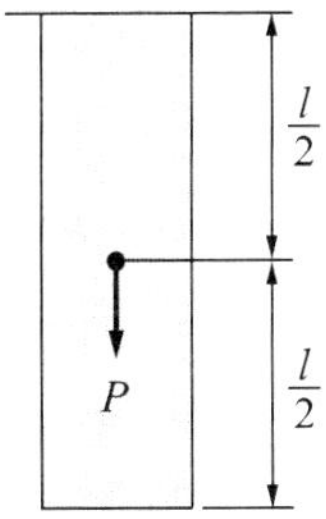


해설 $\lambda = \frac{Pl}{AE} + \frac{\gamma l^2}{2E}$ 꼴에서 $\lambda = \frac{P \times \frac{l}{2}}{AE} + \frac{Wl^2}{2E} = \frac{Pl}{2AE} + \frac{Wl^2}{2E} = \frac{l}{2E}\left(\frac{P}{A} + Wl\right)$

02. 다음 그림과 같은 봉재에서 1,500 kg의 작용점을 고정단으로부터 몇 m 되는 곳으로 옮기면 봉의 신축량이 0(영)이 되겠는가?

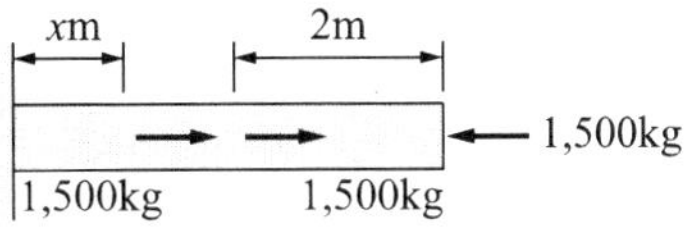


해설 $\lambda_1 = \lambda_2 : \frac{1,500x}{AE} = \frac{1,500 \times 2}{AE}$ 에서 $\therefore 1,500x = 3,000$ $\therefore x = 2$ m

**03.** 단면적 50 $cm^2$의 연강봉을 온도 변화량이 20℃가 되어도 길이가 변화하지 않도록 하기 위해서는 20 ton의 힘이 필요하다. 이 재료의 선팽창 계수 $\alpha$의 값은 얼마정도가 되겠는가?(단, $E=2.1\times10^6$ kg/$cm^2$이다.)

**해설** $P=\sigma A=E\alpha(t_2-t_1)A$에서

$$\alpha=\frac{P}{E(t_2-t_1)A}=\frac{20{,}000}{2.1\times10^6\times20\times50}=9.52\times10^{-6}$$

**04.** 내경 60 cm, 두께 3 mm인 동관이 내압 20 kg/$cm^2$를 받고 있을 때 원주 응력(후프 응력)은?

**해설** 원주 방향의 응력 $\sigma_1=\frac{p\cdot d}{2t}=\frac{20\times60}{2\times0.3}=2{,}000\ \text{kg/cm}^2$

**05.** 탄성 한도 1,800 kg/$cm^2$, 종탄성 계수 $2.1\times10^6$ kg/$cm^2$의 연강 재료가 압축 응력을 받아서 500 kg · cm의 탄성 에너지를 축적하려 할 때 필요한 체적은?

**해설** $U=\frac{\sigma^2Al}{2E}=\frac{\sigma^2V}{2E}$에서 $V=\frac{2EU}{\sigma^2}=\frac{2\times2.1\times10^6\times500}{1{,}800^2}=648\ \text{cm}^2$

**06.** 단면적이 10 $cm^2$인 봉을 35℃에서 수직으로 매달고 −15℃로 냉각하였을 때 원래의 길이를 유지하려면 봉의 하단에 몇 ton의 무게를 달면 되는가?(단, 선팽창 계수 $\alpha=12\times10^{-6}$, 세로 탄성 계수는 $E=2\times10^4$ kg/$mm^2$이고, 봉의 자중은 무시한다.)

**해설** $P=E\alpha(t_2-t_1)A=2.1\times10^6\times12\times10^{-6}\times50\times10=12{,}600\ \text{kg}=12.6\ \text{ton}$

07. 단면적이 10 cm$^2$이고 길이가 3 m인 봉이 천장에서 연직하게 매달려 있다. 봉의 하단에 부착된 받침대(plange) 위에 100 kg의 추를 20 cm 높이에서 자유 낙하시켰을 때 봉에 생기는 신장량은 얼마인가?(단, 봉의 탄성 계수 $E=2.1\times10^6$ kg/cm$^2$이다.)

해설 $\lambda_0=\dfrac{Wl}{AE}=\dfrac{100\times300}{10\times2.1\times10^6}=0.00143\ \text{cm}$

결국, $\lambda=\lambda_0\left[1+\sqrt{1+\dfrac{2h}{\lambda_0}}\right]=0.00143\left[1+\sqrt{1+\dfrac{2\times30}{0.00143}}\right]=0.29\ \text{cm}$

08. 길이 3 m, 지름 3 cm인 강봉에 3,000 kg의 인장 하중을 갑자기 작용시켰을 때, 강봉에 발생하는 응력과 변형량을 구하여라.(단, 강봉의 탄성 계수 $E=2.1\times10^6$ kg/cm$^2$이다.)

해설 갑작스런 충격이므로

$$\sigma=2\sigma_0=2\times\frac{3,000}{\frac{\pi}{4}\times3^2}=849\ \text{kg/cm}^2$$

$$\lambda=2\lambda_0=2\times\frac{Wl}{AE}=2\times\frac{3,000\times300}{\frac{\pi}{4}\times3^2\times2.1\times10^6}=0.06\ \text{cm}$$

09. 지금 80 cm의 원륜이 $N$ rpm으로 회전하고 있을 때 원심력으로 인하여 생기는 응력이 100 kg/cm$^2$이라면 이때의 회전수는 몇 rpm인가?(단, 비중량은 $7.2\times10^{-3}$ kg/cm$^3$, 중력 가속도 $g=980$ cm/sec$^2$이다.)

해설 $\sigma_a=\dfrac{\gamma v^2}{g}=\dfrac{\gamma\cdot\left(\dfrac{\pi dM}{60}\right)^2}{g}$에서

$$100=\frac{7.2\times10^{-3}\times\pi^2\times80^2\times N^2}{980\times60^2}\quad\therefore N=623\ \text{rpm}$$

**10.** 사용 응력 $\sigma_w = 750\ \text{kg/cm}^2$인 원통형 보일러의 두께 2 cm, 내압 12 kg/cm²이라 하고 이음 효율이 80%라면 보일러의 안지름은 몇 cm인가?

**해설** $\sigma_{max} = \sigma_1 = \sigma_w = \dfrac{pd}{2t\eta}$에서

$$d = \frac{2t\eta \cdot \sigma_w}{p} = \frac{2\times2\times0.8\times750}{12} = 200\ \text{cm}$$

**11.** 지름 4.5cm, 길이 115cm의 둥근 축이 있다. 그 양단을 수직 벽에 고정하였다. 온도가 80℃일 때 벽에 작용하는 힘 $P$는 몇 ton인가?(단, 이봉은 온도가 100℃ 올라갈 때 1.4 mm 늘어나고, 세로 탄성계수 $E = 2.1\times10^6\ \text{kg/cm}^2$이다.)

**해설** $\lambda = \alpha t l$에서 $\alpha = \dfrac{\lambda}{lt} = \dfrac{0.14}{115\times100} = 0.000012174[1/\,^\circ C]$

결국, $P = \sigma A = E\alpha t \cdot A = 2.1\times10^6\times0.000012174\times80\times\dfrac{\pi\times4.5^2}{4}$

$= 32{,}528\ \text{kg} = 32.528$

**12.** 안지름 120 cm이고 내압이 25 kg/cm²인 원통형 보일러에서 재료의 허용 응력이 720 kg/cm²이고 이음 효율을 60%라 한다면 요구되는 강판의 두께는 몇 mm인가?

**해설** $t = \dfrac{p\cdot d}{2\sigma_a\cdot\eta} = \dfrac{25\times120}{2\times720\times0.6} = 3.47\text{cm} = 34.7\ \text{mm}$

**13.** 직경 5 cm, 길이 80 cm의 봉을 10℃에서 그림과 같이 양단을 고정한 후 온도가 $t$℃로 상승하였다. 이 때 벽에 미치는 힘의 크기가 15 ton이었다면 상승한 온도는 몇 ℃인가?(단, $E = 2.1\times10^6\ \text{kg/cm}^2$, $\alpha = 12\times10^{-5}$이다.)

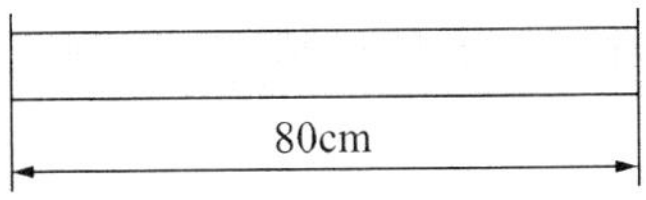


해설 $\sigma = E\alpha(t_2 - t_1)$에서

$$\frac{P}{A} = E\alpha(t_2 - t_1)$$

$$\frac{15,000}{\frac{\pi}{4}\times 5^2} = 2.1\times 10^6 \times 12\times 10^{-5}\times(t-10) \qquad \therefore t = 13^\circ C$$

14. 내경 150 mm, 두께 6 mm인 연강제 원통에 15 kg/cm$^2$의 내압 가스가 흐를 때 원주 방향의 응력과 축방향의 응력은 각각 몇 kg/cm$^2$인가?

해설 원주 방향 응력 $\sigma_1 = \frac{p\cdot d}{2t} = \frac{15\times 15}{2\times 0.6} = 187.55\ \text{kg/cm}^2$

축방향 응력 $\sigma_2 = \frac{p\cdot d}{4t} = \frac{15\times 15}{4\times 0.6} = 93.75\ \text{kg/cm}^2$

15. 철도 레일에서 기온이 20℃에서 −10℃로 내려갔을 때 레일에 생기는 열응력의 크기는 몇 kg/cm$^2$인가?(단, 선팽창 계수 $\alpha = 1.2\times 10^{-5}$ kg/cm$^2$, $E = 2.1\times 10^6$ kg/cm$^2$이다.)

해설 $\sigma = E\alpha(t_2 - t_1) = 2.1\times 10^6 \times 1.2\times 10^{-5}\times(20+10) = 756\ \text{kg/cm}^2$

16. 연강에 인장 하중이 작용하여 100 kg/cm$^2$의 응력이 발생했다. 단위 체적의 저장 에너지는 몇 kg · cm/cm$^3$인가?(단, $E = 2.1\times 10^6$ kg/cm$^2$이다.)

해설 $u=\dfrac{\sigma^2}{2E}=\dfrac{80^2}{2\times 2.1\times 10^6}=0.0015\ \text{kg}\cdot\text{cm/cm}^3$

**17.** 그림과 같은 구조물에서 단면적 8 cm$^2$인 $AC$, $BC$ 부재에 저장되는 탄성 에너지는 얼마인가?(단, 탄성 계수 $E=2\times 10^6$ kg/cm$^2$이다.)

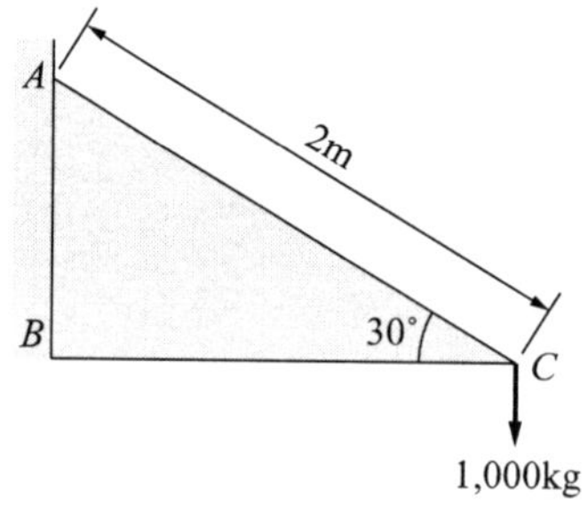


해설 라미의 정리에 의해

$$\frac{T_{AC}}{\sin 90^\circ}=\frac{T_{BC}}{\sin 240^\circ}=\frac{1{,}000(=P)}{\sin 30^\circ}$$

결국, $T_{AC}=2P$(인장)

$T_{BC}=\sqrt{3}\,P$(압축)

$\therefore U=\dfrac{1}{2}P\lambda=\dfrac{\delta^2 A l}{2E}$을 적용하면

$$U=U_{AC}+U_{BC}=\frac{(2P)^2 l}{2AE}+\frac{(\sqrt{3}\,P)^2\cos 30^\circ}{2AE}=\frac{P^2 l}{2AE}(4+3\cos 30^\circ)$$

$$=\frac{1{,}000^2\times 200}{2\times 8\times 2\times 10^6}\times(4+3\cos 30^\circ)=42.24\ \text{kg}\cdot\text{cm}$$

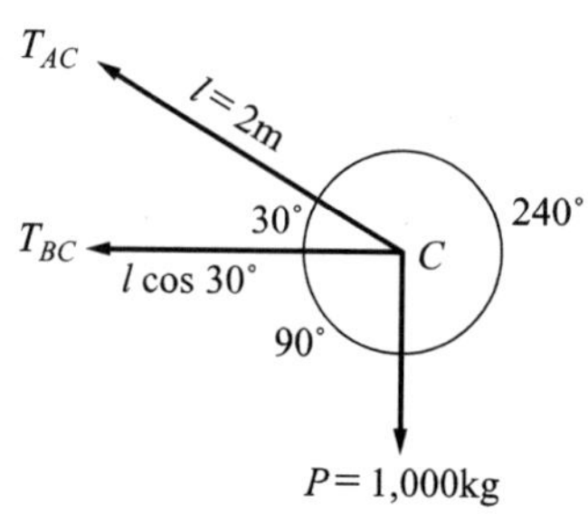

18. 지름 $d=20$ mm, 길이 90 cm인 원형 단면봉의 양단을 벽에 고정하여 온도를 80℃ 상승시키면, 벽을 미는 힘은 얼마인가?(단, 이 봉을 100℃로 올리면 1.1 mm의 신장을 하며 세로 탄성 계수 $E=2.1\times10^6$ kg/cm²이다.)

해설 $\lambda=\alpha tl$에서 $\alpha=\dfrac{\lambda}{lt}=\dfrac{0.11}{90\times100}=0.000012(1/{}^\circ C)$

결국, $P=\sigma A=E\alpha t\cdot A=2.1\times10^6\times0.000012\times80\times\dfrac{\pi\times2^2}{4}$

$=6{,}333.5\ \text{kg}\fallingdotseq 6.334$

19. 지름이 10 cm이고, 길이가 1 m인 연강봉이 인장 하중을 받고 1 mm 늘어났다 이 봉에 저축된 탄성 에너지는 얼마인가?(단, 탄성 계수 $E=2.1\times10^6$ kg/cm²이다.)

해설 $U=\dfrac{\sigma^2Al}{2E}=\dfrac{1{,}050^2\times\dfrac{\pi}{4}\times10^2\times100}{2\times2.1\times10^6}=2{,}061.67\ \text{kg}\cdot\text{cm}$

단, $\lambda=\dfrac{Pl}{AE}=\dfrac{\sigma l}{E}$에서, $\sigma=\dfrac{E\lambda}{l}=\dfrac{2.1\times10^6\times0.1}{100}=2{,}100\ \text{kg/cm}^2$

20. 탄성 계수 $E=2.1\times10^6$ kg/cm², 선팽창 계수 $\alpha=11\times10^{-6}$인 철도 레일을 10℃에서 양단을 고정하였다. 발생 응력을 850 kg/cm²로 제한하려 할 때 열응력에 의한 온도 변화의 허용 범위는 얼마인가?

해설 열응력 $\sigma=E\alpha\Delta t$에서

$\Delta t=\dfrac{\sigma}{E\alpha}=\dfrac{850}{2.1\times10^6\times11\times10^{-6}}=36.8$℃

결국, 열응력에 의한 온도의 허용 범위는

$10-36.8\le t\le10+36.8\quad\therefore -26.8^\circ C\le t\le46.8$℃

21. 재료가 두꺼운 원통이 있다. 내압이 900 kg/cm$^2$이고, 안지름 $d=200$ mm라면 원통의 두께는 얼마로 하면 좋은가?(단, 재료의 허용 응력은 1,500 kg/cm$^2$이다.)

해설 $\dfrac{r_2}{r_1}=\sqrt{\dfrac{\sigma_a+p}{\sigma_a-p}}=\sqrt{\dfrac{1,500+900}{1,500-900}}=2$

$\therefore r_2=2r_1=2\times 100=200$ mm

결국, $t=r_2-r_1=200-100=100$ mm

22. 다음 그림과 같이 길이가 $l$이고 단면적이 $A$인 균인 단면 봉이 지하층에서 연직하게 매달려 있다. 그 재료의 단위 체적마다의 중량이 $\gamma$일 때 그 봉 속에 저장된 변형 에너지는?(단, $E$는 탄성 계수이다.)

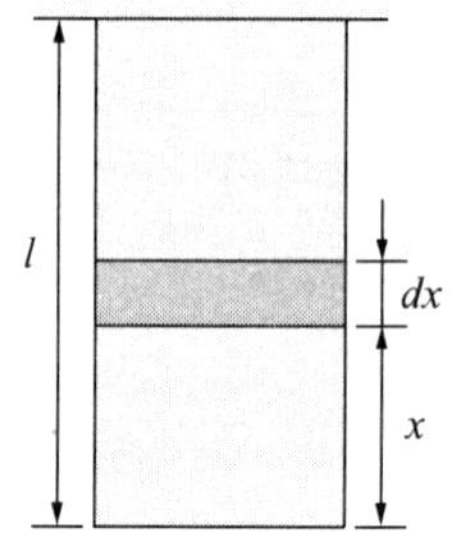


해설 우선 $W_x=\gamma V_x=\gamma Ax$

$\lambda=\dfrac{Wl}{AE}$에서

$d\lambda=\dfrac{W_x dx}{AE}=\dfrac{\gamma Ax\cdot dx}{AE}=\dfrac{\gamma x dx}{E}$

미소 저장 탄성 에너지는

$U=\dfrac{1}{2}W\lambda$에서

$dU=\dfrac{1}{2}W_x d\lambda=\dfrac{1}{2}\gamma Ax\cdot\dfrac{\gamma x dx}{E}=\dfrac{\gamma^2 Ax^2 dx}{2E}$

양변을 적분하면

$$\int_0^1 dU = \frac{\gamma^2 A}{2E} \int_0^1 x^2 dx$$

$$\therefore U = \frac{\gamma^2 A}{2E}\left[\frac{x^3}{3}\right]_0^l = \frac{\gamma^3 A l^3}{6E}$$

23. 그림과 같이 철선을 자중하에서 연직하게 매달려고 할 때 재료의 허용인장응력이 1,000 kg/cm$^2$이고, 길이 $l = 15{,}000$ m이면 이 재료의 비중량은 얼마인가?

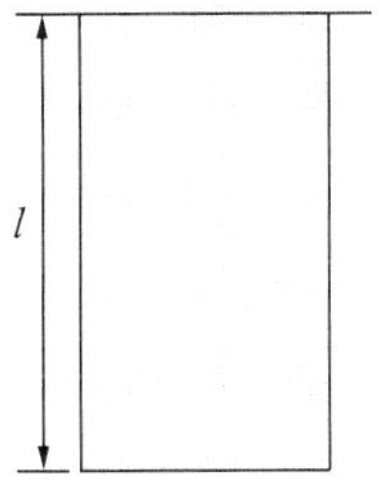


해설 자중만에 의한 응력 $\sigma = \gamma l$에서

$$\gamma = \frac{\sigma}{l} = \frac{1{,}000{,}000}{1{,}500{,}000} = 0.67 \text{ g/cm}^3$$

24. 그림과 같은 연강제 환봉이 있다. (a)·(b)의 전체 길이가 동일하고 지름의 비가 그림과 같을 때 저장하는 탄성에너지의 비 $U_a : U_b$를 구하면 얼마인가?

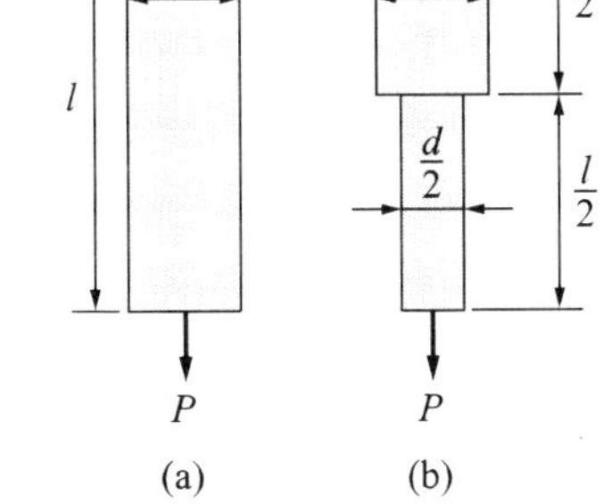


(a) (b)

해설 탄성에너지 $U = \frac{1}{2}P\lambda = \frac{P^2 l}{2AE}$에서

우선 $U_a = \frac{P^2 l}{2 \times \frac{\pi d^2}{4} \times E} = \frac{2P^2 l}{\pi d^2 E}$

또한 $U_b = \frac{P^2 \times \frac{l}{2}}{2 \times \frac{\pi d^2}{4} \times E} + \frac{P^2 \times \frac{l}{2}}{2 \times \frac{\pi}{4} \times \left(\frac{d}{2}\right)^2 \times E} = \frac{5P^2 l}{\pi d^2 E}$

결국, $U_a : U_b = \frac{2P^2 l}{\pi d^2 E} : \frac{5P^2 l}{\pi d^2 E} = 2 : 5$

Chapter

# 03 응력의 조합 상태

## 3.1 단순응력(Simple Stress)

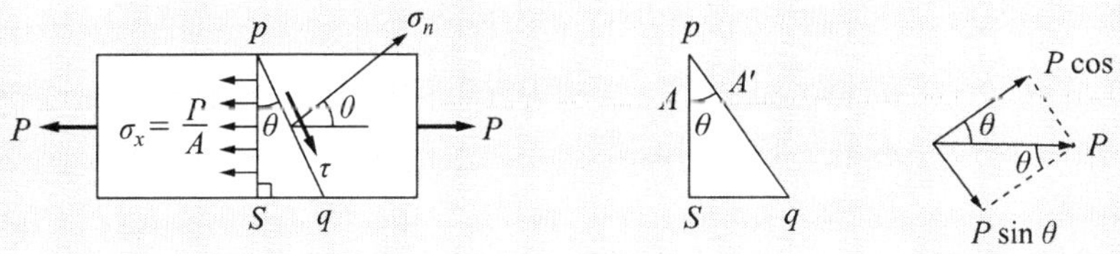


[그림 3.1] 단순응력

### 3.1.1 임의의 경사각 $\theta$에서의 수직(법선) 응력($\sigma_n$)

$$\sigma_n \cdot A' = P\cos\theta \text{에서} \quad \sigma_n = \frac{P\cos\theta}{A'} = \sigma_x \cos^2\theta$$

$$\therefore \sigma_n = \sigma_x \cos^2\theta$$

## 3.1.2 임의의 경사각 $\theta$에서의 전단응력($\tau$)

$\tau A' = P\sin\theta$에서의 $\tau = \dfrac{P\sin\theta}{A'} = \dfrac{1}{2}\sigma_x \sin 2\theta$

$$\sigma_\tau = \frac{1}{2}\sigma_x \sin 2\theta$$

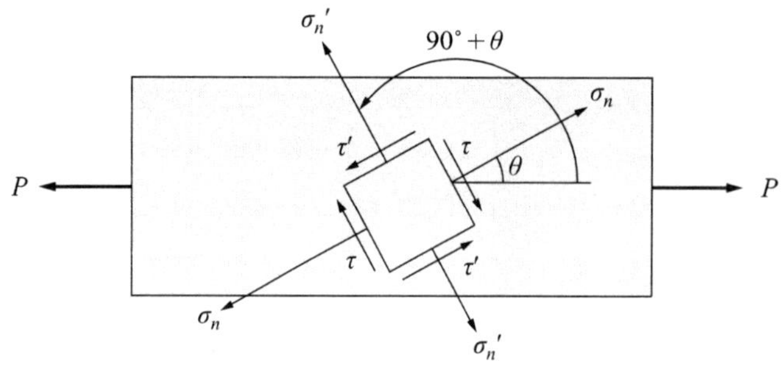


[그림 3.2] 공액응력

## 3.1.3 임의의 경사각 $\theta$에서의 공액법선응력($\sigma_n{}'$)

$\sigma_n = \sigma_x \cos^2\theta$ 에서 $\theta$ 대신$(90° + \theta)$를 대입하면

$$\sigma_n{}' = \sigma_x \cos^2(90° + \theta) = \sigma_x \sin^2\theta$$

$$\therefore \sigma_n{}' = \sigma_x \sin^2\theta$$

## 3.1.4 임의의 경사각 $\theta$에서의 공액전단응력($\tau'$)

$\tau = \frac{1}{2}\sigma_x \sin 2\theta$에서 $\theta$ 대신 $(90^\circ + \theta)$를 대입하면

$$\tau' = \frac{1}{2}\sigma_x \sin 2(90^\circ + \theta) = -\tau$$

$$\therefore \tau' = -\tau$$

$$\sigma_n + \sigma_n{}' = \sigma_x = \frac{P}{A}$$

$\tau + \tau' = 0$ 즉, $\tau' = -\tau$

횡단면 $Ps$ 위에는 수직응력만 작용하지만 경사면상에는 수직응력과 전단응력이 동시에 작용한다. 우선, 수직응력 $\sigma_n$는 $\theta = 0^\circ$에서 최댓값 $\sigma_x$, $\theta = 90^\circ$에서는 0, $\theta = 45^\circ$에서는 $\frac{1}{2}\sigma_x$가 된다. 또한 전단응력 $\tau$는 $\theta = 0^\circ$와 $90^\circ$에서 0이 되며 $\theta - 45^\circ$에서 최댓값 $\frac{1}{2}\sigma_x$가 된다.

## 3.1.5 단순 응력의 모어원(Mohr's circle)

### 1) 모어원 그리는 방법

① 0을 원점으로 하는 직교좌표를 잡고 $x$축을 $\sigma$로 $y$축을 $\tau$로 잡는다.

② $\sigma$축에 $\sigma_x$의 값을 $A$ 점으로 잡아 $0A$를 지름으로 하여 원을 그린다.

③ 원의 중심 $C$를 잡아 경사각의 2배인 $2\theta$를 반시계 방향으로 회전하여 원주상에 잡아 $D$라 하고 원의 중심점 $C$와 연장하여 $D_1$을 잡는다.

④ 원주상의 점 $D$와 $D_1$ 점○에서 $x$축에 수직선을 그어 $\sigma$축과의 교점을 $F$, $F_1$점이라 한다.

⑤ 그림에서 $\sigma_n = \overline{OF}$, $\sigma_n{}' = \overline{OF_1}$, $\tau = \overline{DF}$, $\tau' = \overline{D_1F_1}$이 된다.

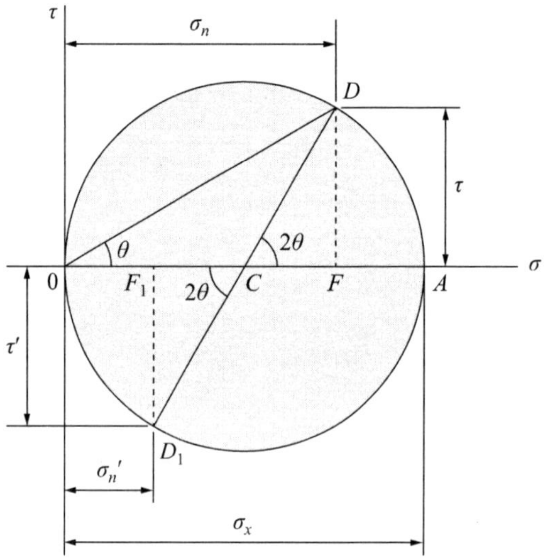


[그림 3.3] 단순응력의 모어원

### 2) 증명

① $\sigma_n = \overline{OF} = \overline{OC} + \overline{CF} = \frac{1}{2}\sigma_x + \frac{1}{2}\sigma_x \cos 2\theta = \sigma_x \cos^2\theta$

② $\sigma_n{}' = \overline{OF_1} = \overline{OC} - \overline{CF_1} = \frac{1}{2}\sigma_x - \frac{1}{2}\sigma_x \cos 2\theta = \sigma_\alpha \sin^2\theta$

③ $\tau = \overline{DF} = \overline{CD} \sin 2\theta = \frac{1}{2}\sigma_x \sin 2\theta$

④ $\tau' = -\overline{D_1F_1} = -\overline{CD_1}\sin 2\theta = -\frac{1}{2}\sigma_x \sin 2\theta = -\tau$

## 3.2 2축 응력(Biaxial Stress)

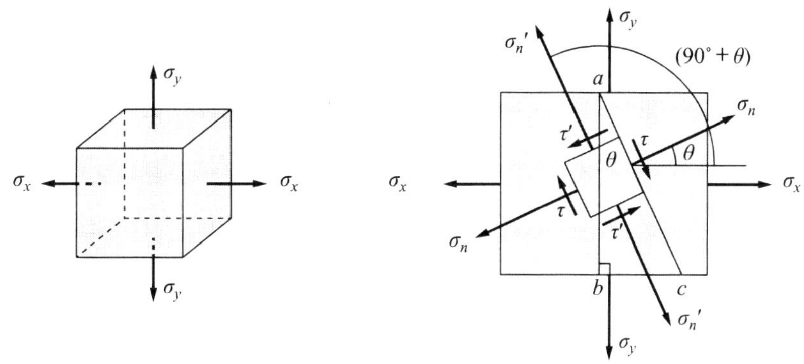


[그림 3.4] 2축응력

① 임의의 경사각 $\theta$에서의 수직(법선)응력($\sigma_n$)

$$\sigma_n = \frac{1}{2}(\sigma_x + \sigma_y) + \frac{1}{2}(\sigma_x - \sigma_y)\cos 2\theta$$

② 임의의 경사각 $\theta$에서의 전단응력($\tau$)

$$\tau = \frac{1}{2}(\sigma_x - \sigma_y)\sin 2\theta$$

③ 임의의 경사각 $\theta$에서의 공액법선응력($\sigma_n'$)

$$\sigma_n' = \frac{1}{2}(\sigma_x + \sigma_y) - \frac{1}{2}(\sigma_x - \sigma_y)\cos 2\theta$$

④ 임의의 경사각 $\theta$에서의 공액전단응력($\tau'$)

$\tau$에서 $\theta$대신 $(90° + \theta)$를 대입하면

$$\tau' = -\frac{1}{2}(\sigma_x - \sigma_y)\sin 2\theta = -\tau$$

$$\sigma_n + \sigma_n' = \sigma_x + \sigma_y$$

$$\tau + \tau' = 0,\ \text{즉}\ \tau' = -\tau$$

두 직교면상의 수직응력의 합은 $\theta$와 관계없이 일정하다. $\sigma_n$의 극대 및 극소는 $\sigma_x > \sigma_y$라 하면 $\theta = 0°$ 및 $\theta = 90°$의 면에서 생기고 그 크기는 $\theta = 0°$일 때 $\sigma_{n \cdot max} = \sigma_x$이고 $\theta = 90°$일 때 $\sigma_{n \cdot min} = \sigma_y$이다. 즉, $\theta = 0°$, $\theta = 90°$일 때 $\sigma_x$, $\sigma_y$는 각각 최대 및 최소의 수직응력임을 알 수 있고, $\theta = 0°$, $\theta = 90°$ 인면을 주면(principal plane)이라 하며 최댓값, 최솟값을 주응력이라고 한다. 수직응력이 극대 및 극소가 되는 면은 서로 직각을 이룬다. 접선응력은 $\theta = 45°$에서 극대가 된다.

또한 $\tau = \frac{1}{2}(\sigma_x - \sigma_y)\sin 2\theta$에서 $\theta = 45°$일 때 $\theta = 45°$일 때 $\tau_{max} = \frac{1}{2}(\sigma_x - \sigma_y) =$ 모어원의 반경이 되고 주응력 차의 $\frac{1}{2}$과 같음을 알 수 있다. 두 주응력의 크기가 서로 같을 경우에는 $\tau_{max} = \tau_{min} = 0$이 되고 전단응력은 작용하지 않는다. 또 $\sigma_x = -\sigma_y$일 때 $\sigma_n = \sigma_n' = 0$이 되고 $\tau_{max} = \sigma_x = -\sigma_y$가 되어 순수전단(pure shear)의 상태로 된다.

⑤ 2축 응력의 모어원(Mohr's circle)

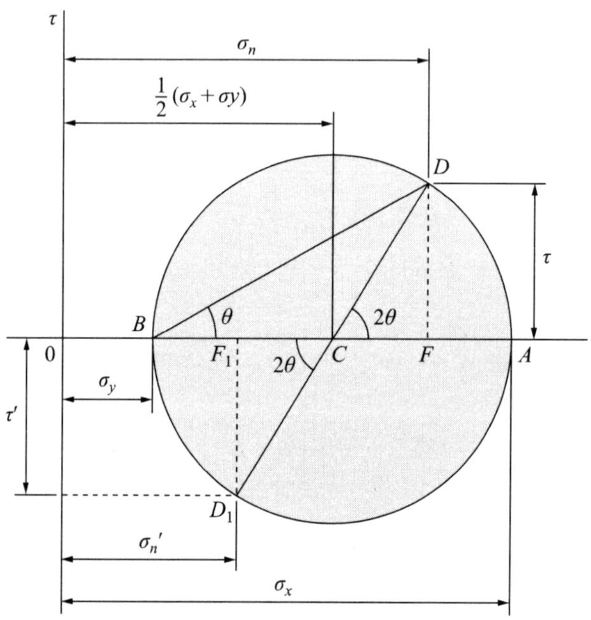


[그림 3.5] 2축 응력의 모어원

㉠ 모어원 그리는 방법

① $x$축, 즉 $\sigma$축에서 $\sigma_x = \overline{OA}$, $\sigma_y = \overline{OB}$로 표시할 수 있고 이것은 주응력이 된다.

② $\overline{AB}$를 직경으로 하고 $C$점을 중심점으로 하여 원을 그린다.

③ 중심점 $C$에서 $2\theta$가 되게 그린 다음 그것을 연장하여 원주상에 $D$점과 $D_1$점을 잡는다,

④ 원주상의 점 $D$, $D_1$에서 $\sigma$축에 수직선을 그어 $F$, $F_1$을 잡는다.

⑤ $\overline{OF}$, $\overline{OF_1}$은 수직응력 $\sigma_n$, $\sigma_n'$가 되고 $\overline{DF}$, $\overline{D_1F_1}$은 전단응력 $\tau$, $\tau'$가 된다.

㉡ 증명

① $\sigma_n = \overline{OF} = \overline{OC} + \overline{CF} = \frac{1}{2}(\sigma_x + \sigma_y) + \frac{1}{2}(\sigma_x - \sigma_y)\cos 2\theta$

② $\sigma_n' = \overline{OF_1} = \overline{OC} - \overline{CF_1} = \frac{1}{2}(\sigma_x + \sigma_y) - \frac{1}{2}(\sigma_x - \sigma_y)\cos 2\theta$

③ $\tau = \overline{DF} = \overline{CD}\sin 2\theta = \frac{1}{2}(\sigma_x - \sigma_y)\sin 2\theta$

④ $\tau' = -\overline{D_1F_1} = -\overline{CD_1}\sin 2\theta = -\frac{1}{2}(\sigma_x - \sigma_y)\sin 2\theta = -\tau$

## 3.3 평면응력(Plane Stress)

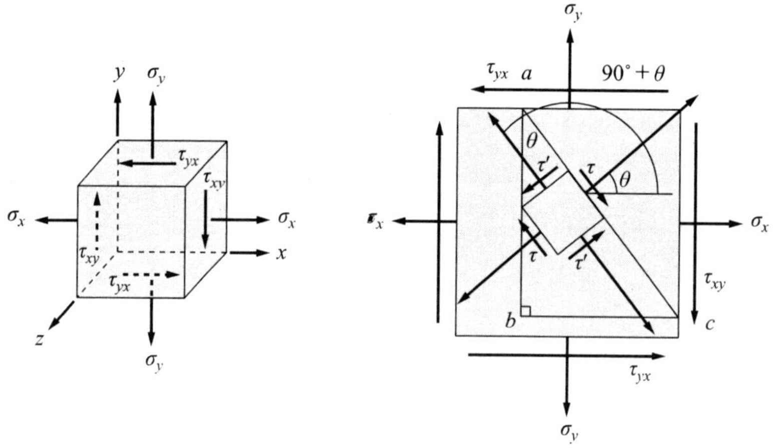


[그림 3.6] 평면응력

1) 임의의 경사각 $\theta$에서의 수직(법선)응력($\sigma_n$)

$$\sigma_n = \frac{1}{2}(\sigma_x + \sigma_y) + \frac{1}{2}(\sigma_x - \sigma_y)\cos 2\theta - \tau_{xy}\sin 2\theta$$

2) 임의의 경사각 $\theta$에서의 전단응력($\tau$)

$$\tau = \frac{1}{2}(\sigma_x - \sigma_y)\sin 2\theta + \tau_{xy}\cos 2\theta$$

3) 임의의 경사각 $\theta$에서의 공액법선응력($\sigma_n{}'$)

$$\sigma_n{}' = \frac{1}{2}(\sigma_x + \sigma_y) - \frac{1}{2}(\sigma_x - \sigma_y)\cos 2\theta + \tau_{xy}\sin 2\theta$$

4) 임의의 경사각 $\theta$에서의 공액전단응력($\tau'$)

$$\tau' = -\left[\frac{1}{2}(\sigma_x - \sigma_y)\sin 2\theta + \tau_{xy}\cos 2\theta\right] = -\tau$$

### 5) 주평면의 위치

수직응력 $\sigma_n$가 최대·최소치를 가지는 평면의 경사각 $\theta$값을 구하려면 $\sigma_n$을 $\theta$을 대해 미분하여, 즉 $\frac{d\sigma_n}{d\theta}=0$으로 놓으면

$$\therefore \tan 2\theta = -\frac{2\tau_{xy}}{(\sigma_x - \sigma_y)} \quad \cdots\cdots \text{ 주평면의 위치}$$

이 조건을 만족하면 $2\theta$의 값은 두 개이며, 이들 사이에는 180°의 차이가 있으므로 결국 90°의 차를 가지는 두 개의 $\theta$값을 얻게 된다. 이 두 개의 값 중 하나는 $\sigma_n$의 최댓값이고 다른 하나는 최솟값이 된다.

$$\therefore \text{ 최대 주응력}: \sigma_{n\cdot\max} = \sigma_1 = \frac{1}{2}(\sigma_x + \sigma_y) + \frac{1}{2}\sqrt{(\sigma_x - \sigma_y)^2 + 4{\tau_{xy}}^2}$$

$$\therefore \text{ 최소 주응력}: \sigma_{n\cdot\min} = \sigma_2 = \frac{1}{2}(\sigma_x + \sigma_y) - \frac{1}{2}\sqrt{(\sigma_x - \sigma_y)^2 + 4{\tau_{xy}}^2}$$

### 6) 최대 전단응력의 위치

최대 전단응력이 작용하는 면의 경사각 $\theta$의 값을 구하려면 $\tau$를 $\theta$에 대해 미분하여, 즉 $\frac{d\tau}{d\theta}=0$으로 놓으면

$$\therefore \tan 2\theta = \frac{(\sigma_x - \sigma_y)}{2\tau_{xy}} \quad \cdots\cdots \ \tau_{\max}\text{의 위치}$$

또한 최대 및 최소 전단응력의 값을 구하려면 $\tau_{\max}$의 위치에서 $\sin 2\theta$, $\cos 2\theta$를 구해 $\tau$, $\tau'$에 대입하면 결국,

$$\therefore \tau_{\max} = \frac{1}{2}\sqrt{(\sigma_x - \sigma_y)^2 + 4{\tau_{xy}}^2}$$

$$\therefore \tau_{\min} = -\frac{1}{2}\sqrt{(\sigma_x - \sigma_y)^2 + 4{\tau_{xy}}^2}$$

### 7) 평면 응력의 모어원

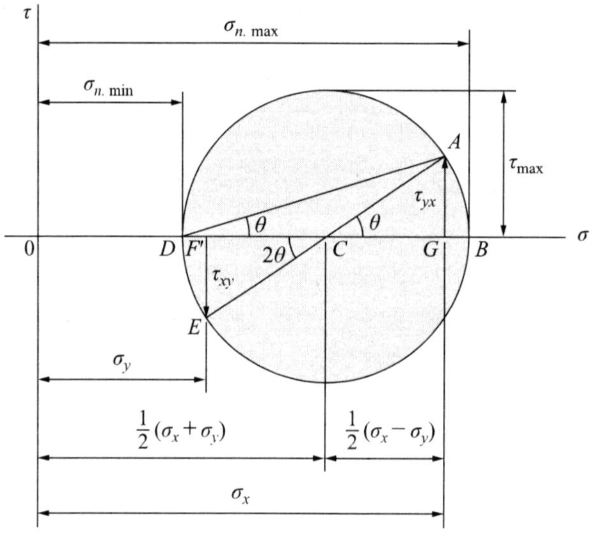


[그림 3.7] 평면응력의 모어원

① 모어원 그리는 방법

㉠ $\sigma$축에 $\sigma_x$, $\sigma_y$의 값을 인장(+), 압축(−)으로 구분하여 도시한다.

㉡ $\sigma_x$, $\sigma_y$의 점에서 $\tau_{xy}$의 값을 (+), (−)로 구분하여 표시한다.

㉢ $\tau_{xy}$가 도시되면 그 값의 끝점을 연결하여 대각선을 긋는다.

㉣ 대각선을 직경으로 하는 원을 작도한다.

② 증명

㉠ $\sigma_{n \cdot \max} = \overline{OB} = \overline{OC} + \overline{CB} = \frac{1}{2}(\sigma_x + \sigma_y) + \frac{1}{2}\sqrt{(\sigma_x - \sigma_y)^2 + 4\tau_{xy}^{\ 2}}$

㉡ $\sigma_{n \cdot \min} = \overline{OD} = \overline{OC} - \overline{CD} = \frac{1}{2}(\sigma_x + \sigma_y) - \frac{1}{2}\sqrt{(\sigma_x - \sigma_y)^2 + 4\tau_{xy}^2}$

㉢ $\tau_{\max}$ =모어원의 반경$= \frac{1}{2}\sqrt{(\sigma_x - \sigma_y)^2 + 4\tau_{xy}^2}$

## 3.4 2축 응력에서의 체적 변형률

2축 응력상태에 있는 요소의 각 축방향의 변형률은 다음과 같다.

$$\varepsilon_x = \frac{\sigma_x}{E} - \frac{\sigma_y}{mE} = \frac{\sigma_x}{E} - \frac{\mu\sigma_y}{E}$$

$$\varepsilon_y = \frac{\sigma_y}{E} - \frac{\sigma_x}{mE} = \frac{\sigma_y}{E} - \frac{\mu\sigma_x}{E}$$

$$\varepsilon_z = -\frac{\sigma_x}{mE} - \frac{\sigma_y}{mE} = -\frac{\mu\sigma_x}{E} - \frac{\mu\sigma_y}{E}$$

결국, 체적 변형률($\varepsilon_V$)은

$$\varepsilon_V = \frac{\Delta V}{V} = \varepsilon_x + \varepsilon_y + \varepsilon_z = \frac{1}{E}(\sigma_x + \sigma_y) - \frac{2\mu}{E}(\sigma_x + \sigma_y)$$

$$= \frac{1}{2}(\sigma_x + \sigma_y)(1 - 2\mu)$$

체적 변형량 $\Delta V = \frac{1}{2}(\sigma_x + \sigma_y)(1 - 2\mu)V$

만약, $\sigma_x = -\sigma_y$이면 $\Delta V = 0$, 즉 체적의 변화가 없다는 것을 알 수 있다.

Chapter 03

# 연습 문제

**01.** 서로 직각인 두 방향에서 수직 응력 $\sigma_x, \sigma_y$가 작용할 때 $\theta=45°$ 단면에 생기는 최대 주전단 응력 $\tau$는?

**해설** $\theta = 45°$ 에서는 전단 응력이 최대가 되며 그 값은

$$\tau_{max} = \frac{1}{2}(\sigma_x - \sigma_y)\sin 2\theta = \frac{1}{2}(\sigma_x - \sigma_y)\sin 90° = \frac{1}{2}(\sigma_x - \sigma_y) = \text{모어원의 반경}$$

**02.** 30 kg/cm$^2$의 내압을 받고 있는 지름 100 cm, 두께 1.5 cm의 얇은 원통이 있다. 원통에 발생되는 최대 전단 응력은 얼마인가?

**해설** $\sigma_1 = \dfrac{pd}{2t} = \dfrac{30 \times 100}{2 \times 1.5} = 1{,}000\ \text{kg/cm}^2$

$\sigma_2 = \dfrac{pd}{4t} = \dfrac{30 \times 100}{4 \times 1.5} = 500\ \text{kg/cm}^2$

결국 최대 전단 응력 $\tau_{max} = \dfrac{1}{2}(\sigma_x - \sigma_y) = \dfrac{1}{2}(\sigma_1 - \sigma_2) = \dfrac{1}{2}(1{,}000 - 500)$

$= 250\ \text{kg/cm}^2$

**03.** 다음과 같은 평면 응력 상태에서 최대 주응력 $\sigma_1$의 값은?(단, $\sigma_x = \tau$, $\sigma_y = 0$, $\tau_{xy} = -\tau$)

해설 $$\sigma_1 = \frac{1}{2}(\sigma_x - \sigma_y)^2 + \frac{1}{2}\sqrt{(\sigma_x - \sigma_y)^2 + 4\tau_{xy}^2} = \frac{1}{2}\tau + \frac{1}{2}\sqrt{\tau^2 + 4\tau^2}$$

$$= \frac{1}{2}\tau + \frac{1}{2}\tau\sqrt{5} = 1.618\tau$$

04. 사각형 축의표면에 응력이 다음과 같은 상태로 표시되었다. 이때 주응력의 크기는?

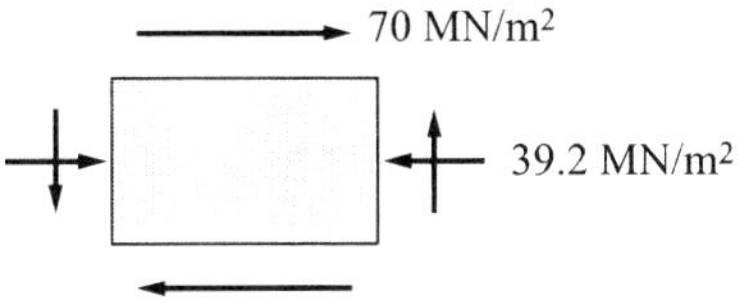


해설 $\sigma_x = 39.2\ \mathrm{MN/m^2}$

$\tau_{xy} = 70\ \mathrm{MN/m^2}$

결국 최대 주응력 $\sigma_1 = \frac{1}{2}(\sigma_x + \sigma_y) + \frac{1}{2}\sqrt{(\sigma_x - \sigma_y)^2 + 4\tau_{xy}^2}$

$$= -\frac{39.2}{2} + \frac{1}{2}\sqrt{39.2^2 + 4 \times 70^2} = 53.09\ \mathrm{MN/m^2}$$

05. 재료 내의 일점에 좌표축 $x$, $y$를 잡고, $x$, $y$ 방향에 수직인 $\sigma_x = 1{,}500\ \mathrm{kg/cm^2}$와 $\sigma_y = 300\ \mathrm{kg/cm^2}$, $x$축과 수직한 면에 전단 응력 $\tau_{xy} = -500\ \mathrm{kg/cm^2}$가 있을 때 주응력을 구하면 얼마인가?

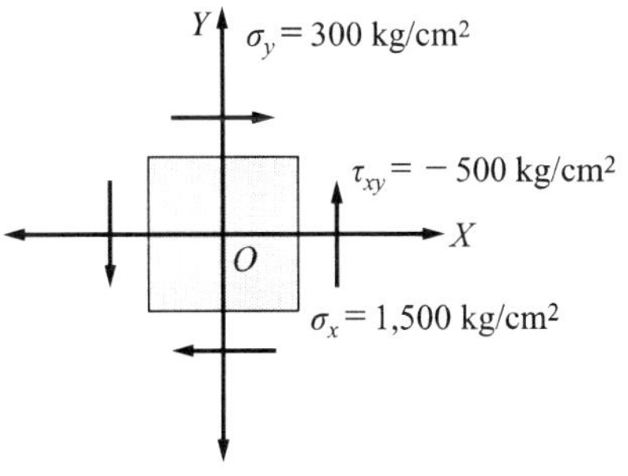

해설 최대 주응력 $\sigma_{n \cdot max} = \sigma_1 = \frac{1}{2}(\sigma_x + \sigma_y) + \frac{1}{2}\sqrt{(\sigma_x - \sigma_y)^2 + 4\tau_{xy}^2} = 1{,}681 \text{ kg/cm}^2$

최소 주응력 $\sigma_{n \cdot min} = \sigma_2 = \frac{1}{2}(\sigma_x + \sigma_y) - \frac{1}{2}\sqrt{(\sigma_x - \sigma_y)^2 + 4\tau_{xy}^2} = 119 \text{ kg/cm}^2$

06. 다음 그림과 같은 재료 내에서 인장 응력 $\sigma_x = 700$ kg/cm$^2$과 압축 응력 $\sigma_y = -300$ kg/cm$^2$, 전단 응력이 $\tau_{xy} = 500$ kg/cm$^2$이 작용할 때 발생하는 최대 주응력 $\sigma_1$과 최소 주응력 $\sigma_2$는 얼마인가?

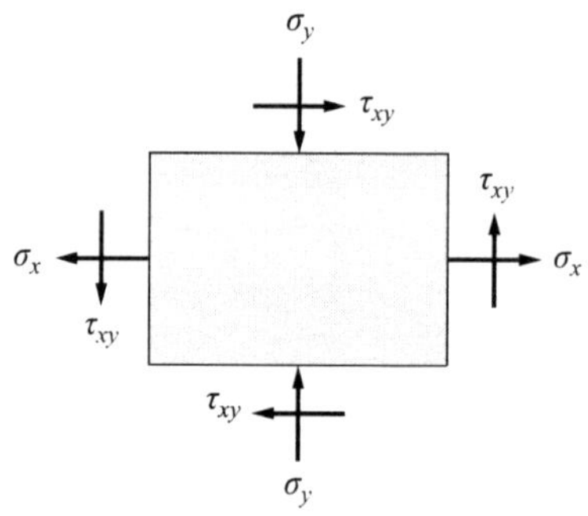


해설 최대 주응력 $\sigma_1 = \frac{1}{2}(\sigma_x + \sigma_y) + \frac{1}{2}\sqrt{(\sigma_x - \sigma_y)^2 + 4\tau_{xy}^2} = 907 \text{ kg/cm}^2$

최소 주응력 $\sigma_2 = \frac{1}{2}(\sigma_x + \sigma_y) - \frac{1}{2}\sqrt{(\sigma_x - \sigma_y)^2 + 4\tau_{xy}^2} = -507 \text{ kg/cm}^2$

07. 단면적 10 cm$^2$인 균일 원형 단면봉에 인장 하중 30 ton이 작용하고 있다. 임의의 서로 직교하는 두 경사면 위에 작용하는 수직 응력들의 합은 몇 kg/cm$^2$인가?

해설 $\sigma_n + \sigma_n{}' = \sigma_x \cos^2\theta + \sigma_x \sin^2\theta = \sigma_x = \frac{P}{A} = \frac{30{,}000}{10} = 3{,}000 \text{ kg/cm}^2$

08. 인장 하중을 받는 봉의 하중 축에 수직인 700 kg/cm$^2$의 수직 응력이 생기고 있을 때 하중과 60°경사진 면에 생기는 수직 응력은 몇 kg/cm$^2$인가?

해설 $\sigma_n = \sigma_x \cos^2\theta = 700\cos^2 30° = 525\ \mathrm{kg/cm^2}$

09. 어떤 재료가 $\sigma_x = 300\ \mathrm{kg/cm^2}$, $\sigma_y = 200\ \mathrm{kg/cm^2}$, $\tau = 100\ \mathrm{kg/cm^2}$의 응력이 발생하고 있다면 주응력은?(단, 단위는 $\mathrm{kg/cm^2}$이다.)

해설 최대 주응력 $\sigma_1 = \frac{1}{2}(\sigma_x + \sigma_y) + \frac{1}{2}\sqrt{(\sigma_x - \sigma_y)^2 + 4\tau_{xy}^2}$

$$= \frac{1}{2}(300+200) + \frac{1}{2}\sqrt{(300-200)^2 + 4\times 100^2} = 361.8\ \mathrm{kg/cm^2}$$

10. 1변이 10 cm인 정사각형 단면의 기둥이 20 ton의 압축 하중을 받을 때 기둥 내부에 생기는 전단 응력의 최대치는 얼마인가?

해설 최대 전단 응력 $\tau_{\max} = \text{모어원의 반경} = \frac{1}{2}\sigma_x = \frac{1}{2}\cdot\frac{P}{A} = \frac{1}{2}\times\frac{20{,}000}{10\times 10}$

$$= 200\ \mathrm{kg/cm^2}$$

11. 그림과 같이 정사각형에 $\sigma_x = 250\ \mathrm{kg/cm^2}$, $\sigma_y = 150\ \mathrm{kg/cm^2}$의 인장 응력이 작용할 때 최대 전단 응력의 값은 얼마인가?

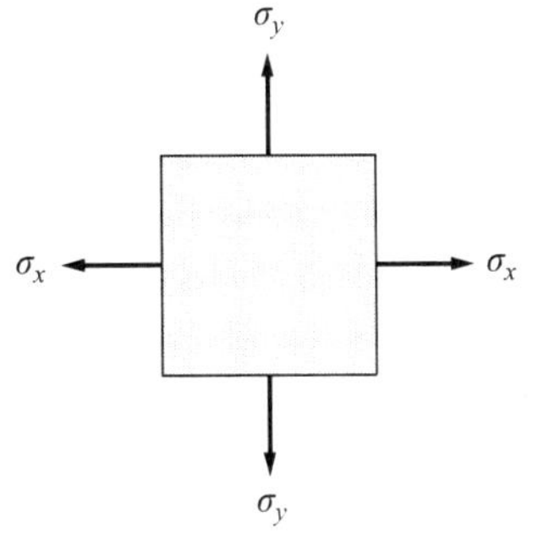

해설 최대 전단 응력 = 모어원의 반경 $= \frac{1}{2}(\sigma_x - \sigma_y) = \frac{1}{2}(250 - 150) = 50\ \text{kg/cm}^2$

**12.** 수직 응력 $\sigma_x = -50$ kg/cm², $\sigma_y = 150$ kg/cm², 전단 응력 $\tau_{xy} = 200$ kg/cm²일 때 그림과 같은 모어의 원에서 $\sigma_1$과 $\sigma_2$는 몇 kg/cm²인가?

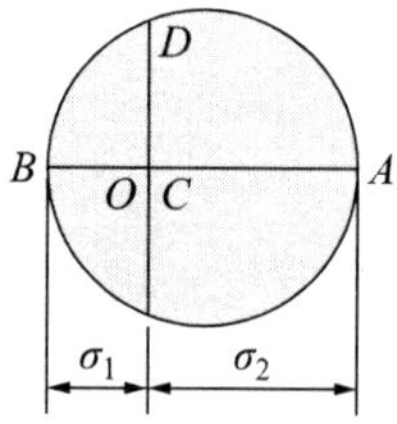


해설 최대 주응력 $\sigma_1 = \frac{1}{2}(\sigma_x + \sigma_y) + \frac{1}{2}\sqrt{(\sigma_x - \sigma_y)^2 + 4\tau_{xy}^2} = 223.6\ \text{kg/cm}^2$

최소 주응력 $\sigma_2 = \frac{1}{2}(\sigma_x + \sigma_y) - \frac{1}{2}\sqrt{(\sigma_x - \sigma_y)^2 + 4\tau_{xy}^2} = -173.6\ \text{kg/cm}^2$

**13.** 강판의 두께가 $t = 10$ mm인 재료로 지름 $d = 2$ m의 밀폐 원통형 탱크를 만들어 내압이 250 kg/cm²을 작용시킬 때 탱크의 벽에 발생하는 최대 전단 변형도는? (단, $G = 8.1 \times 10^5$ kg/cm²이다.)

해설 $\sigma_1 = \frac{pd}{2t} = \frac{250 \times 200}{2 \times 1} = 25{,}000\ \text{kg/cm}^2$

$\sigma_2 = \frac{pd}{4t} = \frac{250 \times 200}{4 \times 1} = 12{,}500\ \text{kg/cm}^2$

최대 전단 응력 $\tau_{max} = \frac{1}{2}(\sigma_x - \sigma_y) = \frac{1}{2}(\sigma_1 - \sigma_2) = \frac{1}{2}(25{,}000 - 12{,}500)$

$= 6{,}250\ \text{kg/cm}^2$

결국 $\tau = G\gamma$에서

$\gamma_{max} = \frac{\tau_{max}}{G} = \frac{6{,}250}{8.1 \times 10^5} = 77.2 \times 10^{-3}$ rad

14. 강철제 4각 단면의 요소가 $\sigma_x = 800\ \text{kg/cm}^2$, $\sigma_y = -500\ \text{kg/cm}^2$일 때 $\varepsilon_x$와 $\varepsilon_y$의 값은 얼마인가?(단, $E = 2.1 \times 10^6\ \text{kg/cm}^2$, $\mu = 0.3$이다.)

해설 $$\varepsilon_x = \frac{\sigma_x}{E} - \frac{\sigma_y}{mE} = \frac{1}{E}(\sigma_x - \mu\sigma_y) = \frac{1}{2.1 \times 10^6}(800 + 0.3 \times 500) = 452 \times 10^{-6}$$

$$\varepsilon_y = \frac{\sigma_y}{E} - \frac{\sigma_x}{mE} = \frac{1}{E}(\sigma_y - \mu\sigma_x) = \frac{1}{2.1 \times 10^6}(-500 - 0.3 \times 800) = -3.52 \times 10^{-6}$$

15. 그림과 같은 10 mm×10 mm의 정사각형 단면을 가진 강봉이 축력 $P = 4{,}000$ kg을 받고 있다. 구형 요소 $A$가 30°경가되어 있을 때 그 표면에 발생하는 법선 응력의 값은 얼마인가?

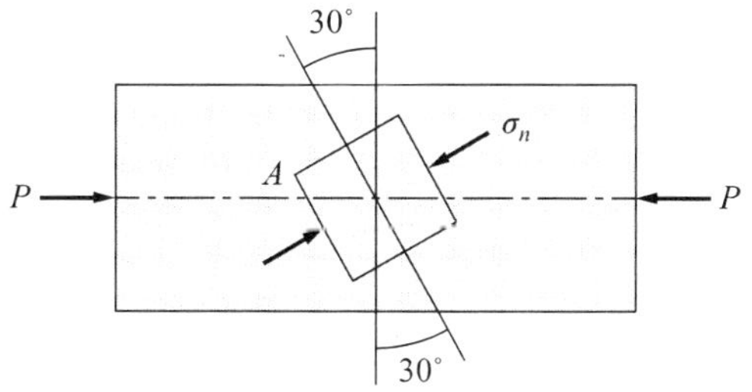


해설 $$\sigma_n = \sigma_x \cos^2\theta = \frac{P}{A}\cos^2\theta = \frac{-4{,}000}{1 \times 1}\cos^2 30° = -3{,}000\ \text{kg/cm}^2$$

16. 철판의 두께가 $t = 1$ cm인 재료로 지름 100 cm의 원통 압력 용기를 만들어 내압 300 kg/cm²을 작용시켰다. 이 때 용기의 벽에 생기는 최대 전단 변형 $\gamma$는 어느 것인가?(단, $E = 2 \times 10^6\ \text{kg/cm}^2$, $\mu = 0.3$이다.)

해설 $mE = 2G(m+1) = 3K(m-2)$에서

$$G = \frac{mE}{2(m+1)} = \frac{E}{2(1+\mu)} = \frac{2 \times 10^6}{2(1+0.3)} = 769{,}230.8\ \text{kg/cm}^2$$

$$\sigma_1 = \frac{pd}{2t} = \frac{400 \times 100}{2 \times 1} = 20{,}000 \text{ kg/cm}^2$$

$$\sigma_2 = \frac{pd}{4t} = \frac{400 \times 100}{4 \times 1} 10{,}000 \text{ kg/cm}^2$$

$$\tau_{max} = \frac{1}{2}(\sigma_x - \sigma_y) = \frac{1}{2}(\sigma_1 - \sigma_2) = \frac{1}{2}(20{,}000 - 10{,}000) = 5{,}000 \text{ kg/cm}^2$$

결국 $\tau = G\gamma$에서

$$\gamma_{max} = \frac{\tau_{max}}{G} = \frac{5{,}000}{769{,}230.8} = 0.0065 \text{ rad}$$

**17.** 순수전단에서 전단 탄성 계수 $G = 0.8 \times 10^6$ kg/cm$^2$인 지료에 직교하는 2축 응력 $\sigma_x = 3{,}000$ kg/cm$^2$, $\sigma_y = -3{,}000$ kg/cm$^2$가 작용할 때, 전단 변형도 $\gamma$의 크기는 얼마인가?(단, $\tau$는 전단응력이며 경사각 $\phi$는 45°이다.)

해설 최대 전단응력 $\tau_{max} = \frac{1}{2}(\sigma_x - \sigma_y) = \frac{1}{2}(3{,}000 + 3{,}000) = 3{,}000 \text{ kg/cm}^2$

결국 $\tau_{max} = G\gamma_{max}$에서

$$\therefore \gamma_{max} = \frac{\tau_{max}}{G} = \frac{3{,}000}{0.8 \times 10^6} = 3.85 \times 10^{-3}$$

**18.** 그림과 같이 단면의 치수가 5 mm×20 mm인 강판에 인장력 $P = 500$ kg이 작용하고 있다. 30° 경사진 $AB$면에 나타나는 전단응력에 가장 가까운 것은?

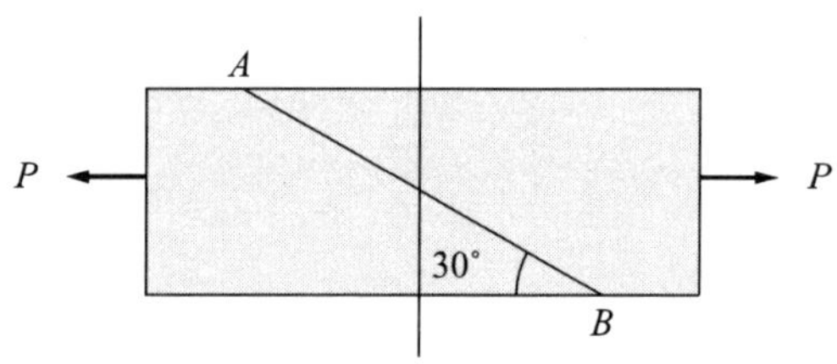


해설 $\tau_{AB} = \frac{1}{2}\sigma_x \sin 2\theta = \frac{1}{2} \times \frac{P}{A} \times \sin 2\theta = \frac{1}{2} \times \frac{500}{5 \times 30} \times \sin 60° = 1.438 \text{ kg/mm}^2$

19. 45° 스트레인 로제트(Strain rossette)에서 $\varepsilon_a = 100 \times 10^{-6}$, $\varepsilon_b = 200 \times 10^{-6}$, $\varepsilon_c = 900 \times 10^{-6}$이다. 이때 주변형률의 크기를 구하면?

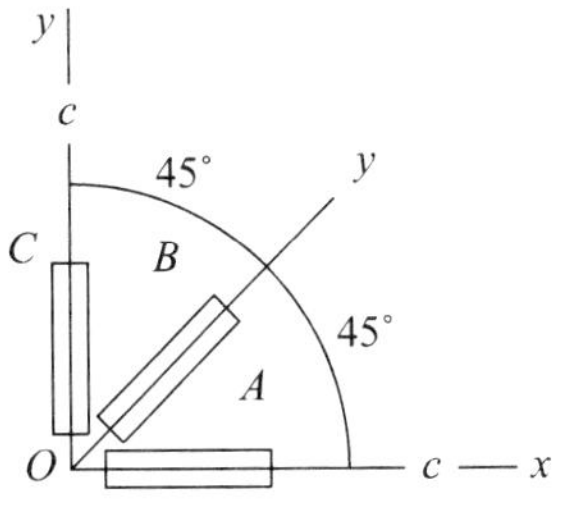


스트레인 로제트

해설 우선, $\theta$만큼 회전한 $X \cdot Y$축에 관한 수직 변형률을 $\varepsilon_{x1}$이라 하면

$$\varepsilon_{x1} = \frac{1}{2}(\varepsilon_x + \varepsilon_y) + \frac{1}{2}(\varepsilon_x - \varepsilon_y)\cos 2\theta + \frac{1}{2}\gamma_{xy} \cdot \sin 2\theta$$

여기서 $\varepsilon_x = \varepsilon_a$, $\varepsilon_y = \varepsilon_c$, $\varepsilon_{x1} = \varepsilon_b (\theta = 45°$ 이므로)

$$\therefore \varepsilon_b = \frac{1}{2}(\varepsilon_a + \varepsilon_c) + \frac{1}{2}(\varepsilon_a - \varepsilon_c)\cos 90° + \frac{\gamma_{xy}}{2}\sin 90° = \frac{1}{2}(\varepsilon_a + \varepsilon_c) + \frac{\gamma_{xy}}{2}$$

$$\therefore \gamma_{xy} = 2\varepsilon_b - \varepsilon_a - \varepsilon_c = 2 \times 200 \times 10^{-6} - 100 \times 10^{-6} - 900 \times 10^{-6}$$

$$= -600 \times 10^{-6}$$

결국 주변형률 $\varepsilon_{1 \cdot 2} = \frac{1}{2}(\varepsilon_x + \varepsilon_y) \pm \frac{1}{2}\sqrt{(\varepsilon_x - \varepsilon_y)^2 + \gamma_{xy}^2}$

$$= \frac{1}{2}(100 \times 10^{-6} + 900 \times 10^{-6})$$

$$\pm \frac{1}{2}\sqrt{(100 \times 10^{-6} - 900 \times 10^{-6})^2 + (600 \times 10^{-6})^2}$$

$$= \frac{1}{2} \times 10^{-3} \pm \frac{1}{2} \times 10^{-3}$$

$$\therefore \varepsilon_1 = \frac{1}{2} \times 10^{-3} + \frac{1}{2} \times 10^{-3} = 10^{-3}$$

$$\therefore \varepsilon_2 = \frac{1}{2} \times 10^{-3} - \frac{1}{2} \times 10^{-3} = 0$$

Chapter 04

# 평면도형의 성질

## 4.1 단면 1차 모멘트($Q$)와 도심($G$)

임의의 면적 $A$인 평면도형상에 미소면적 $dA$를 취하여 그 좌표를 $x$, $y$라 할 때 $dA$에서 $X$축, $Y$축까지의 거리를 곱한 양 $ydA$ 및 $xdA$를 미소면적의 $X$축, $Y$축에 대한 1차 모멘트라 하고 그것을 도형의 전면적 $A$에 걸쳐 적분한 양을 $X$축, $Y$축에 대한 단면 1차 모멘트라 한다.

$$Q_x = \int_A ydA = y_1A_1 + y_2A_2 + y_3A_3 + \cdots\cdots = \bar{y}A$$

$$\therefore \bar{y} = \frac{y_1A_1 + y_2A_2 + y_3A_3 + \cdots}{A_1 + A_2 + A_3 + \cdots}$$

$$Q_y = \int_A xdA = x_1A_1 + x_2A_2 + x_3A_3 + \cdots\cdots = \bar{x}A$$

$$\therefore \bar{x} = \frac{x_1A_1 + x_2A_2 + x_3A_3 + \cdots}{A_1 + A_2 + A_3 + \cdots}$$

만일 도형의 좌표축이 도심을 통과하도록 정하였다면 $\bar{x}$, $\bar{y}$는 결과적으로 0이 될 것이다. 즉, 도심을 통과하는 축에 대한 단면 1차 모멘트($Q_x$, $Q_y$)의 값은 항상 0이다.

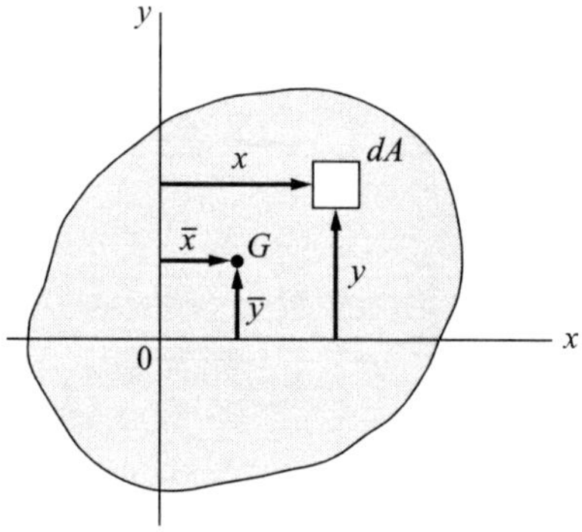


[그림 4.1] 단면 1차 모멘트와 도심

**평면도형의 면적과 도심의 위치**

| 단면 | 면적($A$) | 도심($\overline{x}$, $\overline{y}$) |
|---|---|---|
| 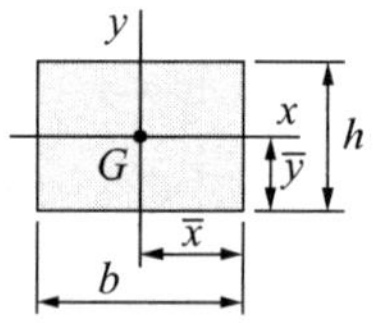 | $A=bh$ | $\overline{x}=\dfrac{b}{2}$, $\overline{y}=\dfrac{h}{2}$ |
| 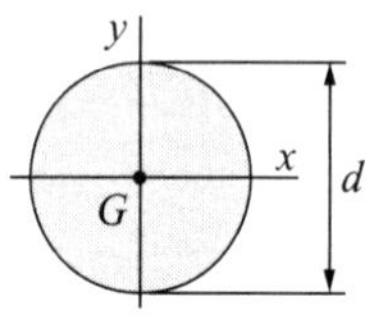 | $A=\dfrac{\pi d^2}{4}$ | $\overline{x}=\overline{y}=\dfrac{d}{2}$ |
| 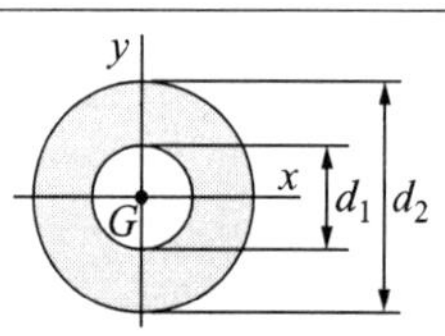 | $A=\dfrac{\pi(d_2^2-d_2^1)}{4}$ | $\overline{x}_1=\dfrac{d_1}{2}$, $\overline{x}_2=\dfrac{d_2}{2}$ |
| 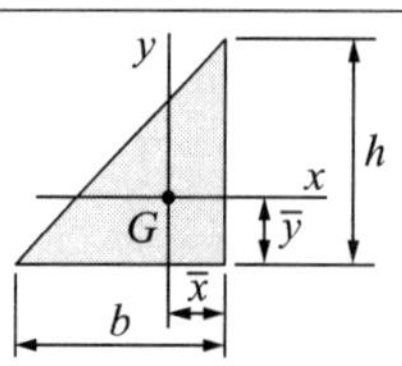 | $A=\dfrac{bh}{2}$ | $\overline{x}=\dfrac{b}{3}$, $\overline{y}=\dfrac{h}{3}$ |
| 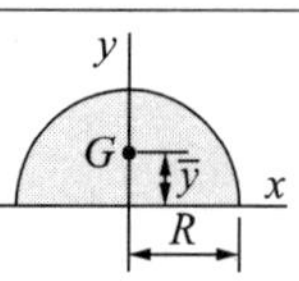 | $A=\dfrac{\pi R^2}{4}$ | $\overline{y}=\dfrac{4R}{3\pi}$ |

| | | |
|---|---|---|
| 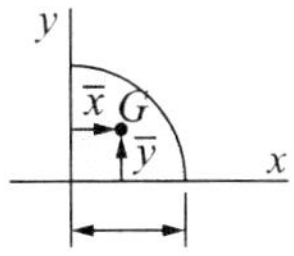 | $A=\frac{\pi R^2}{4}$ | $\bar{x}=\bar{y}=\frac{4R}{3\pi}$ |
| 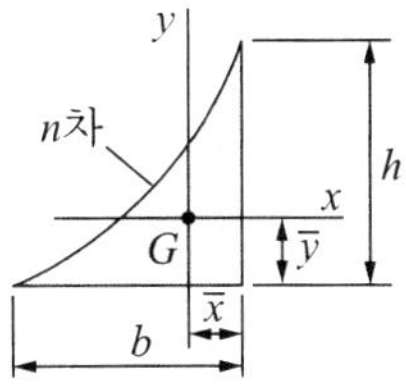 | $A=\frac{bh}{n+1}$ | $\bar{x}=\frac{b}{n+2}$, $\bar{y}=\frac{h}{n+2}$ |

## 4.2 단면 2차 모멘트(관성모멘트, $I$)

면적이 $A$인 도형을 무한히 작은 면적으로 나누어 그 중 임의의 한 미소면적 $dA$의 도심으로부터 $X$, $Y$축에 이르는 거리를 $x$, $y$라 할 때, 미소면적 $dA$와 축까지의 거리 $x$ 또는 $y$의 제곱을 곱해서 도형 전체에 대하여 총합한 것을 단면 2차 모멘트라 한다.

$$I_x=\int_A y^2 dA = AK_x^2 : x\text{축에 대한 단면 2차 모멘트}$$

$$I_y=\int_A x^2 dA = AK_y^2 : y\text{ 축에 대한 단면 2차 모멘트}$$

여기서, $K_x=\sqrt{\frac{I_x}{A}}$ : $x$축에 관한 회전반경

$K_y=\sqrt{\frac{I_y}{A}}$ : $y$ 축에 관한 회전반경

[표 4.1] 단면 2차 모멘트($I$)

| 구분 | 단면 | 단면 2차 모멘트 |
|---|---|---|
| 사각형 단면 | 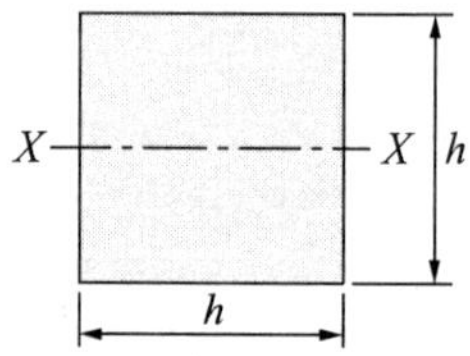 | $I_x = \frac{1}{12}h^4$<br>$I_y = \frac{1}{12}h^4$ |
| 원형 단면 | 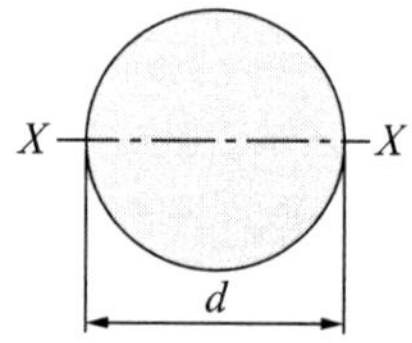 | $I_x = \frac{\pi}{64}d^4$<br>$I_y = \frac{\pi}{64}d^4$ |
| 삼각형 단면 | 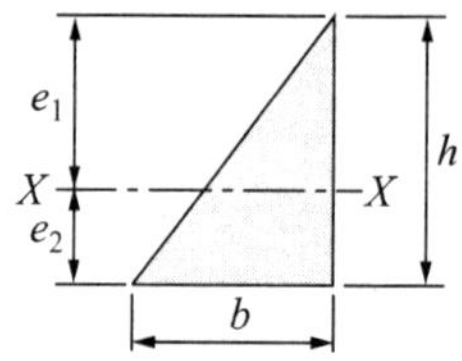 | $I_x = \frac{1}{36}bh^3$<br>$I_y = \frac{1}{36}bh^3$ |

## 4.3 평행축 정리

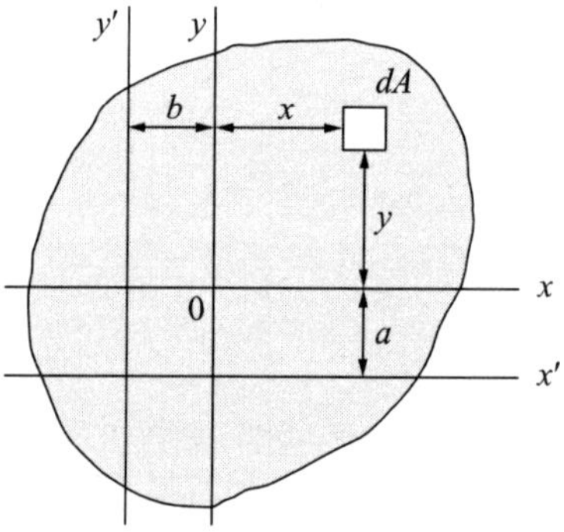


[그림 4.2] 평행축 정리

$a$, $b$ : 축의 평행 이동거리

$$I_x = \int_A y^2 dA \quad x\text{축에 대한 단면 2차 모멘트}$$

$$I_y = \int_A x^2 dA \quad y\text{축에 대한 단면 2차 모멘트}$$

우선, $I_x' = I_x + a^2 A$ 또한 $I_y' = I_y + b^2 A$

[표 4.2] 옮긴 축에 대한 단면 2차 모멘트($I_x'$)

| 단면 | 치수 | 옮긴 축에 대한 단면 2차 모멘트($I_x'$) |
|---|---|---|
| 사각형 단면 | 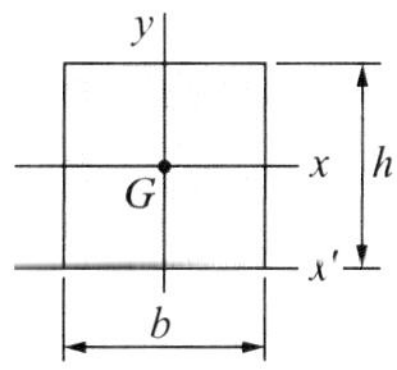 | $I_x' = I_x + a^2 A = \frac{bh^3}{12} + \left(\frac{h}{2}\right)^2 \times (bh) = \frac{bh^3}{3}$ |
| 원형 단면 | 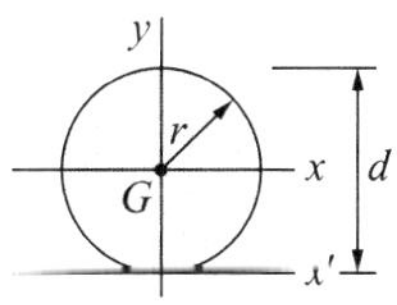 | $I_x' = I_x + a^2 A = \frac{\pi d^4}{64} + \left(\frac{d}{2}\right)^2 \times \left(\frac{\pi d^2}{4}\right) = \frac{5\pi d^4}{64} = \frac{5\pi r^4}{4}$ |
| 삼각형 단면 | 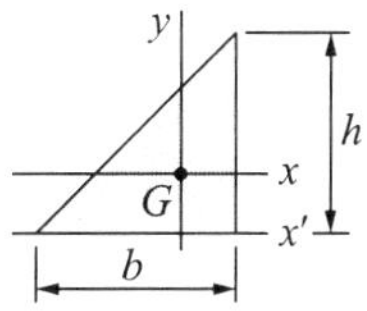 | $I_x' = I_x + a^2 A = \frac{bh^3}{36} + \left(\frac{h}{3}\right)^2 \times \left(\frac{bh}{2}\right) = \frac{bh^3}{12}$ |

## 4.4 극단면 2차 모멘트(극관성 모멘트, $I_P$)

임의의 미소면적을 $dA$라 하고, $X$축, $Y$축의 0점을 극으로 하면 $dA$에서 극 0점까지의 거리는 $r$이므로 극관성 모멘트(또는 단면2차 극모멘트) $I_P$는 다음과 같다.

$$I_P = \int_A r^2 dA = \int_A (x^2 + y^2) dA = \int_A x^2 dA + \int_A y^2 dA = I_x + I_y$$

그러므로 $I_P$는 $X$축, $Y$축에 대한 두 관성 모멘트를 합한 것과 같고 두 직교축이 대칭일 때는 $I_x = I_y$이므로

$$I_P = 2I_x = 2I_y \qquad \therefore I_x = I_y = \frac{I_P}{2}$$

즉, 극관성 모멘트(또는 극단면 2차 모멘트)는 관성 모멘트의 2배이다.

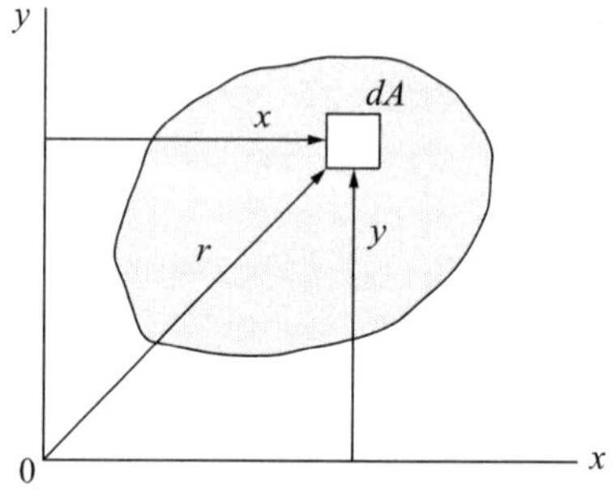


[그림 4.3] 극단면 2차 모멘트

[표 4.3] 극단면 2차 모멘트(극관성모멘트 $I_P$)

| 단면 | 치수 | 극단면 2차 모멘트($I_p$) |
|---|---|---|
| 사각형 단면 | 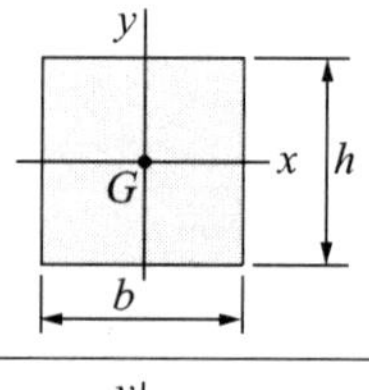 | $I_p = I_x + I_y = \frac{bh^3}{12} + \frac{hb^3}{12} = \frac{bh}{12}(h^2 + b^2)$ |
| 원형 단면 | 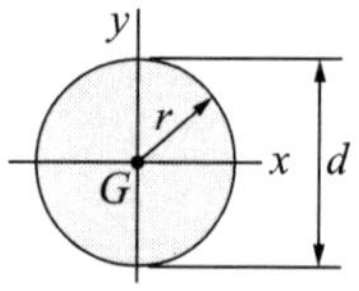 | $I_p = I_x + I_y = 2I_x = 2I_y = 2 \times \frac{\pi d^4}{64} = \frac{\pi d^4}{32} = \frac{\pi r^4}{2}$ |
| 삼각형 단면 | 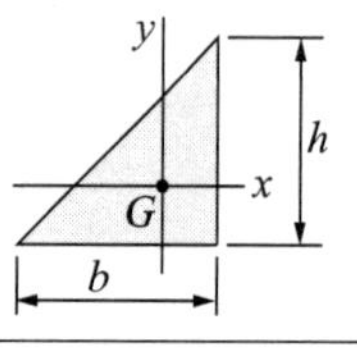 | $I_p = I_x + I_y = \frac{bh^3}{36} + \frac{bh^3}{36} = \frac{bh}{36}(h^2 + b^2)$ |

## 4.5 (극)단면 계수

도형의 도심($G$)을 지나는 축에 대한 단면 2차 모멘트($I$)를 그 축에 대한 최외각 거리로 나눈 값을 말한다.

$$\text{단면계수}(Z) = \frac{\text{도심축에 관한 단면 2차 모멘트}}{\text{도심에서 끝단까지의 거리}} = \frac{I}{e}$$

즉, $Z_1 = \dfrac{I_x}{e_1}$, $Z_2 = \dfrac{I_x}{e_2}$

만약, 상·하 대칭이면 $e_1 = e_2$이므로 $Z_1 = Z_2$가 된다.

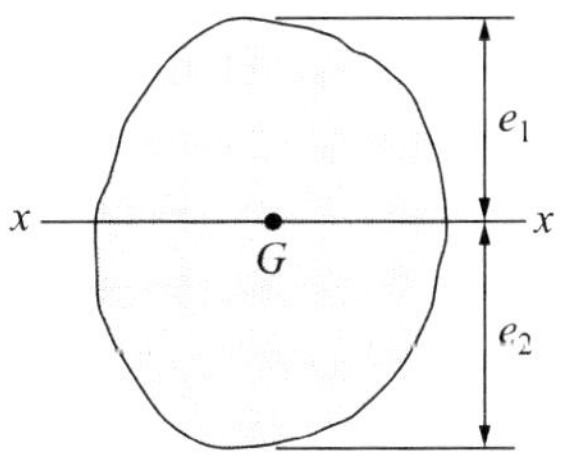


[그림 4.4] 단면계수

극단면계수는 극단면 2차 모멘트를 최외각 거리로 나눈 값을 말한다.

$$\text{극단면계수}(Z_p) = \frac{\text{도심축에 관한 단면 2차 극모멘트}}{\text{도심에서 끝단까지의 거리}} = \frac{I_p}{e} = \frac{I_p}{r}$$

[표 4.4] 단면 계수($Z$)

| 구분 | 단면 | 단면 계수($Z$) |
|---|---|---|
| 사각형 단면 | 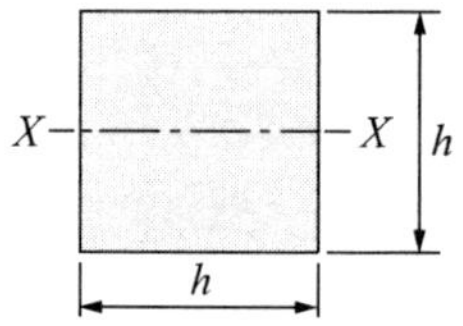 | $\frac{1}{6}h^3$ |
| 원형 단면 | 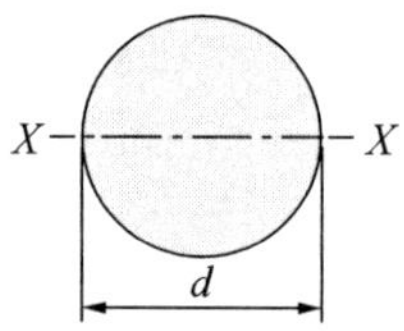 | $\frac{\pi}{32}d^3$ |
| 삼각형 단면 | 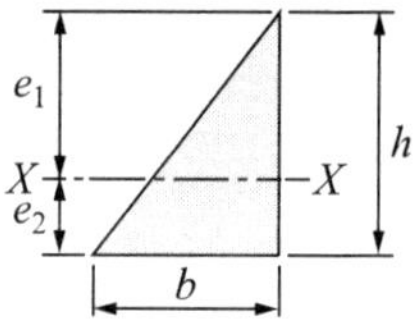 | $Z_1 = \frac{1}{24}bh^2,\ Z_2 = \frac{1}{12}bh^2$<br>$e_1 = \frac{2}{3}h,\ e_2 = \frac{1}{3}h$ |

[표 4.5] 기타 도형의 성질

| 단면 | 단면 2차 모멘트($I$) | 단면계수($Z$) | 단면 | 단면 2차 모멘트($I$) | 단면계수($Z$) |
|---|---|---|---|---|---|
| 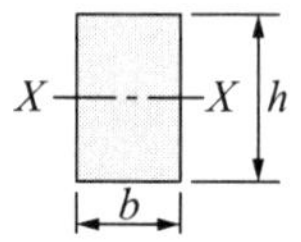 | $I_x = \frac{1}{12}bh^3$ | $\frac{1}{6}bh^2$ | 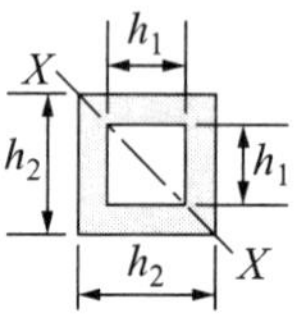 | $I_x = \frac{1}{12}$<br>$(h_2^4 - h_1^4)$ | $\frac{2}{13} \cdot \frac{(h_2^4 - h_1^4)}{h_2}$ |
| 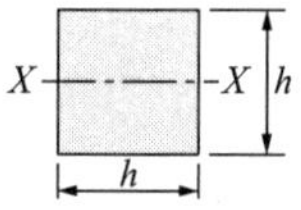 | $I_x = \frac{1}{12}h^4$ | $\frac{1}{6}h^3$ | 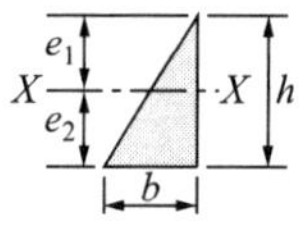 | $I_x = \frac{1}{36}bh^3$ | $Z_1 = \frac{1}{24}bh^2$<br>$Z_2 = \frac{1}{12}bh^2$<br>$e_1 = \frac{2}{3}h,$<br>$e_2 = \frac{1}{3}h$ |
| 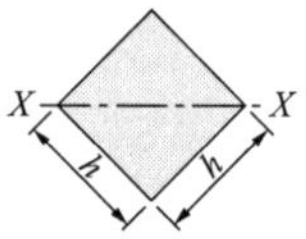 | $I_x = \frac{1}{12}h^4$ | $\frac{\sqrt{2}}{12}h^3$ | 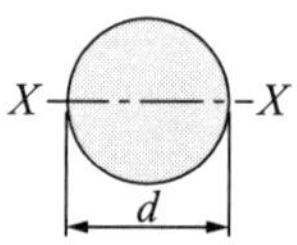 | $I_x = \frac{\pi}{64}d^4$ | $\frac{\pi}{32}d^3$ |

| 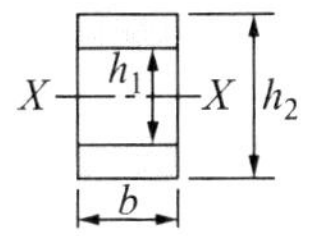 | $I_x = \frac{1}{12}b(h_2^3 - h_1^3)$ | $\frac{1}{6} \cdot \frac{(h_2^3 - h_1^3)}{h^2}$ | 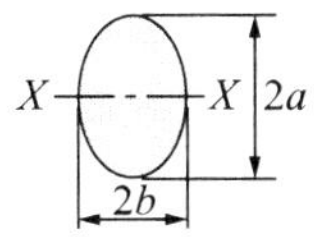 | $I_x = \frac{\pi}{4}a^3 d$ | $\frac{\pi}{4}a^2 b$ |
|---|---|---|---|---|---|
| 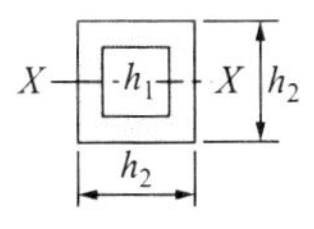 | $I_x = \frac{1}{12}(h_2^4 - h_1^4)$ | $\frac{1}{6} \cdot \frac{(h_2^4 - h_1^4)}{h_2}$ | 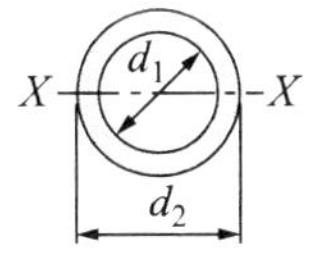 | $I_x = \frac{\pi}{64}(d_2^4 - d_1^4)$ | $\frac{\pi}{32} \cdot \frac{(d_2^4 - d_1^4)}{d_2}$ |

## 4.6 단면상승 모멘트와 주축

단면상승 모멘트 : $I_{xy} = \int_A xydA = \overline{x} \cdot \overline{y}A$

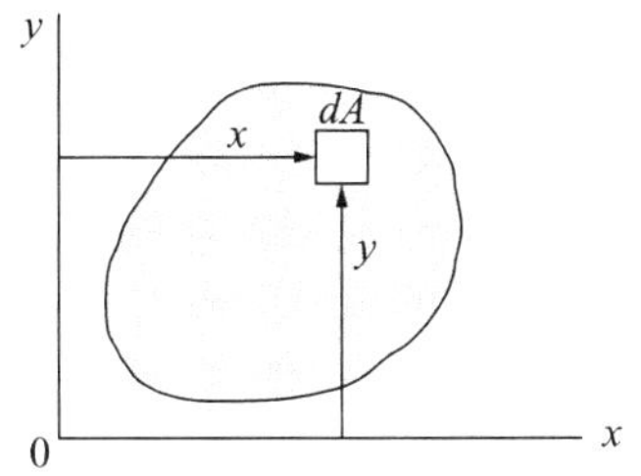


[그림 4.5] 단면상승 모멘트와 주축

단면상승 모멘트는 두 축 중 어느 한 축에라도 대칭이 있으면 단면상승 모멘트는 0이다.

[표 4.6] 단면상승 모멘트($I_{xy}$)

| 단면 | 단면상승 모멘트($I_{xy}$) | 단면 | 단면상승 모멘트($I_{xy}$) |
|---|---|---|---|
| 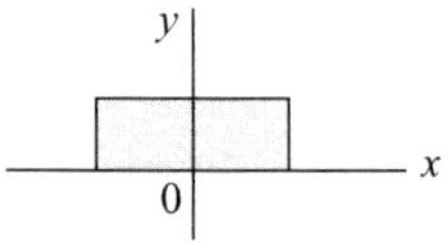 | $I_{xy}=0$ | 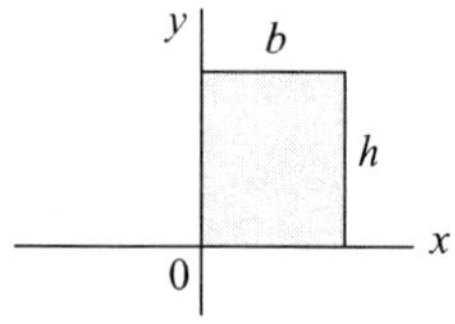 | $I_{xy}=\dfrac{b^2h^2}{4}$ |
| 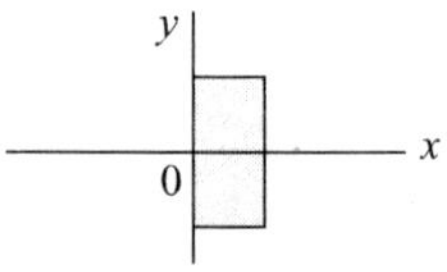 | $I_{xy}=0$ | 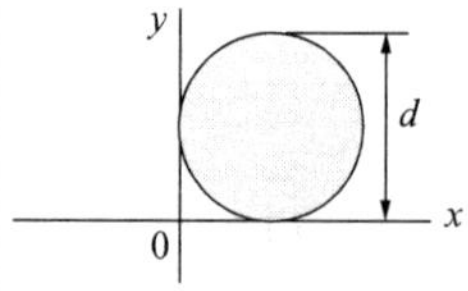 | $I_{xy}=\overline{x}\,\overline{y}A$<br>$=\dfrac{d}{2}\cdot\dfrac{d}{2}\cdot\dfrac{\pi d^4}{4}$<br>$=\dfrac{\pi d^4}{16}$ |
| 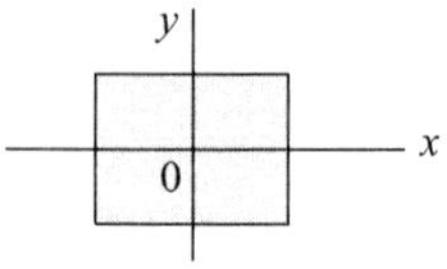 | $I_{xy}=0$ | | |

- 주축(principal axis) : 어느 임의의 단면에서 관성상승 모멘트($I_{xy}$)가 0이 되고 $x$ · $y$축이 단면의 도심을 통과할 때 그 축을 주축이라 하며, 또한 대칭이 성립하는 경우 관성상승 모멘트($I_{xy}$)는 0이므로 이러한 대칭축은 결국 주축이라 할 수 있다.
- 주축의 위치를 결정하는 식 : $\tan 2\theta=\dfrac{2I_{xy}}{I_y-I_x}$ 단, $I_x=\dfrac{bh^3}{3}$, $I_y=\dfrac{hb^3}{3}$

**소성단면계수($Z_p$)**

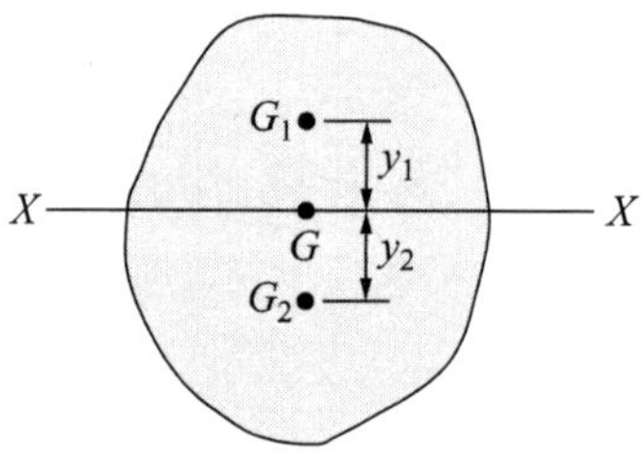


$$\therefore Z_p=\frac{A}{2}(y_1+y_2)$$

단, $A$ : 단면적

# 연습 문제

**01.** 다음 그림과 같은 두 단면 보의 도심의 $x$ 좌표는 얼마인가?

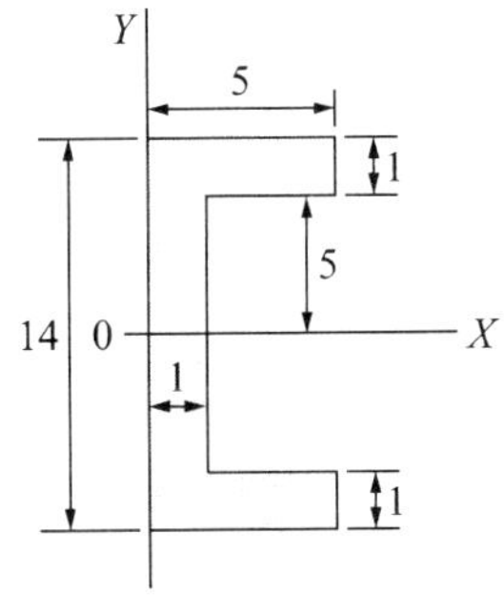


**해설** $\bar{x} = \dfrac{A_1 x_1 - A_2 x_2}{A_1 - A_2} = \dfrac{5 \times 14 \times 2.5 - 4 \times 10 \times 3}{5 \times 14 - 4 \times 10} = 1.83$

**02.** 단면적을 $A$, 단면 2차 모멘트를 $I$, 회전 반경을 $K$라고 할 때 이들 사이의 관계식이 옳은 것은 다음 중 어느 것인가?

**해설** 회전 반경 $K = \sqrt{\dfrac{I}{A}}$ 에서 $I = K^2 A$

**03.** 원형 단면의 지름이 $d$일 때 회전 반경 $K$는 다음 중 어느 것 인가?

해설 회전 반경 $K+\sqrt{\frac{I}{A}}=\sqrt{\frac{\left(\frac{\pi d^4}{64}\right)}{\left(\frac{\pi d^2}{4}\right)}}=\sqrt{\frac{d^2}{16}}=\frac{d}{4}$

**04.** 그림과 같은 도형의 $x$축에 대한 단면 2차 모멘트를 구하시오.(단, $x$축은 도심을 지난다.)

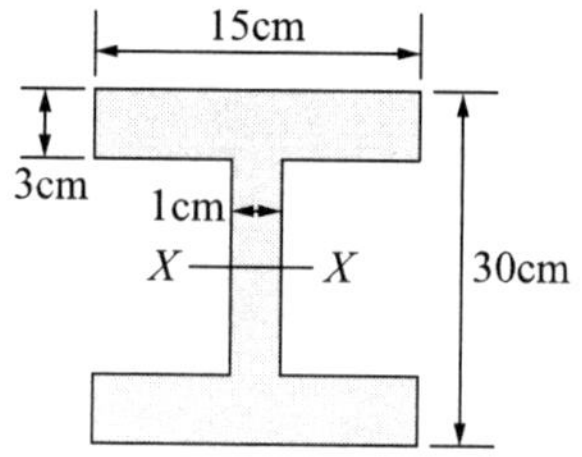


해설 $I_x =$ 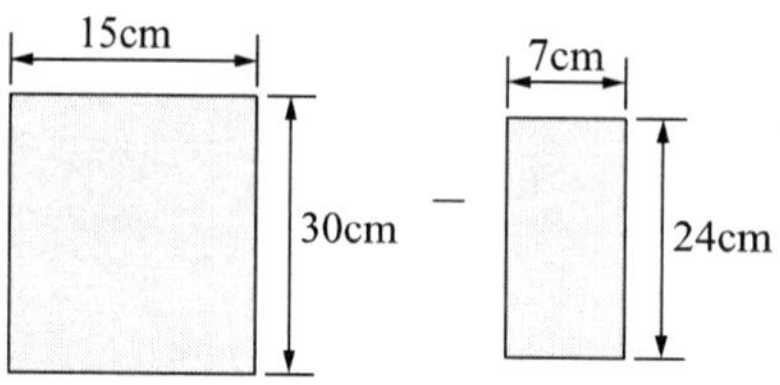 $\times 2$


$$=\frac{15\times 30^2}{12}-\frac{7\times 24^3}{12}\times 2=17{,}622\ \text{cm}^4$$

**05.** 높이 $h$, 폭 $b$인 직사각형 단면의 밑변에 대한 관성 모멘트는 얼마인가?

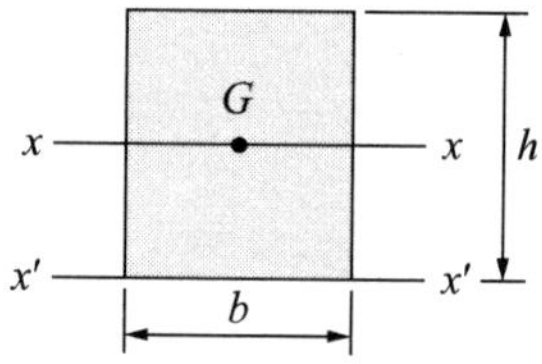


해설 $I_x{}'=I_x+a^2A=\frac{bh^3}{12}+\left(\frac{h}{2}\right)^2\times bh=\frac{bh^3}{3}$

06. 단면적이 같은 원과 정사각형의 단면 계수의 비는 얼마인가?

해설 우선 $\frac{\pi d^2}{4} = a^2$에서 $a = \frac{\sqrt{\pi}}{2}d$

$Z_1 = \frac{\pi d^3}{32} = \frac{\pi d^2}{4} \times \frac{d}{8}, Z_2 = \frac{a^3}{6} = a^2 \times \frac{a}{6}$에서

$$Z_1 / Z_2 = \frac{\frac{\pi d^2}{4} \times \frac{d}{8}}{a^2 \times \frac{a}{6}} = \frac{\left(\frac{d}{8}\right)}{\left(\frac{a}{6}\right)} = \frac{3d}{4a} = \frac{3d}{4 \times \frac{\sqrt{\pi}}{2}d} = \frac{1}{1.18} = 1 : 1.1.8$$

결국, 정사각형 단면이 원형 단면보다 단면 계수가 크므로 경제적인 단면임을 알 수 있다.

07. 단면적 $A$인 도형의 도심을 지나는 축에 관한 단면 2차 모멘트를 $I_x$라 하고, 그 축에서 $d$만큼 떨어진 평행축에 관한 단면 2차 모멘트를 $I_x{}'$라 하면 그 관계식은?

해설 $I_x{}' = I_x + d^2 A$

08. 한 변의 길이가 $a$인 정사각형의 대각선에 평행하고, 한 꼭지점을 지나는 축에 대한 단면 2차 모멘트를 구하면?

해설 $I_x{}' = I_x + a^2 A$ 꼴에서

$$= \frac{a^4}{12} + (a\cos 45^\circ)^2 \times a^2 = \frac{7}{12}a^4$$

09. 그림과 같은 지름이 40 cm가 되는 원형 단면의 원목을 잘라서 최대 강도를 갖는 직사각형 단면의 보를 만들고자 한다. 직사각형 단면의 폭×높이($b \times h$)는 얼마인가? 단위는 각각 cm이다.

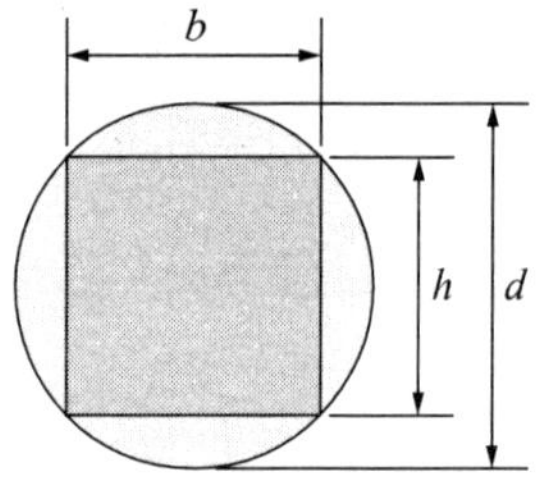


해설 단면 계수 $Z = \frac{bh^2}{6} = \frac{1}{6}b(d^2 - b^2) = \frac{1}{6}(bd^2 - b^3)$

$[d^2 = b^2 + h^2$에서 $h^2 = d^2 - b^2]$

단면계수를 최대로 하려면 $\frac{dZ}{db} = 0$이라는 조건을 만족해야 하므로

$$\frac{dZ}{db} = \frac{1}{6}(d^2 - 3b^2) = 0$$

$3b^2 = d^2$에서 $b^2 = \frac{d^2}{3}$ $\quad \therefore b = \frac{d}{\sqrt{3}} = \frac{40}{\sqrt{3}} = 23.1 \text{ cm}$

또한 $h^2 = d^2 - b^2 = d^2 - \frac{d^2}{3} = \frac{2d^2}{3}$ $\quad \therefore h = \sqrt{\frac{2}{3}}d = \sqrt{\frac{2}{3}} \times 40 = 32.7 \text{ cm}$

그리고 $Z_{\max} = \frac{bh^2}{6} = \frac{1}{6} \times \frac{d}{\sqrt{3}} \times \frac{2d^2}{3} = \frac{d^3}{9\sqrt{3}}$

10. 그림에서 두 축 $X'$, $Y'$에 대한 단면 상승 모멘트 $I_{X'Y'}$를 구하여라.

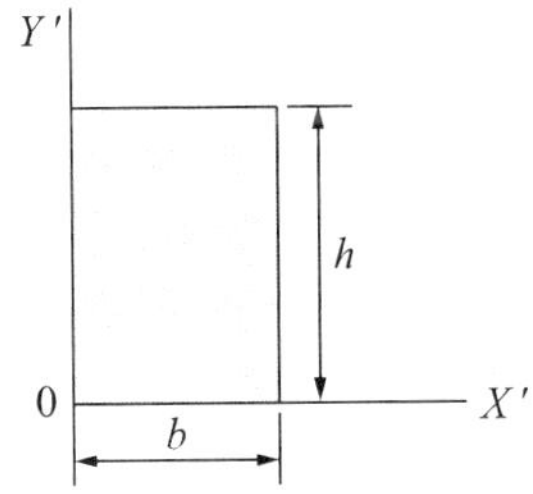


해설 단면 상승 모멘트 $I_{X'Y'} = \int_0^b \int_0^h xy\,dx\,dy = \int_0^b x dx \int_0^h y dy$

$$= \left[\frac{x^2}{2}\right]_0^b \int_0^h y dy = \frac{b^2}{2}\left[\frac{y^2}{2}\right]_0^h = \frac{b^2 h^2}{4}$$

11. 극단면 2차 모멘트가 400 $cm^4$인 원형 단면 중실축의 극단면 계수는 몇 $cm^3$인가?

해설 $I_P = \frac{\pi d^4}{32}$에서 $d = \sqrt[4]{\frac{32 I_P}{\pi}} = \sqrt[4]{\frac{32 \times 400}{\pi}}$

결국 $Z_P = \frac{\pi d^3}{16} = \frac{\pi \times 7.99^3}{16} = 100.15 \fallingdotseq 100\ \text{cm}^3$

12. 그림과 같은 사다리꼴 도형에서 도심은 얼마인가?

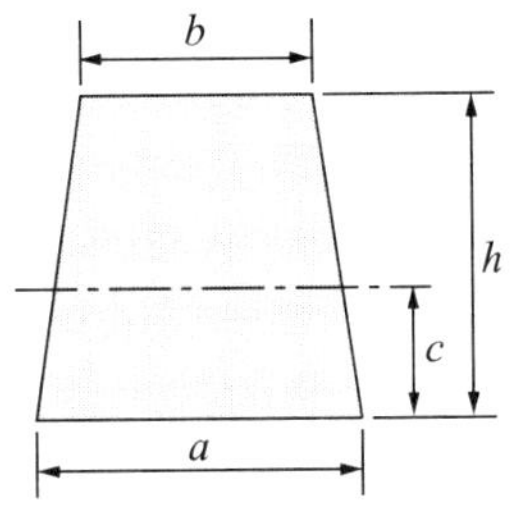

해설 $$C=\frac{A_1y_1+A_2y_2}{A_1+A_2}=\frac{\left(\frac{ah}{2}\times\frac{h}{3}\right)\times\left(\frac{bh}{2}\times\frac{2h}{3}\right)}{\left(\frac{ah}{2}\times\frac{bh}{2}\right)}=\frac{h}{3}\left(\frac{a+2b}{a+b}\right)$$

**13.** 반지름 4 cm인 원형 단면의 원주에 접하는 축에 있어서의 관성 모멘트는 몇 $cm^4$ 인가?

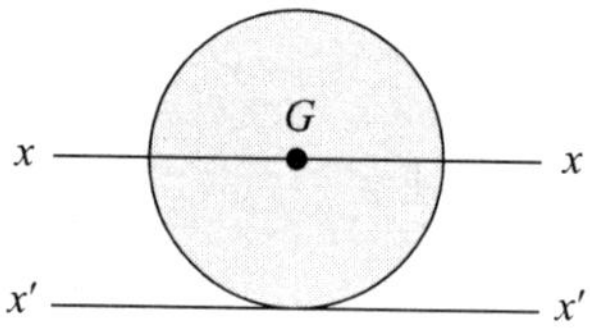


해설 $$I_x'=I_x+a^2A=\frac{\pi d^4}{64}+\left(\frac{d}{2}\right)^2\times\frac{\pi d^2}{4}=\frac{\pi\times8^4}{64}+\left(\frac{8}{2}\right)^2\times\frac{\pi\times8^2}{4}=1{,}005\ \text{cm}^4$$

**14.** 단면 지름이 8 cm인 도형의 단면의 중립축에 대한 회전 반경은 몇 cm인가?

해설 $I=\frac{\pi d^4}{64}$, $A=\frac{\pi d^2}{4}$ 이므로

$$K=\sqrt{\frac{I}{A}}=\frac{d}{4}=\frac{8}{4}=2\ \text{cm}$$

**15.** 내경 $R_i$, 외경$R_0$인 속이 빈 원형 단면의 극(polar)관성 모멘트가 맞는 것은?

해설 극관성 모멘트 $I_P=2I_x=2I_y=2\times\frac{\pi}{4}(R_0^4-R_i^4)=\frac{\pi}{2}(R_0^4-R_i^4)$

16. 지름이 6 cm인 원의 단면의 극관성 2차 모멘트는 얼마인가?

해설 $I_P = \frac{\pi d^4}{32} = \frac{\pi \times 6^4}{32} = 127.23\ \text{cm}^4$

17. 그림과 같은 삼각형의 꼭지점을 지나는 $X-X'$에 대한 단면 2차 모멘트는?

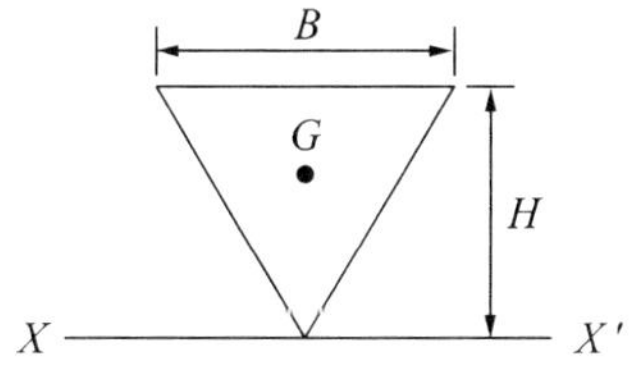


해설 $I_{X-X'} = I_x + a^2 A = \frac{BH^3}{36} + \left(\frac{2H}{3}\right)^2 \times \frac{BH}{2} = \frac{BH^3}{4}$

18. 그림과 같은 도형의 밑변에서 도심까지의 거리 $C$는 얼마인가?

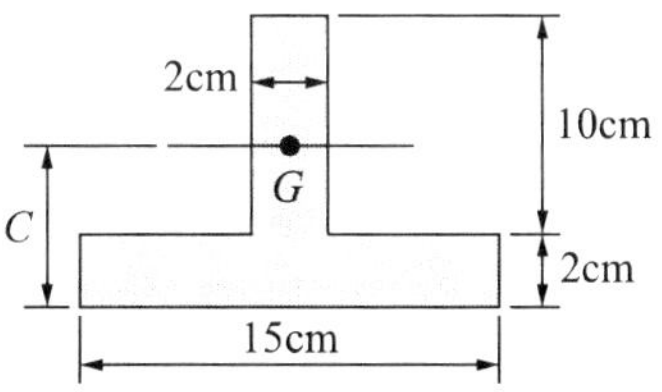


해설 $C = \frac{A_1 y_1 + A_2 y_2}{A_1 + A_2} = \frac{(15 \times 2 \times 1) + (10 \times 2 \times 8)}{(15 \times 2) + (10 \times 2)} = 3.8\ \text{cm}$

19. 그림의 도심 $G$의 위치는 $Z$축에서 몇 cm 떨어져 있는가?

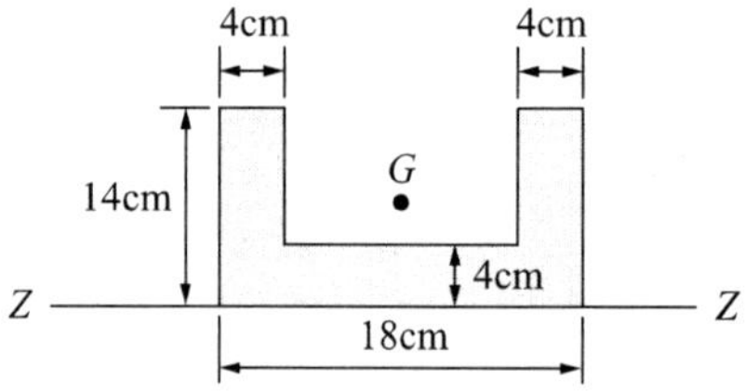


해설 $\bar{y}=\dfrac{A_1y_1+A_2y_2+A_3y_3}{A_1+A_2+A_3}=\dfrac{(14\times4\times7)+(10\times4\times2)+(14\times4\times7)}{(14\times4)+(4\times10)+(14\times4)}=5.68\ \text{cm}$

Chapter

# 05 비틀림(Torsion)

## 5.1 원형축의 비틀림

### 1) 비틀림 응력($\tau$)

$$\tau = G\gamma = \frac{G \cdot r \cdot \theta}{l}$$

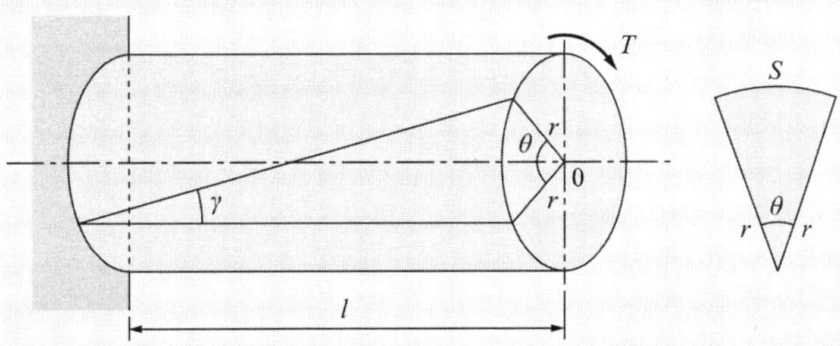


[그림 5.1] 원형축의 비틀림

### 2) 비틀림 응력($\tau$)과 토오크($T$)의 관계식

$$T = \tau Z_p$$

[표 5.1] 원형단면에서 극단면계수($Z_p$)

| | | |
|---|---|---|
| 중실축 | 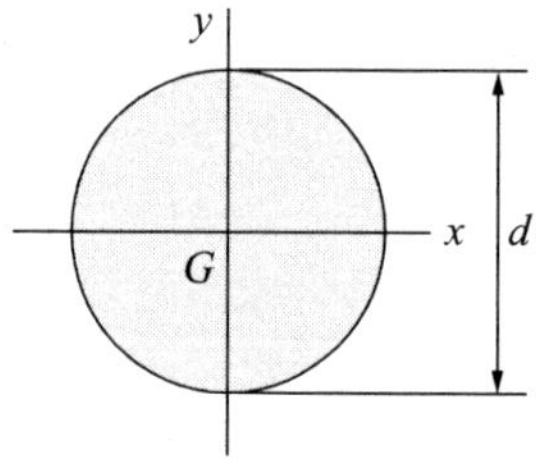 | $Z_p = \frac{\pi d^3}{16}$ |
| 중공축 | 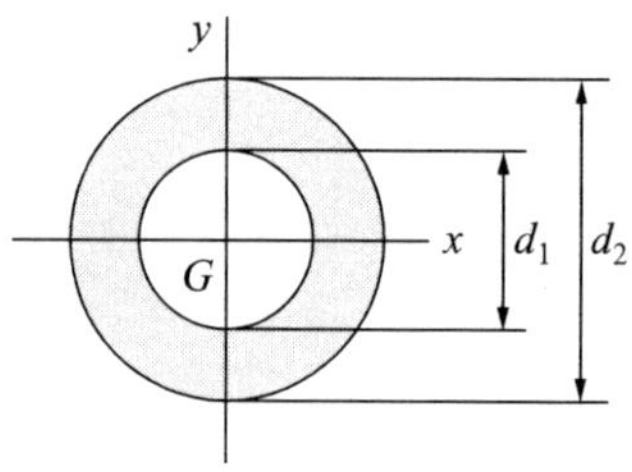 | $Z_p = \frac{\pi d_2^3}{16}(1-x^4)$<br>단, 내외경비 $x = \frac{d_1}{d_2}$ |

### 3) 축의 강도와 축지름

① 중실축의 경우 : $T = \tau Z_p = \tau \frac{\pi d^3}{16}$, $d = \sqrt[3]{\frac{16T}{\tau\pi}}$

($T$ : 비틀림저항모멘트, $Z_p$ : 극단면계수)

② 중공축의 경우 : $T = \tau Z_p = \tau \frac{\pi}{16} \frac{(d_2^4 - d_1^4)}{d_2} = \tau \frac{\pi}{16} d_2^3 \left(1 - \left(\frac{d_1}{d_2}\right)^4\right)$

$$d_2 = \sqrt[3]{\frac{16T}{\pi\tau(1-x^4)}} \quad \left(\text{단, } x = \frac{d_1}{d_2}\right)$$

### 4) 비틀림각($\theta$)

$$\theta(\text{rad}) = \frac{\tau \cdot l}{G\gamma} = \frac{T \cdot l}{GI_p}$$

$$\theta(^\circ) = \frac{180}{\pi} \times \frac{T \cdot l}{GI_p} = \frac{180}{\pi} \times \frac{32}{\pi d^4} \times \frac{T \cdot l}{G} = 584 \ \frac{T \cdot l}{Gd^4}$$

단, $l$ : 축의 전길이, $G$ : 횡탄성계수(kg/cm$^2$), $I_p$ : 극단면 2차 모멘트(cm$^4$)
여기서 $GI_p$를 비틀림 강성도라 하며, $G$와 $d$가 클수록 축이 잘 비틀어지지 않는다.

## 5.2 동력과 축지름

① 중실축의 경우 :

$$T = 71,620\frac{H_{PS}}{N}\ \text{kg}\cdot\text{cm} = \tau\frac{\pi d^3}{16},\ d \approx 71.5\sqrt[3]{\frac{H_{PS}}{\tau\cdot N}}\ [\text{cm}]$$

$$T = 97,400\frac{H_{kW}}{N}\ \text{kg}\cdot\text{cm} = \tau\frac{\pi d^3}{16},\ d \approx 79.2\sqrt[3]{\frac{H_{kW}}{\tau\cdot N}}$$

② 중공축의 경우 : $H = \frac{T\omega}{75\times100} = \frac{2\pi NT}{75\times100\times60}$

$$d_2 = 79.2\sqrt[3]{\frac{H_{kW}}{\tau\cdot N(1-x^4)}} = \frac{d}{\sqrt[3]{1-x^4}}$$

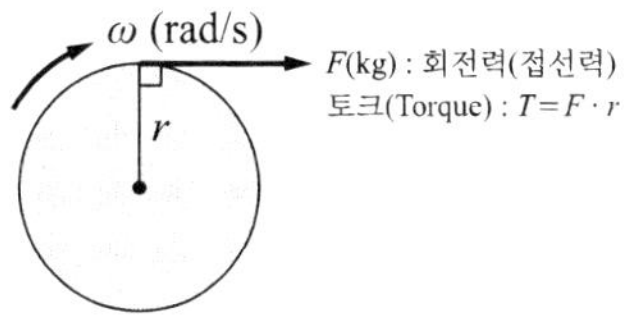


[그림 5.2] 축의 전달동력

[표 5.2] 동력

| 토오크($T$), 회전수($N$), 동력($PS$) | 토오크($T$), 회전수($N$), 동력($kW$) |
|---|---|
| $T = 716.2\frac{H_{PS}}{N}$ (kg · m) | $T = 974\frac{H_{kW}}{N}$ (kg · m) |
| $= 71,620\frac{H_{PS}}{N}$ (kg · cm) | $= 97,400\frac{H_{kW}}{N}$ (kg · cm) |
| $= 716,200\frac{H_{PS}}{N}$ (kg · mm) | $= 974,000\frac{H_{kW}}{N}$ (kg · mm) |

## 5.3 바하(Bach)의 축공식

바하의 축공식 조건은

① 축의 재질은 연강이어야 한다. 즉, $G = 0.83 \times 10^6$ kg/cm$^2$

② 1m당 비틀림각은 $\frac{1}{4}^\circ$ $(0.25^\circ)$이어야 한다.

③ 바하(Bach)의 축공식은 강성도에 기초를 둔 것이며 축의 직경을 산출할 때에는 강성도 혹은 비틀림 공식에 의한 강도에 의해 계산된다. 이때의 직경은 설계상 큰 쪽을 기준으로 삼는다.

[표 5.3] 바하의 축공식

| | | |
|---|---|---|
| 중실축 | 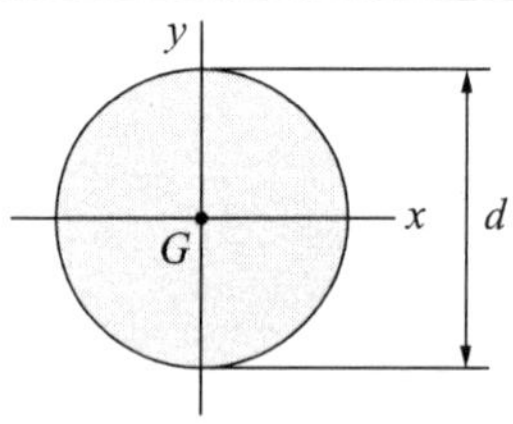 | $d = 12\sqrt[4]{\frac{H_{PS}}{N}}$ (cm)<br>$d = 13\sqrt[4]{\frac{H_{kW}}{N}}$ (cm) |
| 중공축 | 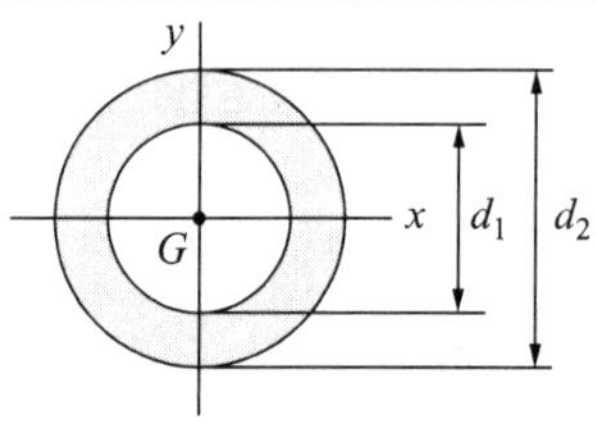 | $d_2 = 12\sqrt[4]{\frac{H_{PS}}{N(1-x^4)}}$ (cm)<br>$d_2 = 13\sqrt[4]{\frac{H_{kW}}{N(1-x^4)}}$ (cm) |

## 5.4 비틀림에 의한 탄성에너지

비틀림을 받는 축은 토오크에 의하여 생긴 에너지를 축 속에 저장시킨다. 이 에너지를 변형에너지 또는 탄성에너지라 한다. 직경 $d$, 길이가 $l$인 원형축이 비틀림 모멘트 $T$를 받아 $\theta$만큼 비틀어졌다면 이때 $T$가 축에 한 일과 비틀림으로 인한 탄성에너지는 다음과 같다.

비틀림에 의한 탄성에너지 : $U = \frac{1}{2} T \cdot \theta = \frac{\tau^2 A l}{4G}$ (kg · cm)

단, $\theta = \frac{T \cdot l}{G I_p}$ (rad)

최대 탄성에너지($u$) : 단위체적당 탄성에너지(Resilience)

$$\therefore u = \frac{U}{V} = \frac{\tau^2}{4G} \text{ (kg · cm/cm}^3\text{)}$$

결국, 비틀림에 의한 탄성에너지는 수직응력(인장, 압축)에 의한 탄성에너지의 $\frac{1}{2}$이 됨을 알 수 있다.

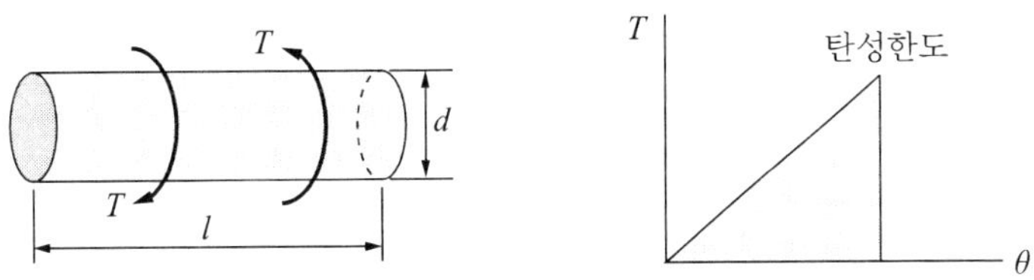


[그림 5.3] 비틀림에 의한 탄성 에너지

## 5.5 코일 스프링

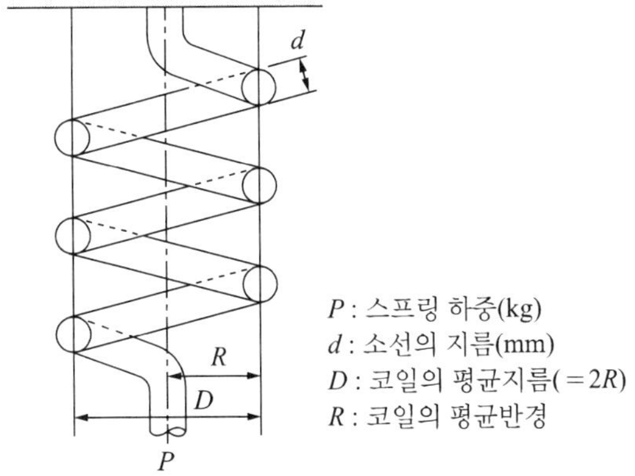


[그림 5.4] 원통형 코일 스프링

### 1) 스프링상수($k$)

단위길이의 처짐에 대한 작용하중

$$k = \frac{P}{\delta} \ (\mathrm{kg/cm})$$

단, $P$ : 스프링에 작용하중(kg)

$\delta$ : 스프링의 처짐량(mm)

> **콤플라이언스(compliance) : 스프링상수의 역수**
>
> 즉, $\frac{1}{k} = \frac{\delta}{P} \ (\mathrm{cm/kg})$

### 2) 스프링에서의 전단응력($\tau_{\max}$)

$$\tau_{\max} = \tau_1 + \tau_2 = \frac{4P}{\pi d^2} + \frac{16PR}{\pi d^3} = \frac{16PR}{\pi d^3}\left(1 + \frac{d}{4R}\right) = \frac{16PRK}{\pi d^3}$$

$\tau_1$ : 하중 $P$에 의한 전단응력

$\tau_2$ : 비틀림에 의한 전단응력

단, $K = 1 + \frac{d}{4R}$ : 와알(kwale)의 응력수정계수

$$K = \frac{4C-1}{4C-4} + \frac{0.615}{C} = f(c)$$

$C$ : 스프링 지수

$$c = \frac{\text{코일의 평균 지름}}{\text{소선의 지름}} = \frac{D}{d}$$

결국, $\tau_{\max} = \frac{16PRK}{\pi d^3} = \frac{8PDK}{\pi d^3} \le \tau_a$

### 3) 스프링의 처짐량($\delta$)

$$\delta = \frac{64nPR^3}{Gd^4} = \frac{8bPD^3}{Gd^4}$$

단, $n$ : 스프링의 유효 감김수(=유효권수)

스프링의 길이 : $l = \pi Dn$

스프링의 체적 : $V = A \cdot l = \dfrac{\pi d^2}{4} \times \pi Dn$

#### 4) 스프링 내부에 저장되는 탄성에너지($U$)

$k = \dfrac{P}{\delta}$ 에서 $P = k\delta \propto \delta$ 이므로

$$\therefore U = \frac{1}{2}P\delta = \frac{1}{2}k\delta^2 \,(\text{kg} \cdot \text{cm})$$

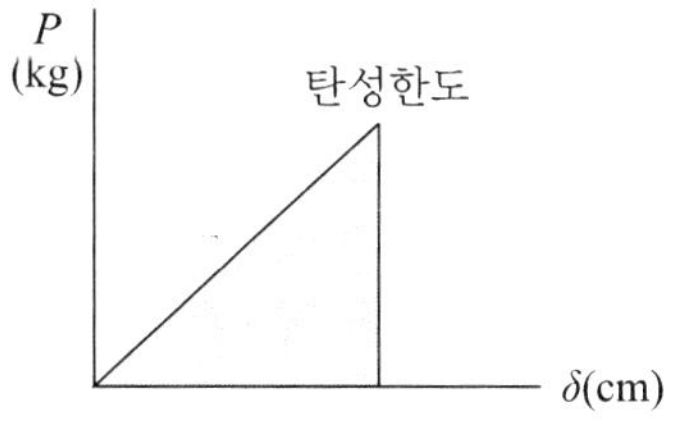


[그림 5.5] 스프링에 저장되는 탄성 에너지

Chapter 05

# 연습 문제

**01.** 바깥지름이 40 mm인 중공축이 100 kg · m의 비틀림 모멘트를 받고 있다. 허용 응력을 10 kg/mm²로 할 때 최대 안지름은 약 얼마인가?

해설 $T = \tau Z_p = \tau \times \frac{\pi d_2^3 (1 - x^4)}{16}$ 에서

$$100{,}000 = 10 \times \frac{\pi \times 40^3 (1 - x^4)}{16} \qquad \therefore x = 0.672$$

결국 $x = \frac{d_1}{d_2}$ 에서 $d_1 = d_2 \cdot x = 40 \times 0.672 = 26.88 \fallingdotseq 27\ \mathrm{mm}$

**02.** 강철로 된 둥근 막대를 토션바(torsion bar)로 사용하기 위해 비틀림각 60°에서 최대 전단 응력이 1,000 kg/cm²가 되도록 하려면 막대의 길이와 지름의 비를 얼마로 해야 하는가?(단, $G = 8.3 \times 10^5$ kg/cm²이다.)

해설 비틀림각 $\theta = \frac{180}{\pi} \times \frac{T \cdot l}{GI_p} = \frac{180}{\pi} \times \frac{\tau \cdot \frac{\pi d^3}{16} \times l}{G \times \frac{\pi d^4}{32}}$ 에서

$$\therefore \frac{l}{d} = \frac{\pi\theta \cdot G}{360\tau} = \frac{\pi \times 60 \times 8.3 \times 10^5}{360 \times 1{,}000} = 434.59$$

**03.** 지름 4 cm이고 길이 1 m인 환봉의 양단에 100 kg · m의 비틀림 모멘트가 작용할 때 비틀림각은 얼마인가?(단, 강성 계수 $G = 0.8 \times 10^6$ kg/cm²이다.)

해설 비틀림각 $\theta = \frac{180}{\pi} \times \frac{T \cdot l}{GI_p} = \frac{180}{\pi} \times \frac{100,000 \times 100}{0.8 \times 10^6 \times \frac{4^4}{32}} = 1.5625°$

04. 지름 8 cm의 원형 단면의 중실봉이 있다. 이것과 같은 굽힌 강도를 갖는 중공환봉의 바깥지름은 얼마인가?(단, 중공 환봉의 두께는 바깥지름의 $\frac{1}{10}$이다.)

해설 $\frac{t}{d_2} = \frac{1}{10}$에서 $t = \frac{d_2}{10}$

$t = \frac{d_2 - d_1}{2} = \frac{d_2}{10}$에서 $\frac{d_1}{d_2} = x = \frac{4}{5}$

결국 동일 강도이므로 $M_1 = M_2, \sigma_1 = \sigma_2$이므로 같은 굽힘 강도를 갖는다는 의미는

$Z = c$이므로 $Z_1 = Z_2$이 되고, 결국 $\frac{\pi d^3}{32} = \frac{\pi d_2^3(1-x^4)}{32}$이다.

$\therefore d_2 = \sqrt[3]{\frac{d^3}{1-x^4}} = \sqrt[3]{\frac{8^3}{1-\left(\frac{4}{5}\right)^4}} = 9.53 \text{ cm}$

**참고**

굽힘 강고다 같다$= Z = c$
비틀림 강도가 같다$= Z_p = c$

05. 동일 재료로 만든 높이가 폭의 2배인 장방형 단면의 보와 정방형 단면의 보가 있다. 굽힘 강도가 같을 때 이들 보의 중량비로 옳은 것은?

해설 굽힘 강도가 같으므로 $\sigma_1 = \sigma_2$

$M = \sigma Z$에서 $\sigma = \frac{M}{Z}$

$\sigma_1 = \sigma_2 : \frac{M}{Z_1} = \frac{M}{Z_2}$ 즉 $Z_1 = Z_2$

$$\frac{b(2b)^2}{6} = \frac{a^3}{6} \text{에서 } a = \sqrt[3]{4}\,b$$

$$\text{결국 } \frac{W_2}{W_1} = \frac{\gamma V_2}{\gamma V_1} = \frac{\gamma A_2 l}{\gamma A_1 l} = \frac{A_2}{A_1} = \frac{a^2}{2b^2} = \frac{(\sqrt[3]{4}\,b)^2}{2b^2} = \frac{2^{\frac{2}{3}}}{2} = 0.79$$

$$\therefore W_1 = W_2 = 1 : 0.79$$

06. 40 kg의 물체가 3 m 자유 낙하하여 스프링 상수 200 kg/cm인 코일 스프링에 충돌하면 얼마나 압축되는가?

해설 스프링상수 $k = \frac{P}{\delta}$에서 $P = k\delta$

스프링 내부의 저장 탄성 에너지 $U = \frac{1}{2}P\delta = \frac{1}{2}k\delta^2 = W \cdot Z$에서

$$\frac{1}{2} \times 200 \times \delta^2 = 40 \times 300$$

$$\delta \fallingdotseq 6.32 \text{ cm}$$

07. 코일 스프링(coil spring) 반지름 $R = 3$ cm, 코일 와이어(coil wire)의 지름 $d = 4$ mm인 코일 스프링에 하중 $P = 100$ kg을 줄 때 와이어 단면에 생기는 비틀림 응력은?

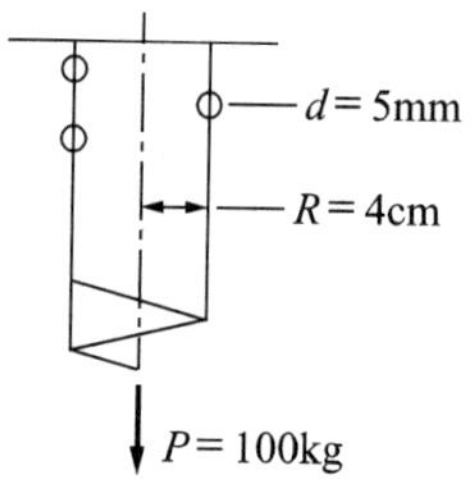


해설 $\tau = \frac{16PRK}{\pi d^3} = \frac{16 \times 100 \times 30 \times 1}{\pi \times 4^3} = 238.73 \text{ kg/mm}^2$

08. 지름 30 mm의 환강이 30,000 kg·mm의 비틀림 모멘트를 받고 있을 때 길이 1 m에 대한 비틀림각은 몇 rad인가?(단, $G=0.81\times10^4$ kg/mm$^2$이다.)

해설 비틀림각 $\theta=\dfrac{T\cdot l}{GI_p}\text{rad}=\dfrac{30,000\times1,000}{0.81\times10^4\times\dfrac{\pi\times30^4}{32}}=0.0155\ \text{rad}$

09. 각 속도 $w$ rad/min로 $HPS$를 전달하는 전동축에 작용하는 토크 $T$ kg·cm의 식은?

해설 각속도 $w=\dfrac{2\pi N}{60}\ \text{rad/sec}=2\pi N\ \text{rad/min}$에서 $N\equiv\dfrac{w}{2\pi}$

결국 $T=71,620\dfrac{H}{N}=71,620\dfrac{H}{\left(\dfrac{w}{2\pi}\right)}=450,000\dfrac{H}{w}\ \text{kg}\cdot\text{cm}$

10. 동일 재료로 만든 길이 $l$, 지름 $d$인 축 $A$와 길이 $4l$, 지름 $4d$인 $B$축을 같은 각도 만큼 비틀림 변형시키는 데 필요한 비틀림 모멘트의 비 $T_A/T_B$의 값은 얼마인가?

해설 비틀림각 $\theta=\dfrac{T\cdot l}{GI_p}$에서 동일 재료$(G_A=G_B)$, 동일 각도$(\theta_A=\theta_B)$이므로

$$\frac{T_Al_A}{I_{pA}}=\frac{T_B\cdot l_B}{I_{pB}}:\frac{T_A\times l}{\dfrac{\pi d^4}{32}}=\frac{T_B\times4l}{\dfrac{\pi(4d)^4}{32}}$$

결국 $\dfrac{T_A}{T_B}=\dfrac{1}{64}$

11. 지름 $d=10$ mm의 축이 $M_1=20$ kg·m의 비틀림 모멘트를 받을 수 있다고 한다. 이 축 재료의 허용 전단 응력은 몇 kg·mm$^2$인가?

해설 $T=\tau Z_p$에서

$$\tau=\frac{T}{Z_p}=\frac{20,000}{\frac{\pi\times 10^3}{16}}=102\ \mathrm{kg/mm^2}$$

12. 지름 2 cm의 연강봉이 1,200 rpm으로 회전하고 있다. 허용 전단 응력을 400 kg/cm$^2$으로 할 때 이 축은 몇 마력($PS$)을 전달할 수 있는가?

해설 $T=\tau Z_p$에서

$$71{,}620\frac{H}{1,200}=400\times\frac{\pi\times 2^3}{16}\qquad \therefore H=10.52 ≒ 11PS$$

13. 그림과 같이 비틀림 모멘트 $T$=10,000 kg/mm을 작용시킬 때 하중점에서의 비틀림각은 몇 rad인가?(단, 전단 탄성 계수 $G$=8×10$^3$ kg/mm$^2$, 극단면 2차 모멘트 $I_p$=600 cm$^4$이다.)

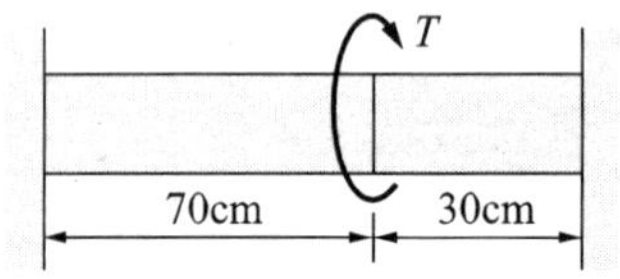


해설 $T_a=\dfrac{1,000\times 30}{70+30}=300\ \mathrm{kg\cdot cm}$

$T_b=\dfrac{1,000\times 70}{70+30}=700\ \mathrm{kg\cdot cm}$

결국, $\theta=\theta_A=\theta_B=\dfrac{T_aB\cdot a}{GI_p}=\dfrac{T_b\cdot b}{GI_p}=\dfrac{300\times 70}{8\times 10^5\times 700}=3.75\times 10^{-5}\ \mathrm{rad}$

14. 길이 157 cm, 원형 단면축의 지름이 40 mm일 때 축의 끝에 10 kg·m의 비틀림 모멘트를 받는다면 이때의 비틀림각은?(단, 전단 탄성 계수 $G$=0.8×10$^6$ kg/cm$^2$이다.)

해설 비틀림각 $\theta = \frac{180}{\pi} \times \frac{T \cdot l}{GI_p} [\,^\circ\,] = \frac{180}{\pi} \times \frac{1,000 \times 157}{0.8 \times 10^6 \times \frac{\pi \times 4^4}{32}} = 0.447^\circ$

15. 피아노 강선의 지름 $d$=0.5 cm이다. 최대 하중 $P$=40 kg에 견딜 수 있는 압축 코일 스프링의 지름$(D)$과 유효 감김수$(n)$는 각각 얼마인가?(단, 10 kg에 대해서는 1.2 cm 변형하며, 강선의 허용 응력은 7,500 kg/cm$^2$이고, $G$=0.8×10$^6$ kg/cm$^2$이다.)

해설 우선 $\tau_{\max} = \frac{16PRK}{\pi d^3} = \frac{8PDK}{\pi d^3}$에서 $D = \frac{\pi d^3 \cdot \tau_{\max}}{8PK} = \frac{\pi \times 0.5^3 \times 7,500}{8 \times 40 \times 1} \fallingdotseq 9\ \text{cm}$

또한 $10 : 1.2 = 40 : \delta$에서 $\delta = 4.8\ \text{cm}$이므로

결국 $\delta = \frac{64nPR^3}{Gd^4}$에서 $n = \frac{Gd^4 \cdot \delta}{64PR^3} = \frac{0.8 \times 10^6 \times 0.5^4 \times 4.8}{64 \times 40 \times 1^3} = 12.15$회

16. 그림과 같이 3개의 풀리가 다음과 같은 마력을 각각 전달하고 있다. 각, 풀리축에 발생하는 전단 응력을 같게 하려면 지름의 비는 얼마인가?

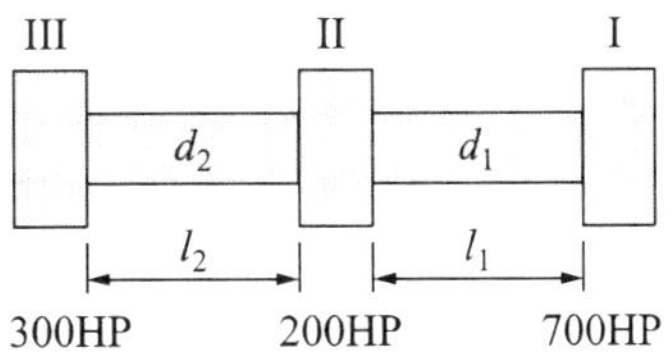


해설 $T = \tau Z_p$에서 $\tau = \frac{T}{Z_p}$

$\tau_1 = \tau_2 : \frac{T_1}{Z_{p1}} = \frac{T_2}{Z_{p2}}$에서 $\frac{700}{\frac{\pi d_1^3}{16}} = \frac{300}{\frac{\pi d_2^3}{16}}$ $\quad \therefore \frac{7}{d_1^3} = \frac{3}{d_2^3}$

$\therefore d_1^3 : d_2^3 = 7 : 3 \rightarrow d_1 : d_2 = \sqrt[3]{7} : \sqrt[3]{3}$

**17.** 코일 스프링의 평균 지름 $d=5$ cm, 소선의 지름 $d=5$ mm, 허용 전단 응력 $\tau=80$ kg/mm$^2$일 때 스프링에 가해지는 하중 $P$ 및 스프링 상수 $k=10$ kg/cm이 되기 위한 코일의 감김수 $n$은?(단, $G=8.1\times10^5$ kg/cm$^2$)

**해설** 스프링 상수 $k=\dfrac{P}{\delta}=\dfrac{P}{\left(\dfrac{8nPD^3}{Gd^4}\right)}=\dfrac{Gd^4}{8nD^3}$에서

$$n=\frac{Gd^4}{8D^3k}=\frac{8.1\times10^5\times0.5^4}{8\times5^3\times10}=5.0625\text{회}$$

또한 $T=\tau Z_P=\tau\times\dfrac{\pi d^3}{16}=P\times\dfrac{D}{2}$에서

$$P=\frac{\pi d^3\tau}{8D}=\frac{\pi\times0.5^3\times8{,}000}{8\times5}=78.54\ \text{kg}$$

**18.** 매분 1,750 rpm으로 회전하며 50 kW를 전달하는 동력축의 직경 $d$는 얼마인가?(단, 동력축의 인장강도는 540 kg/cm$^2$이고 동력축의 비틀림강도는 인장강도의 70%이며, $G=0.8\times10^6$ kg/cm$^2$으로 한다.)

**해설** 우선 강도의 견지에서 살펴보면 $\tau=0.7\sigma=0.7\times540=378\ \text{kg/cm}^2$이므로

$T=\tau Z_P$ 즉, $97{,}400\times\dfrac{50}{1{,}750}=378\times\dfrac{\pi d^3}{16}$에서 $d≒3.35$ cm

또한 강성도의 견지에서 살펴보면, 바하의 축공식에서

$$d=13\sqrt[4]{\frac{H'}{N}}=13\sqrt[4]{\frac{50}{1{,}750}}=5.34\ \text{cm}$$

결국 축의 직경은 둘 중에서 큰 값을 택하므로 $d=5.34$ cm로 하면 된다.

**19.** 그림과 같이 한쪽 끝에 플라이휠이 달린 축이 120 rpm으로 회전하다가 고착되어 정지했다. 동적효과로 인한 최대 전단응력은 얼마인가?(단, 운동에너지 $V_1=100$ kg·cm, $d=8$ cm, $l=1$ m, $G=8\times10^5$ kg/cm$^2$이다.)

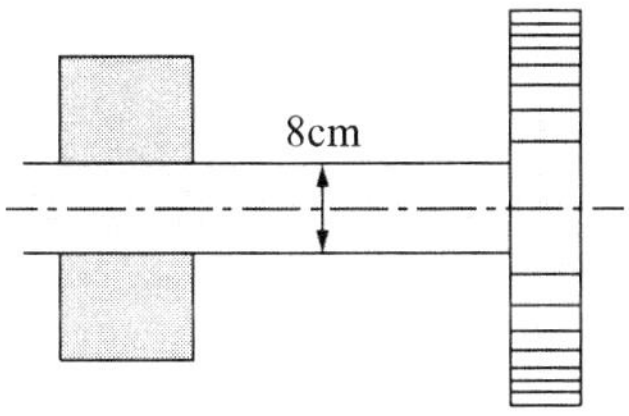


해설 우선, 동력축을 급정지시킨 순간의 플라이휠이 가진 운동에너지 $V_1$가 주어졌으므로 급정지하였을 때의 축에 저장되는 탄성에너지

$$U = \frac{\tau_{max}^2}{4G} \cdot \frac{\pi d^2}{4} \cdot l$$ 와 같게 놓으면

결국, $V_1 = U$: $V_1 = \frac{\tau_{max}^2}{4G} \cdot \frac{\pi d^2 l}{4}$

$$\therefore \tau_{max} = \sqrt{\frac{16 G V_1}{\pi d^2 l}} = \sqrt{\frac{16 \times 8 \times 10^5 \times 100}{\pi \times 8^2 \times 100}} = 252.31 \text{ kg/cm}^2$$

Chapter
06
# 보(Beam)의 전단과 굽힘

## 6.1 보와 하중의 종류

일반적으로 단면의 치수에 비해 길이가 긴 부재가 수직하중을 받기 위해 수평으로 지지되었을 때 이 부재를 보(Beam)라 한다. 즉, 하중을 지지하면서 평형을 유지하는 구조물을 말한다.

평면의 평형방정식 : $\sum X_i = 0$, $\sum Y_i = 0$, $\sum M_i = 0$

① 정정보(Statically determinate beam) : 평형방정식만으로 미지의 반력들이 구해지는 보.

[표 6.1] 정정보의 종류

| | 외팔보 | 단순보 | 돌출보 |
|---|---|---|---|
| 정정보 | 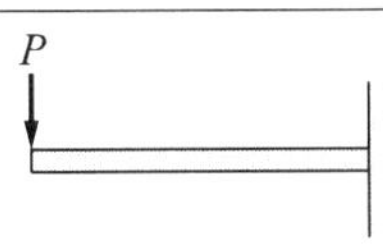 | 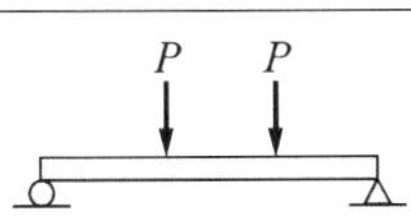 | 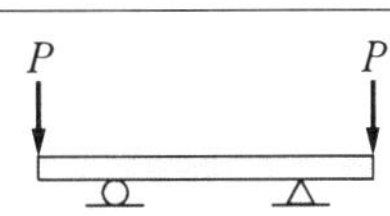 |

② 부정정보(Statically indeterminate beam) : 미지의 반력수가 많아 평형방정식만으로 풀 수 없고 별도로 미지수의 수에서 평형방정식의 수를 뺀 수만큼 조건식을 세워야 풀리는 보.

[표 6.2] 부정정보의 종류

| | 고정보 | 고정받침보 | 연속보 |
|---|---|---|---|
| 부정정보 | 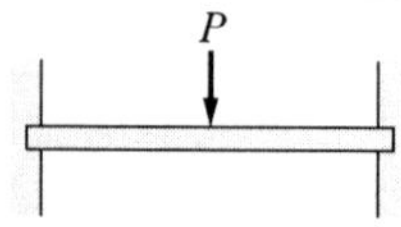 | 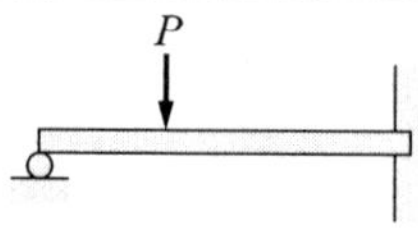 | 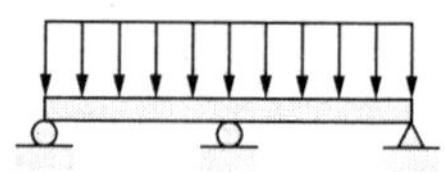 |

[표 6.3] 지점[1]의 종류

| 회전지점(힌지) | 가동지점(힌지) | 고정지점 |
|---|---|---|
| 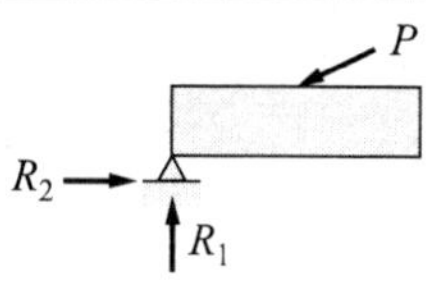 | 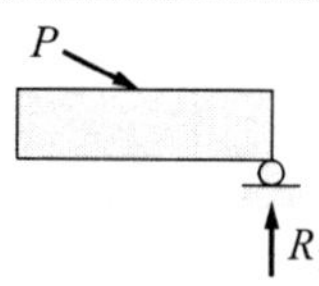 | 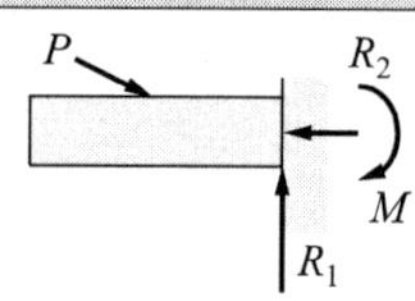 |

③ 보에 작용하는 하중의 종류

집중하중은 보통 대문자 $P \cdot Q \cdot W$ 등으로 나타내고 분포하중(단위길이당 작용하는 힘)은 보통 소문자 $p \cdot q \cdot w$ 등으로 나타낸다. 여기서 분포하중을 집중하중으로 고치려면 분포하중이 작용하는 면적이 곧 집중하중이 되며, 단면의 도심점에 위치한다.

[표 6.4] 보에 작용하는 하중의 종류

| 집중하중 | 등분포하중 | 부등호하중 | 이동하중 |
|---|---|---|---|
| 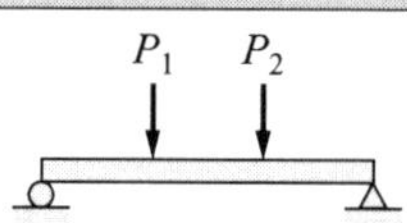 | 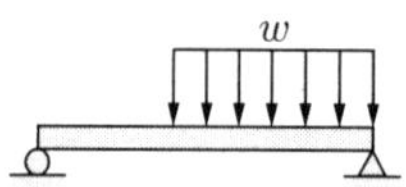 | 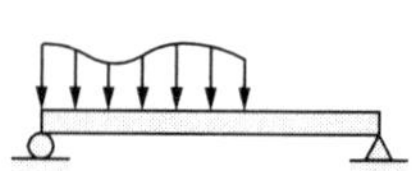 | 하중이 이동하여 작용 |

1. 지점(Supports) : 보(Beam)를 받치고 있는 점.

# 6.2 평형조건과 부호의 규약

## 6.2.1 평형조건

보에 하중이 작용하는 경우 항상 안정된 평형상태를 유지하기 위해서는 그 지점에 반작용으로 하중에 저항하는 힘이 작용하는데 그 저항하는 힘을 반력(Reaction)이라 한다.

① 보의 작용하는 하중과 반력의 대수의 합은 0이어야 한다.($\sum F_i = 0$)

② 보의 임의점에 대한 굽힘모멘트의 대수의 합은 0이어야 한다.($\sum M_i = 0$)

## 6.2.2 부호의 규약

① 보에 작용하는 법선력을 $N$이라 하면 인장이면 (+)로, 압축이면 (−)로 한다.

② 보에 작용하는 전단력을 $F$라 하면 시계방향이면 (+)로, 반시계방향이면 (−)로 한다.

③ 보에 작용하는 굽힘모멘트를 $M$이라 하면 위쪽으로 오목한 것을 (+)로, 반대를 (−)로 한다.

[표 6.5] 법선력과 전단력과 굽힘모멘트의 부호

| 구분 | 법선력($N$) | 전단력($F$) | 굽힘모멘트($M$) |
|---|---|---|---|
| (+) | 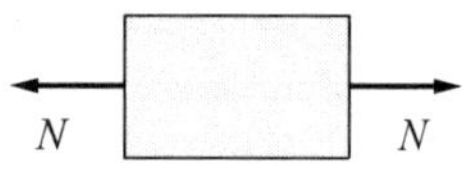  | 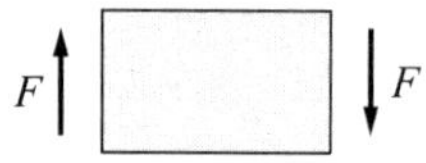  | 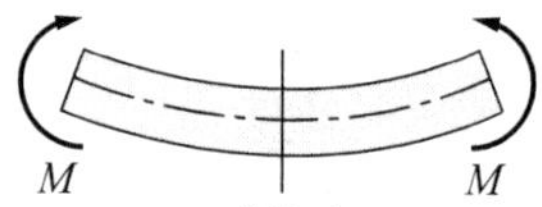  |
| (−) | 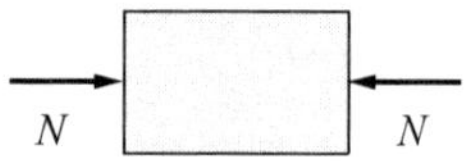  | 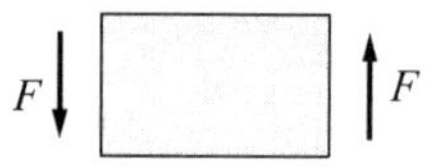  | 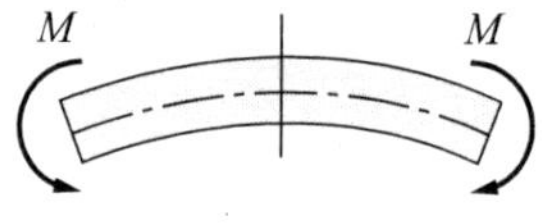  |

## 6.2.3 반력 계산법

우선 보에 작용하는 하중과 반력의 대수합은 0이다.

즉, $\sum F = 0$에서 $R_A + R_B - P = 0 \quad \therefore R_A + R_B = P$

또한, 모멘트 평형 $\sum M = 0$에서

$$\sum M_B = 0 : R_A \cdot l - P \cdot b = 0 \qquad \therefore R_A = \frac{P \cdot b}{l}\,(\mathrm{kg})$$

$$\sum M_A = 0 : R_B \cdot l - P \cdot a = 0 \qquad \therefore R_B = \frac{P \cdot a}{l}\,(\mathrm{kg})$$

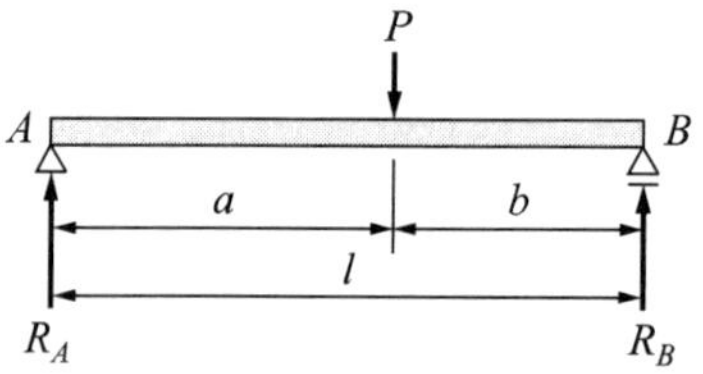


[그림 6.1] 집중하중을 받는 단순보

## 6.2.4 전단력($F$)과 굽힘모멘트($M$)

분포하중 $w = \dfrac{dF}{dx}$, 전단력 $F = \dfrac{dM}{dx}$ 즉, $w = \dfrac{dF}{dx} = \dfrac{d^2M}{dx^2}$

굽힘모멘트를 미분한 것이 전단력이므로 만일 전단력이 0이 될 때에는 굽힘모멘트의 값은 극대 혹은 극소가 됨을 알아야 한다.

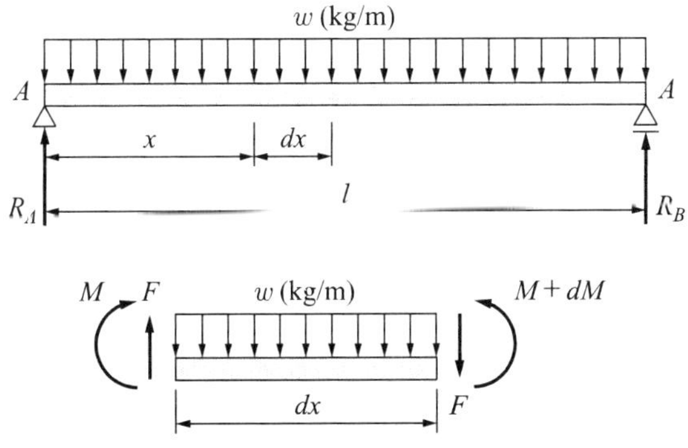


[그림 6.2] 보의 전단력과 굽힘모멘트

## 6.3 전단력 선도(SFD)[2]와 굽힘모멘트 선도(BMD)[3]

### 6.3.1 단순보

#### 1) 집중하중을 받는 경우

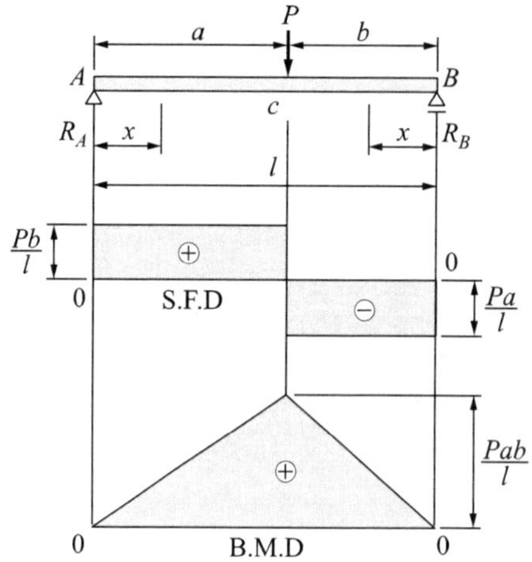


반력 $R_A = \frac{Pb}{l}$

$R_B = \frac{Pa}{l}$

① S.F.D

㉠ $\overline{AC}$ 구간($\overset{x}{\longrightarrow}$) $\quad F_x = R_A = \frac{Pb}{l}$(일정)

㉡ $\overline{CB}$ 구간($\overset{x}{\longleftarrow}$) $\quad F_x = -R_B = \frac{Pa}{l}$(일정)

2. 전단력 선도(Shearing force diagram : *S.F.D*) : 전단력($F$)의 크기를 선도상으로 나타낸 것.
3. 굽힘모멘트 선도(bending moment diagram : *B.M.D*) : 굽힘모멘트($M$)의 크기를 선도상으로 나타낸 것.

② B.M.D

㉠ $\overline{AC}$ 구간($\xrightarrow{x}$)　　$M_x = R_A \cdot x = \dfrac{Pbx}{l}$

$$M_{x=0} = 0$$

$$M_{x=a} = \frac{Pab}{l} = M_{\max}$$

㉡ $\overline{CB}$ 구간($\xleftarrow{x}$)　　$M_x = R_B \cdot x = \dfrac{Pax}{l}$

$$M_{x=0} = 0$$

$$M_{x=b} = \frac{Pab}{l} = M_{\max}$$

만일, 하중($P$)이 보의 중앙에 작용하면 $a = b - \dfrac{l}{2}$이므로

$$M_{\max} = \frac{Pl}{4}$$

## 2) 균일 분포하중을 받는 경우

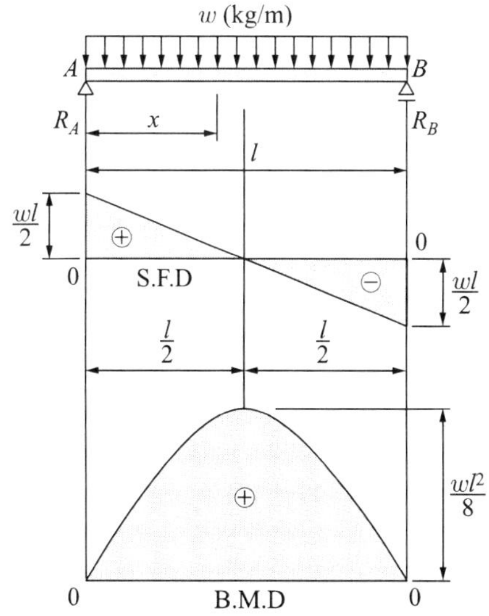


반력 $R_A = R_B = \dfrac{wl}{2}$

① S.F.D

$$F_x = R_A - wx = \frac{wl}{2} - wx$$

$$F_{x=0} = \frac{wl}{2} = R_A$$

$$F_{x=l} = -\frac{wl}{2} = -R_B$$

또한, $F_x = 0$의 위치에서 $M_{\max}$이 생기므로

$\frac{wl}{2} - wx = 0 \qquad \therefore x = \frac{l}{2}$: $M_{\max}$의 위치

② B.M.D

$$M_x = R_A \cdot x - wx\left(\frac{x}{2}\right) = \frac{wlx}{2} - \frac{wx^2}{2}$$

$$M_{x=0} = 0$$

$$M_{x=\frac{l}{2}} = M_{\max} = \frac{wl}{2}\left(\frac{l}{2}\right) - \frac{w}{2}\left(\frac{l}{2}\right) = \frac{wl^2}{8} = \frac{Wl}{8}$$

$$M_{x=l} = 0$$

### 3) 삼각형 분포하중을 받는 경우

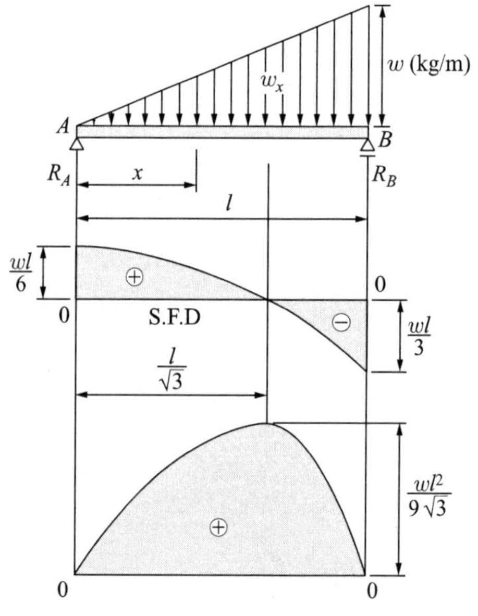

반력 $R_A = \dfrac{wl}{6}$

$$R_B = \frac{wl}{3}$$

임의의 $x$단면에서 분포하중 $w_x$를 구해보면

$x : w_x = l : w$에서 $\quad w_x = \dfrac{wx}{l}$

① S.F.D

$$F_x = R_A - \frac{1}{2}w_x \cdot x = \frac{wl}{6} - \frac{wx^2}{2l}$$

$$F_{x=0} = \frac{wl}{6} = R_A$$

$$F_{x=l} = -\frac{wl}{3} = -R_B$$

또한 $F_x = 0$의 위치에서 $M_{\max}$이 생기므로

$\dfrac{wl}{6} - \dfrac{wx^2}{2l} = 0 \qquad \therefore x - \dfrac{l}{\sqrt{3}} - 0.577l : M_{\max}$의 위치

② B.M.D

$$M_x = R_A \cdot x - \frac{1}{2}w_x \cdot x \cdot \frac{x}{3} = \frac{wxl}{6} - \frac{wx^3}{6l}$$

$$M_{x=0} = 0$$

$$M_{x=\frac{l}{\sqrt{3}}} = M_{\max} = \frac{wl}{6}\left(\frac{l}{\sqrt{3}}\right) - \frac{w}{6l}\left(\frac{l}{\sqrt{3}}\right)^3 = \frac{wl^2}{9\sqrt{3}}$$

$$M_{x=l} = 0$$

## 6.3.2 외팔보(Cantilever Beam)

### 1) 집중하중을 받는 경우

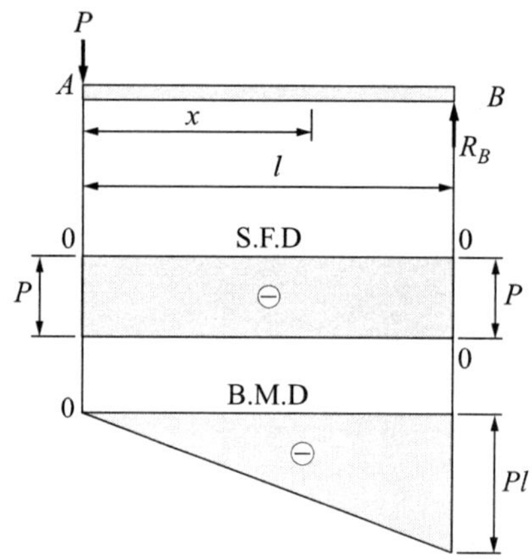


① S.F.D

$F_x = -P$(일정)

② B.M.D

$M_x = -Px$

$M_{x=0} = 0$

$M_{x=l} = M_{\max} = -P \cdot l$

### 2) 균일분포 하중을 받는 경우

① S.F.D

$F_x = -wx$

$F_{x=0} = 0$

$F_{x=l} = -wl$

② B.M.D

$M_x = -wx\dfrac{x}{2} = -\dfrac{wx^2}{2}$

$$M_{x=0} = 0$$

$$M_{x=l} = M_{\max} = -\frac{wl^2}{2}$$

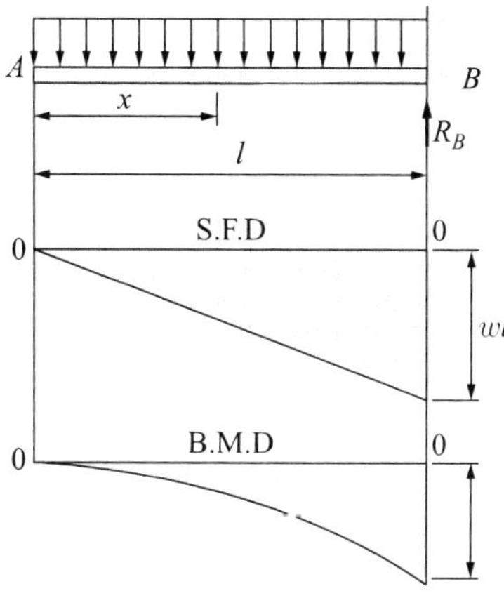


### 3) 삼각형 분포하중을 받는 경우

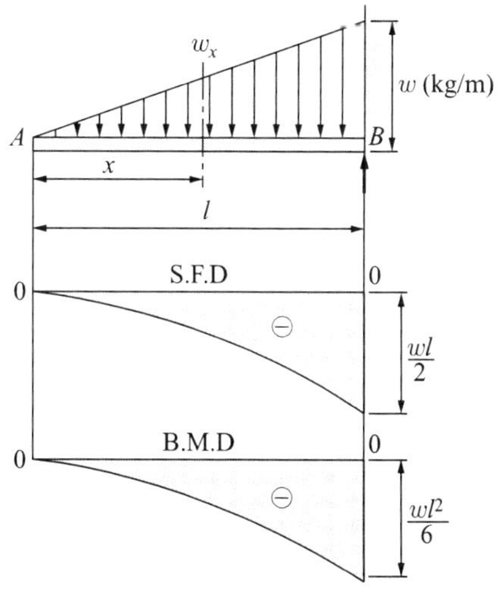


임의의 $x$단면에서 분포하중 $w_x$를 구해보면

$x : w_x = l : w$에서

$$w_x = \frac{wx}{l}$$

① S.F.D

$$F_x = -\frac{1}{2}w_x \cdot x = -\frac{wx^2}{2l}$$

$$F_{x=0} = 0$$

$$F_{x=l} = -\frac{wl}{2}$$

② B.M.D

$$M_x = -\frac{1}{2}w_x \cdot x \cdot \frac{x}{3} = -\frac{wx^3}{6l}$$

$$M_{x=0} = 0$$

$$M_{x=l} = -\frac{wl^2}{6}$$

[표 6.6] 외팔보의 전단력선도와 굽힘모멘트

| 종류 | S.F.D와 B.M.D의 형태 |
|---|---|
| 집중하중을 받는 외팔보<br><br>S.F.D : 0차<br>B.M.D : 1차 | 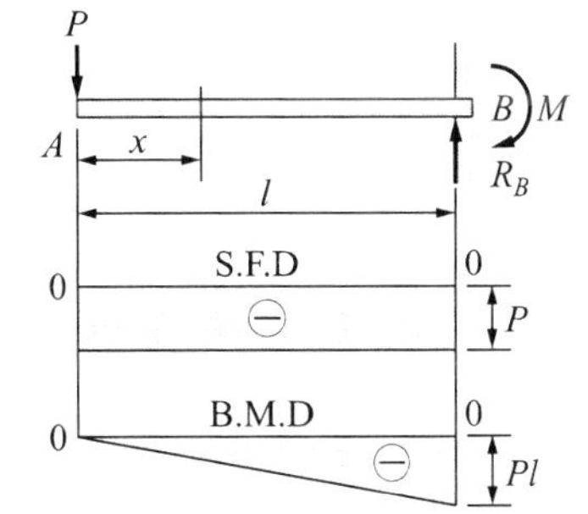 |
| 다수의 집중하중을 받는 외팔보<br><br>S.F.D : 0차<br>B.M.D : 1차 | 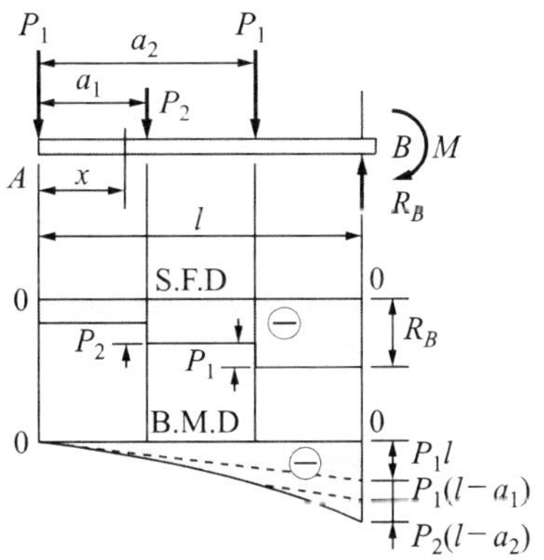 |
| 균일 분포하중을 받는 외팔보<br><br>S.F.D : 1차<br>B.M.D : 2차 | 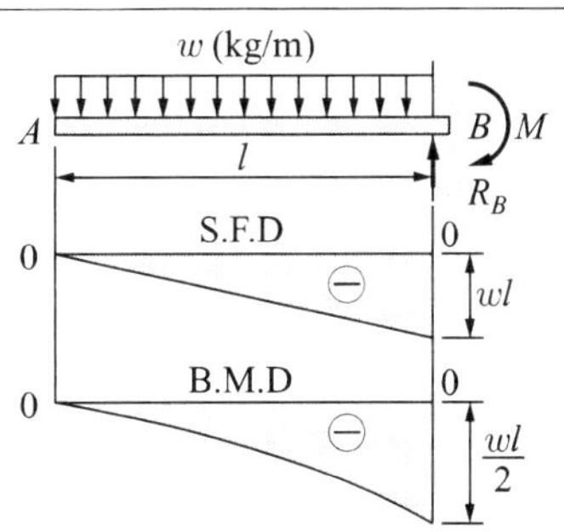 |
| 3각형 분포하중을 받는 외팔보<br><br>S.F.D : 2차<br>B.M.D : 3차 | 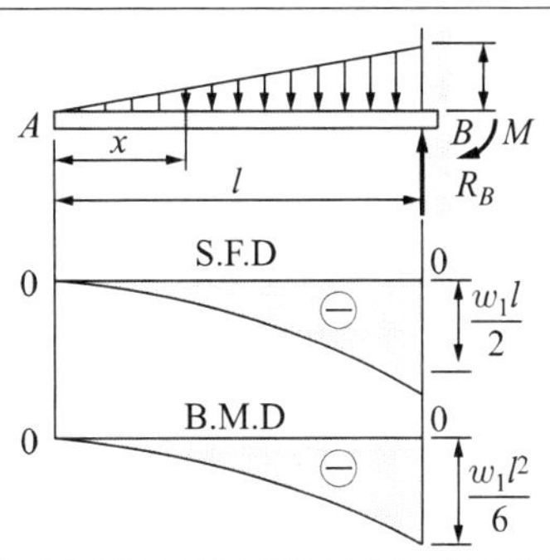 |

[표 6.7] 단순보의 전단력선도와 굽힘모멘트

| 종류 | S.F.D와 B.M.D의 형태 |
| --- | --- |
| 집중하중을 받는 단순보<br><br>S.F.D : 0차<br>B.M.D : 1차 | 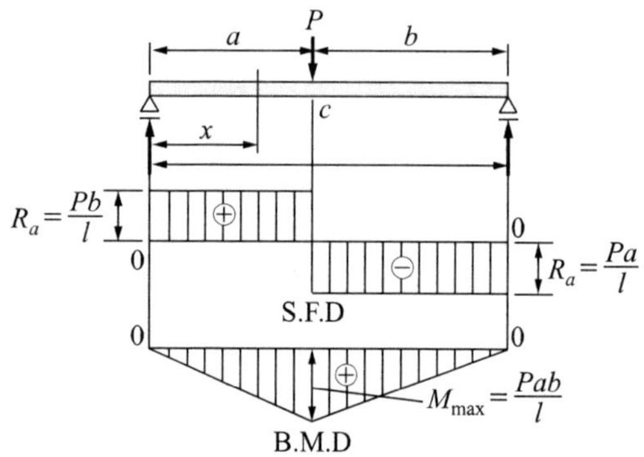 |
| 다수의 집중하중을 받는 단순보<br><br>S.F.D : 0차<br>B.M.D : 1차 | 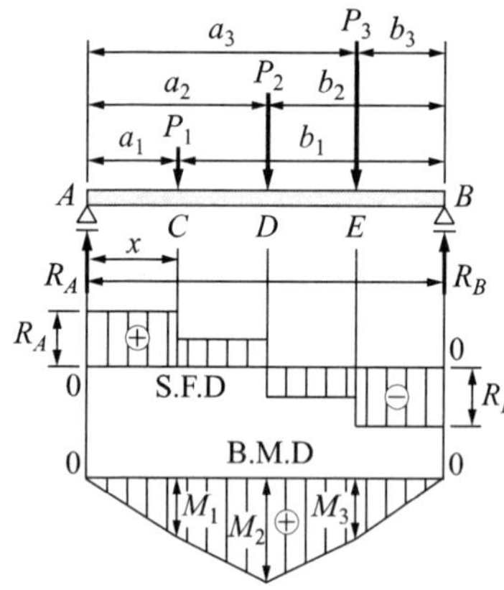 |
| 균일 분포하중을 받는 단순보<br><br>S.F.D : 1차<br>B.M.D : 2차 | 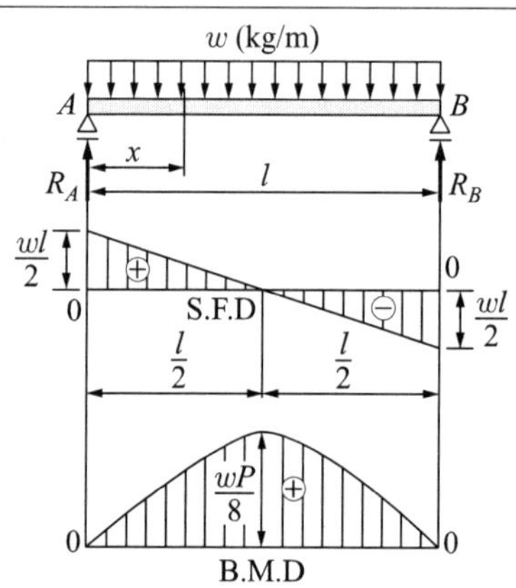 |

| | |
|---|---|
| 3각형 분포하중을 받는 단순보<br><br>S.F.D : 2차<br>B.M.D : 3차 | 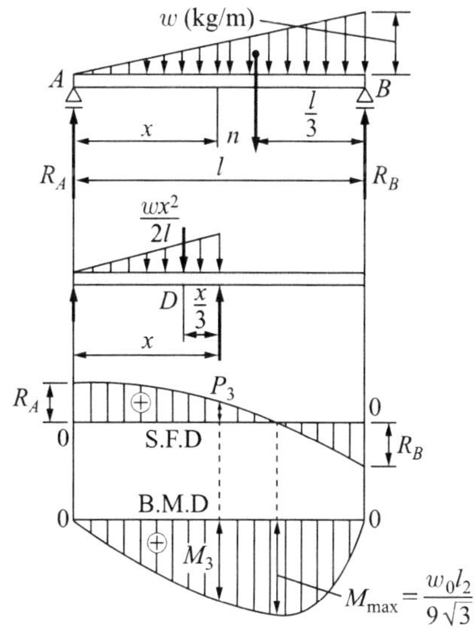 |
| 우력을 받는 단순보(임의의 점에)<br><br>S.F.D : 0차<br>B.M.D : 1차 | 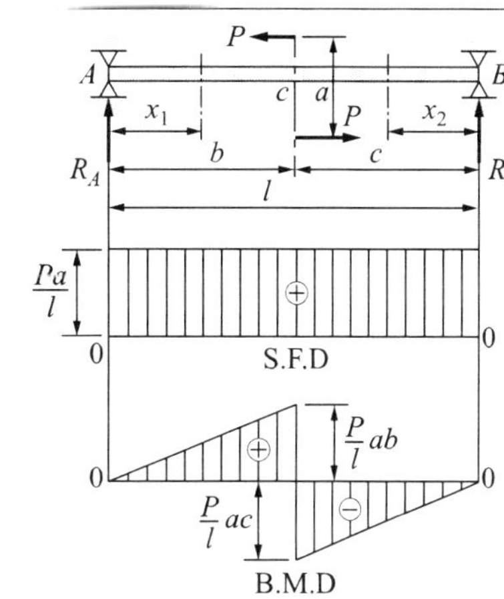 |
| 우력을 받는 단순보(좌단에)<br><br>S.F.D : 0차<br>B.M.D : 1차 | 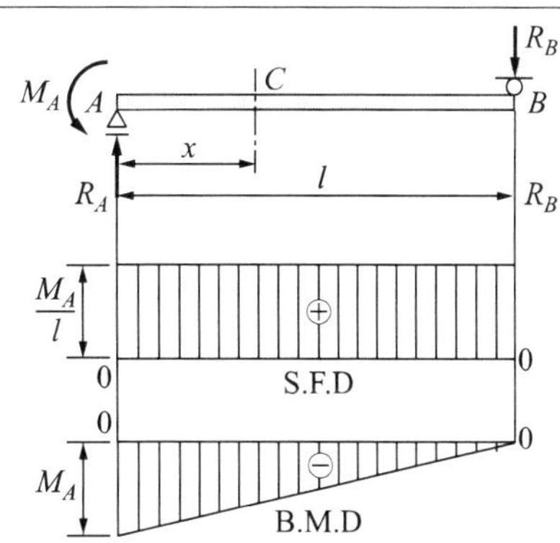 |

<table>
<tr>
<td>양대칭의 3각형 분포하중을 받는 단순보<br><br>S.F.D : 2차<br>B.M.D : 3차</td>
<td>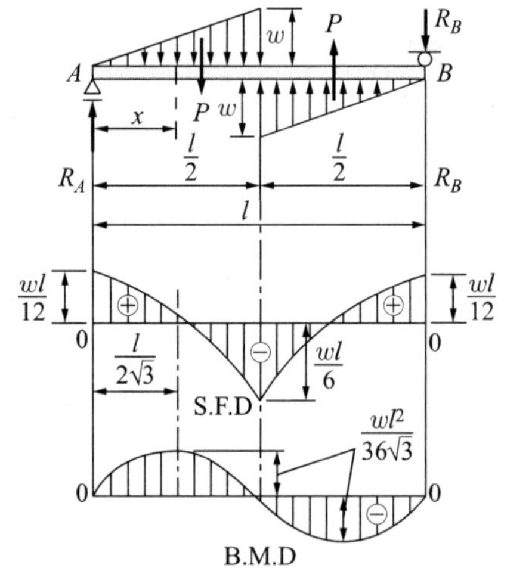
</td>
</tr>
</table>

[표 6.8] 돌출보의 전단력선도와 굽힘모멘트

| 종류 | S.F.D와 B.M.D의 형태 |
|---|---|
| 다수의 집중하중을 받는 돌출보<br><br>S.F.D : 0차<br>B.M.D : 1차 | 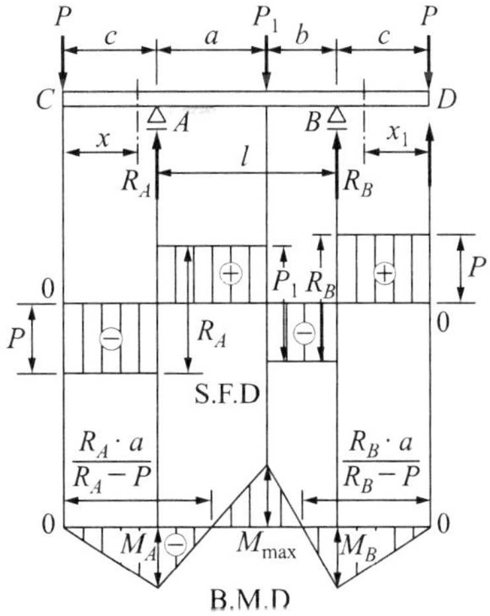<br> |
| 균일 분포하중을 받는 돌출보<br><br>S.F.D : 1차<br>B.M.D : 2차 | 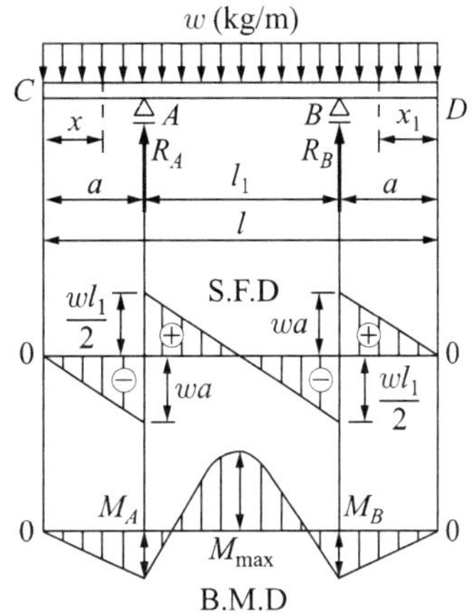<br> |

# 연습 문제

01. 다음 그림과 같은 단순지지보에 $l=6$ m, $a=4$ m, $b=2$ m, $c=40$ cm, $P=3,000$ kg일 때 $A$점에서 $R_A$는 얼마인가?

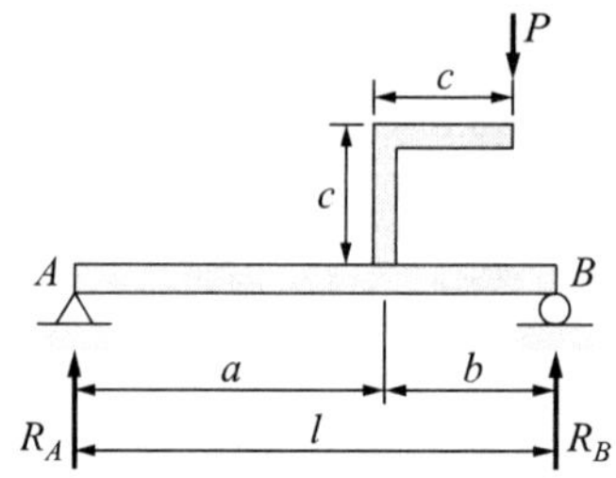

해설 $R_A = \dfrac{P(b-c)}{a+b} = \dfrac{3,000(2-0.4)}{4+2} = 800\ \text{kg}$

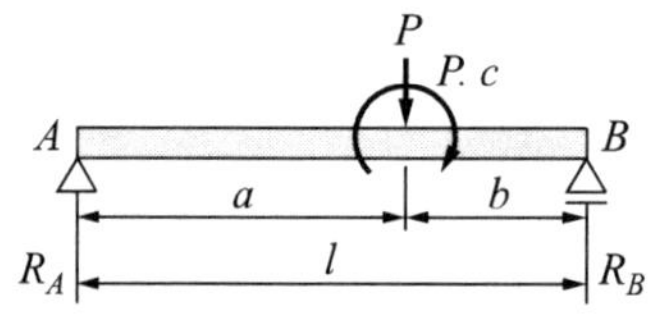

02. 그림과 같은 단순보의 지점의 반력 $R_A$, $R_B$는 얼마인가?

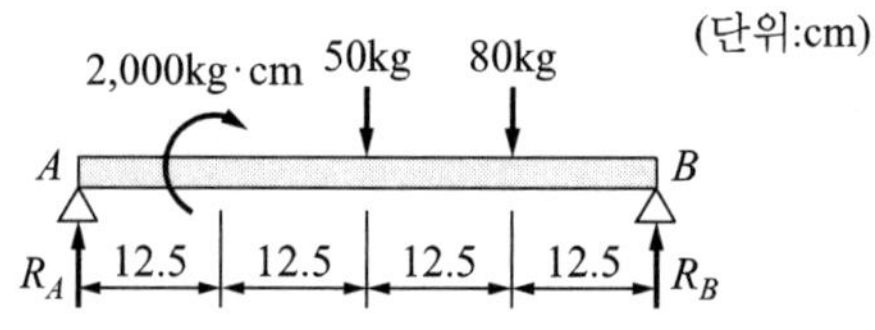

해설 우선 $\sum M_A = 0 : 0 = R_B \times 50 - 80 \times 37.5 - 50 \times 25 - 2{,}000$

$\therefore R_B = 125$ kg

또한 $\sum M_B = 0 : R_A \times 50 + 2{,}000 - 50 \times 25 - 80 \times 12.5 = 0$

$\therefore R_A = 5$ kg

03. 그림과 같은 단순지지보의 각 지지점에서의 반력의 크기는?

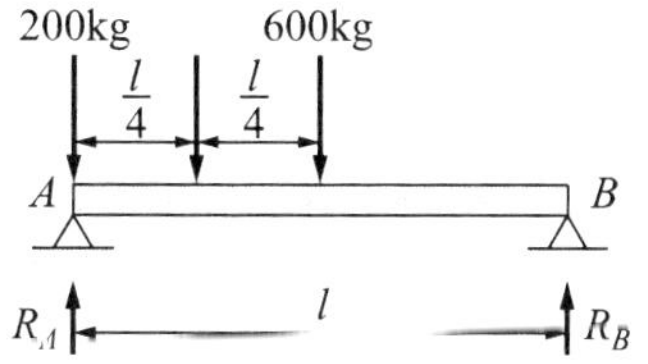


해설 $R_A = \dfrac{\left(600 \times \dfrac{l}{2}\right) + \left(200 \times \dfrac{3}{4}l\right)}{l} = 450$ kg

$R_B = \dfrac{\left(200 \times \dfrac{l}{4}\right) + \left(600 \times \dfrac{l}{2}\right)}{l} = 350$ kg

04. 그림과 같이 등분포 하중을 받는 단순보의 반력 $R_B$는?

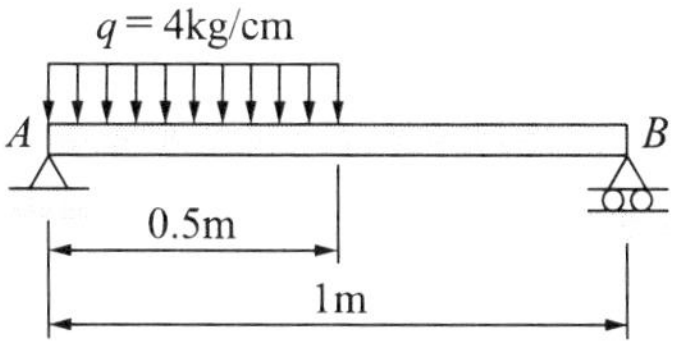


해설 $R_B = \dfrac{4 \times 50 \times 25}{100} = 50$ kg

05. 도면과 같이 중량 $W$가 3,000N 걸려 있을 때 봉 $AB$에 걸리는 힘은 얼마인가?

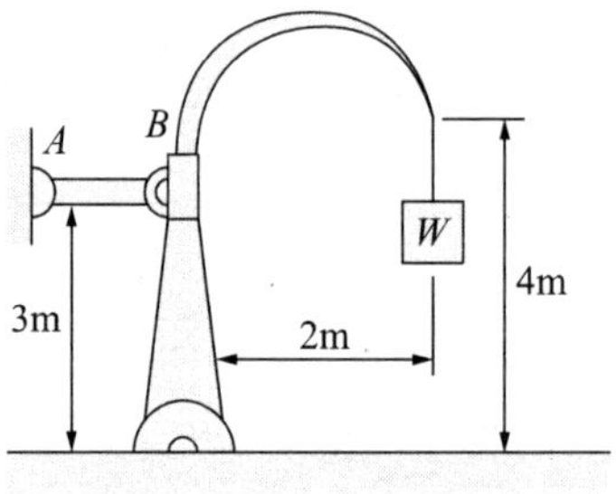


해설 $T_{AB} \times 3 = W \times 2$에서

$$T_{AB} = \frac{2W}{3} = \frac{2 \times 3{,}000}{3} = 2{,}000 \text{ N}$$

06. 그림과 같은 보의 중앙점에서의 굽힘 모멘트는 얼마인가?

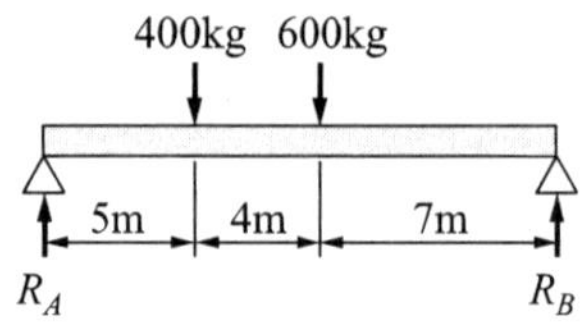


해설 중앙점의 굽힘 모멘트 $M = R_A \times 8 - 400 \times 3 = 537.5 \times 8 - 400 \times 3 = 3{,}100 \text{ kg} \cdot \text{m}$

단, $R_A = \dfrac{(400 \times 11) + (600 \times 7)}{16} = 537.5 \text{ kg}$

07. 그림에서와 같이 $AC$ 구간에서 삼각형 분포 하중을 받는 길이 $2l$의 외팔보 $AB$가 있다. 고정단 $B$점에서의 굽힘 모멘트는 얼마인가?

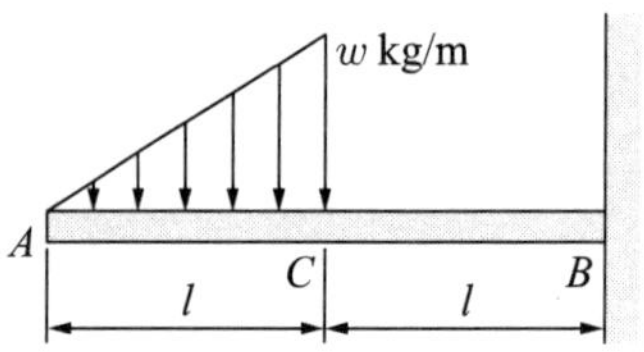

해설 $M_B = -\frac{w \cdot Tl}{2} \times \left(l + \frac{l}{3}\right) = -\frac{w \cdot l}{2} \times \frac{4l}{3} = -\frac{2wl^2}{3}$

**08.** 그림과 같은 단순보의 전길이에 $w = 4$ kg/cm의 등분포 하중이 작용할 때 $A$점으로부터 40(cm) 위치의 모멘트는 얼마인가?

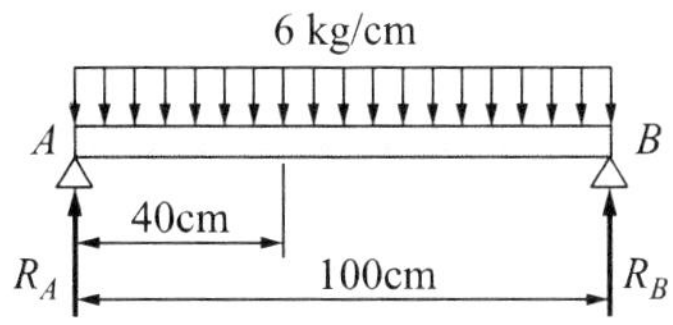


해설 $M_{x=40cm} - (300 \times 40) - (40 \times 6 \times 20) = 7,200 \text{ kg} \cdot \text{cm}$

단, $R_A = \frac{6 \times 100 \times 50}{100} = 300 \text{ kg}$

**09.** 아래 그림과 같은 길이 $l = 2$ m인 단순보가 $q = 3$ kg/cm를 받고 있을 때 보의 중앙에서의 굽힘 모멘트는?

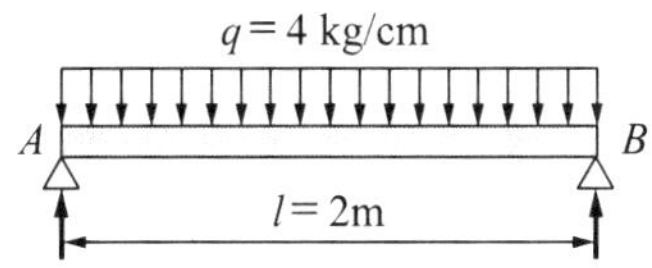


해설 $M_{max} = \frac{ql^2}{8} = \frac{4 \times 200^2}{8} = 20,000 \text{ kg} \cdot \text{cm}$

**10.** 그림과 같은 내다지보의 $B$, $C$점의 모멘트 $M_B$, $M_C$는 각각 몇 kg·cm가 옳은가?

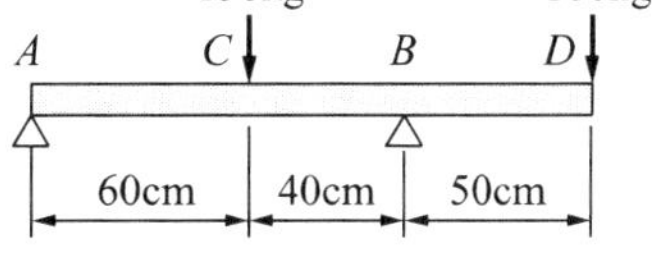

해설 우선 $\sum M_B = 0 : R_A \times 100 - 150 \times 40 = -100 \times 50$

$\sum M_A = 0 : 0 = R_B \times 100 - 150 \times 60 - 100 \times 150$

$\therefore R_A = 10\ \text{kg}$

$\therefore R_B = 240\ \text{kg}$

결국 $M_B = -100 \times 50 = -5{,}000\ \text{kg} \cdot \text{cm}$

$M_C = R_A \times 60 = 10 \times 60 = 600\ \text{kg} \cdot \text{Tcm}$

**11.** 일단을 고정한 L형 보에 도시한 바와 같은 하중이 작용할 때 고정단 $A$점에서의 모멘트는 얼마인가?

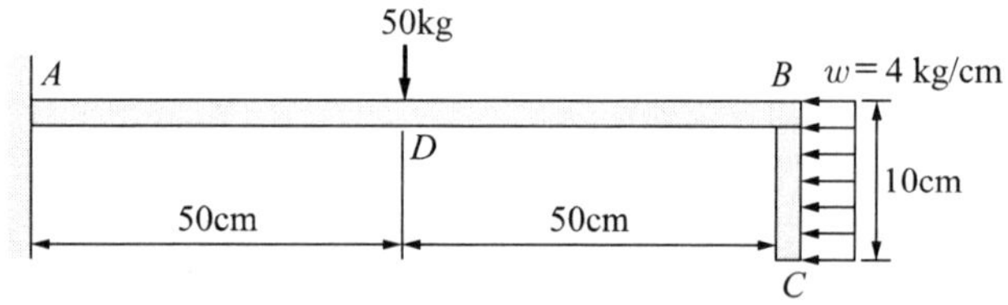


해설 $M_A = -50 \times 50 - 4 \times 10 \times 5 = -2{,}700\ \text{kg} \cdot \text{cm}$

**12.** 아래 그림과 같은 균일 분포 하중과 집중 하중을 받는 외팔보에서 최대 모멘트는?

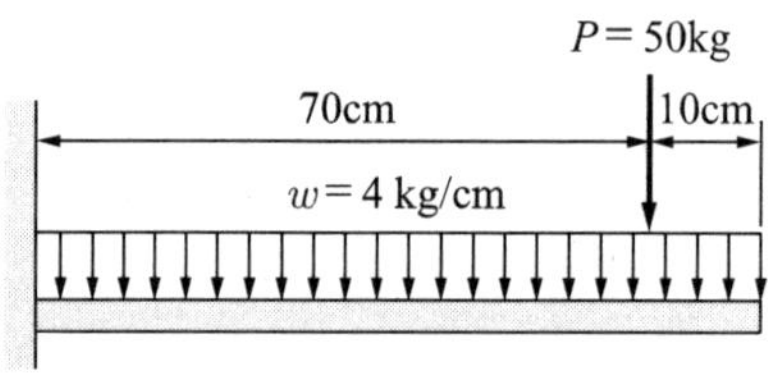


해설 $M_{\max} = -80 \times 4 \times \dfrac{80}{2} - 50 \times 70 = -16{,}300\ \text{kg} \cdot \text{cm}$

13. 그림과 같이 20 kg의 힘으로 페달을 밟을 때 케이블에 작용하는 힘 $T$는 얼마인가?

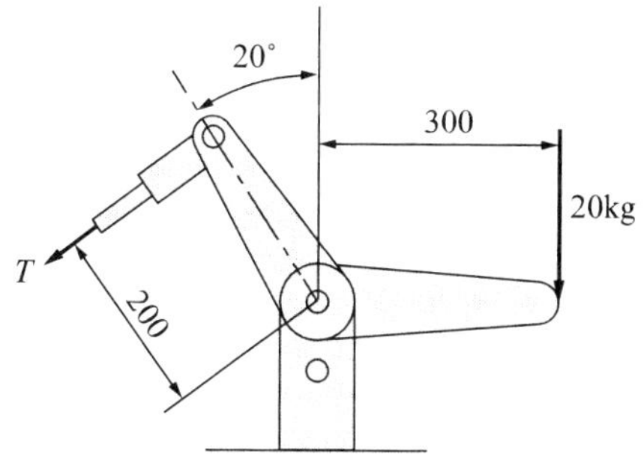


해설 $\sum M_0 = 0 : T \times 200 = 20 \times 300$

$\therefore T = 30$ kg

14. 그림과 같은 외팔보의 자유단 $B$에서 10 kg, $C$에서 20 kg의 집중 하중이 작용할 때 모멘트의 최대값은?

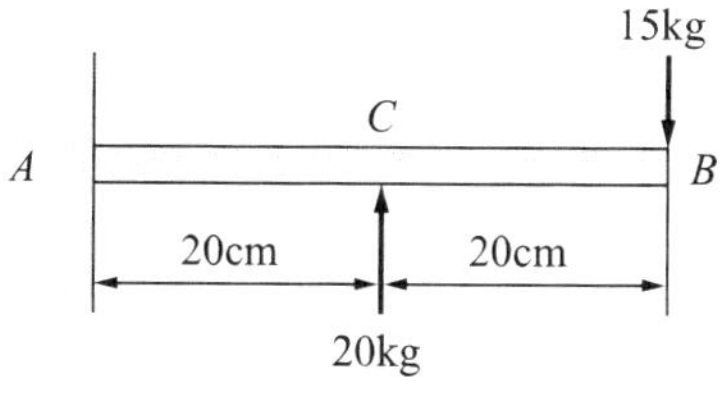


해설 $M_A = -(15 \times 40) + (20 \times 20) = -200$ kg · cm

$M_C = M_{max} = -(20 \times 15) = -300$ kg · cm

$\therefore$ 최대값 $= 300$ kg · cm

15. 그림과 같이 삼각형 분포 하중을 받는 단순보가 있다. $A$단에서의 반력 $R_A$는 얼마인가?(단, $q_0 = 5$ kg/cm이다.)

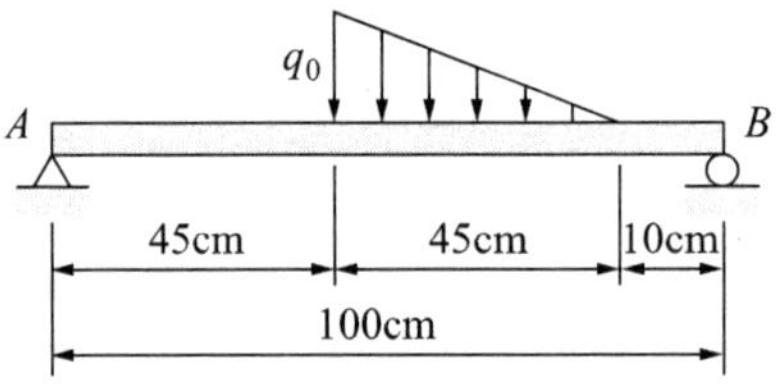


해설 $$R_A = \frac{\frac{1}{2} \times 45 \times 5 \times (30+10)}{100} = 45 \text{ kg}$$

16. 그림과 같은 단순보에 생기는 최대 굽힘 모멘트는 몇 kg · m인가?

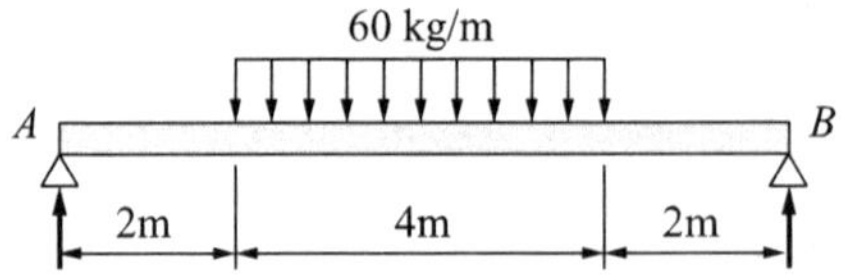


해설 $R_A = R_B = 120$ kg

결국, 최대 굽힘 모멘트는 중앙점에서 생기므로

$M_{\max} = R_A \times 4 - 60 \times 2 \times 1 = 120 \times 4 - 60 \times 2 \times 1 = 360$ kg · m

17. 그림과 같은 돌출보에서 $B$점의 반력은 얼마인가?

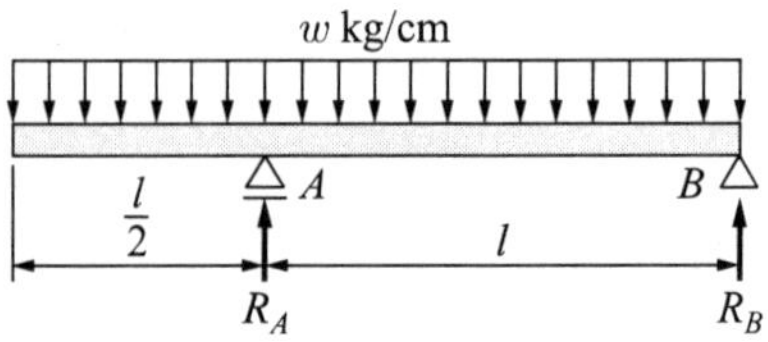

해설 $\sum M_A = 0 : -\frac{wl}{2} \times \frac{l}{4} = R_B \cdot l - wl\frac{l}{w}$

$\therefore R_B = \frac{3}{8}wl$

**18.** 그림과 같이 전하중(全荷重) $W$가 삼각형으로 분포되어 있는 외팔보에서 만곡모멘트 $M$을 구하는 식은?

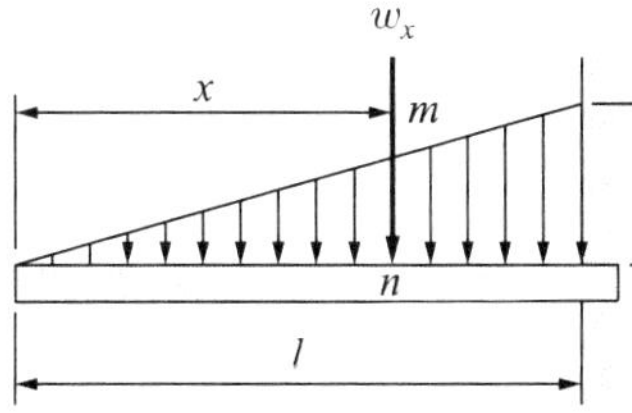


해설 $M_x = -x \cdot w_x \cdot \frac{1}{2} \cdot \frac{x}{3} = -x \cdot \frac{wx}{l} \cdot \frac{x}{6} = -\frac{wx^3}{6l}\left(단, \ w_x = \frac{wx}{l}\right)$

만약 전하중을 $W$라 하면

$W = \frac{wl}{2}$

결국 $M_x = -W \cdot \frac{x^2}{l^2} \cdot \frac{x}{3}$

**19.** 그림과 같이 양단을 고정한 균일 단면봉의 단면 $m-n$에 축하중 50 kg이 작용할 때 양단에서의 반력 $R_1$ 및 $R_2$의 비를 구하여라.

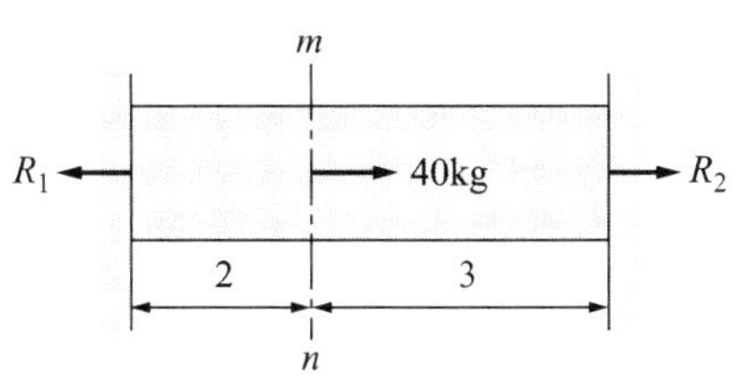

해설 $R_1 = \frac{40 \times 3}{2+3} = 24\ \text{kg}$, $R_2 = \frac{40 \times 2}{2+3} = 16\ \text{kg}$

결국, $R_1 / R_2 = \frac{24}{16} = 1.5$

**20.** 그림과 같은 단순보에 균일 분포 하중 $w$ kg/cm와 2개의 집중 하중 $P$가 작용하고 있을 때 중앙점에 있어서의 굽힘 모멘트는 얼마인가?

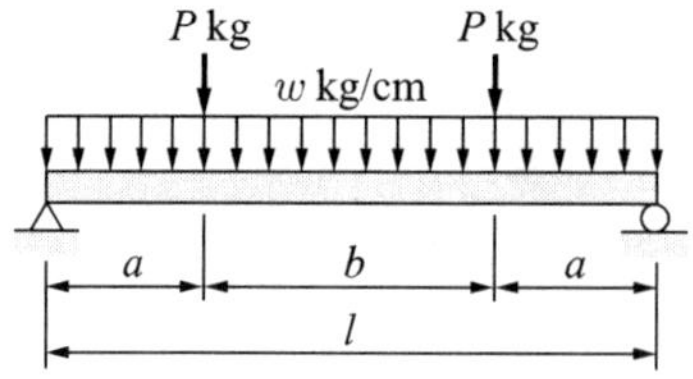


해설 $M = \left(P + \frac{wl}{2}\right) \cdot \frac{l}{2} - P \cdot \frac{b}{2} - w \cdot \frac{l}{2} \cdot \frac{l}{4} = \frac{wl^2}{8} + Pa$

**21.** 그림과 같은 2개의 집중 하중을 받는 단순지지보에서 최대 굽힘 모멘트는 다음 중 어느 것인가?(단, $P_1 = 1$ ton, $P_2 =$ 2ton, $l_1 = 2$ m, $l_2 = 4$ m, $l_3 = 2$ m이다.)

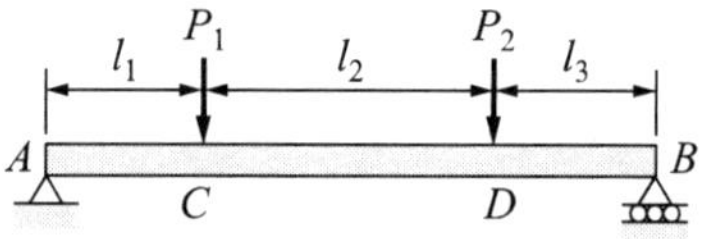


해설 최대 굽힘 모멘트는 $C, D$점 중에서 생긴다.

그런데 $l_1 = l_2 = 2$ m이고, $P_2 > P_1$이므로 결국 $D$점에서 최대 굽힘 모멘트가 작용

$$R_B = \frac{P_1 l_1 + P_2 (l_1 + l_2)}{l_1 + l_2 + l_3} = \frac{(1 \times 2) + 3 \times (4+2)}{2+4+2} = 2.5\ \text{ton}$$

$$\therefore M_{\max} = M_D = R_B \cdot l_3 = 2.5 \times 2 = 5\ \text{ton} \cdot \text{m}$$

22. 다음 그림과 같은 보에서 모멘트의 최대값은?

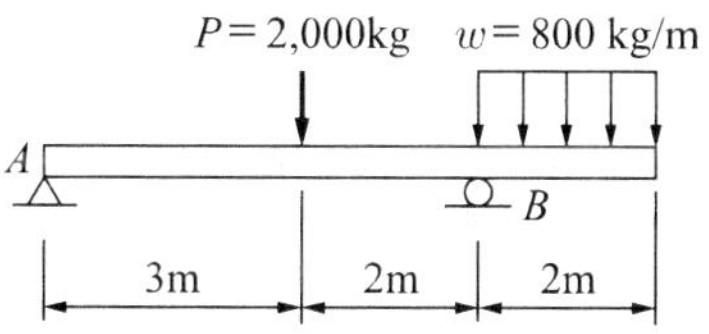


해설 $\sum M_B = 0 : R_A \times 5 - 2{,}000 \times 2 = -800 \times 2 \times 1$

$\therefore R_A = 480\ \text{kg}$

결국 $M_{\max} = R_A \times 3 = 480 \times 3 = 1{,}440\ \text{kg} \cdot \text{m}$

23. 그림과 같은 보에서 최대 굽힘 모멘트가 생기는 점까지의 거리는 $A$점으로부터 몇 m인가?

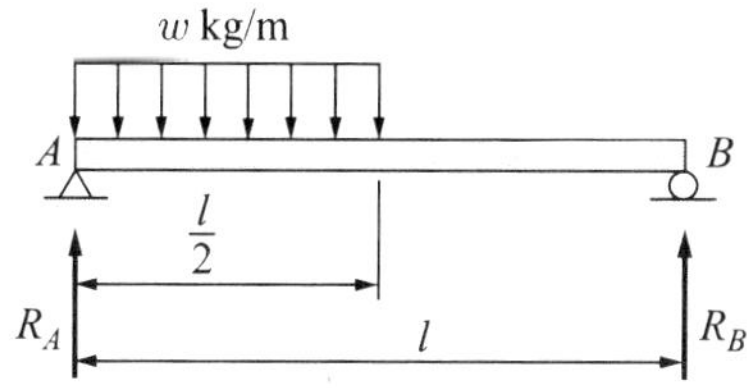


해설 $R_A = \dfrac{\dfrac{wl}{2} \times \left(\dfrac{l}{4} + \dfrac{l}{2}\right)}{l} = \dfrac{3}{8}wl$

결국 $M_{\max}$의 위치는 $F_x = 0$인 위치이므로

$F_x = R_A - wx = 0$

$\therefore x = \dfrac{R_A}{w} = \dfrac{1}{w} \times \dfrac{3}{8}wl = \dfrac{3}{8}l$

24. 그림과 같은 단순보의 전단력이 0이 되는 점의 위치는 $A$지점에서 얼마의 거리에 있는가?

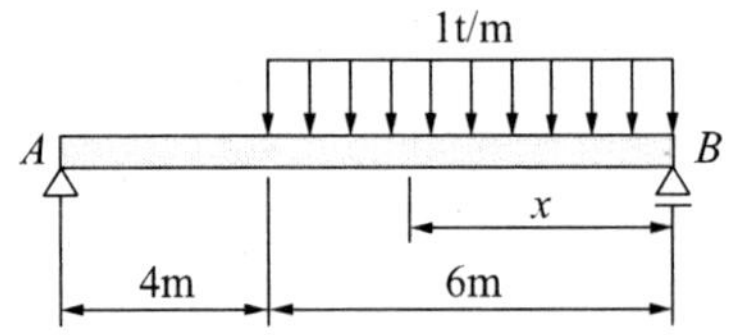


해설 우선 $R_B = \dfrac{1 \times 6 \times (4+3)}{10} = 4.2\ \mathrm{t}$

전단력 $F_x = R_B - 2x = 0$ : $x = \dfrac{R_B}{2} = \dfrac{4.2}{2} = 2.1\ \mathrm{m}$($B$점으로부터 거리)

결국 $A$지점으로부터의 거리는 7.9 m이다.

25. 그림과 같은 보의 중앙점의 굽힘 모멘트는?

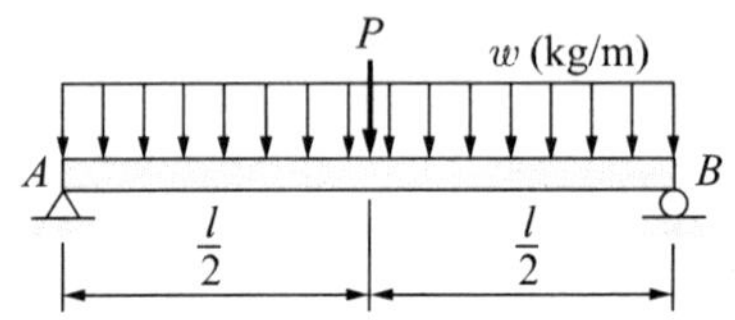


해설 $\dfrac{Pl}{4} + \dfrac{wl^2}{8}$

26. 그림과 같은 단순지지보 $AB$ 위에 균일 분포 하중 $w = 200$ kg/m가 작용하고 있을 때 $A$단에서 1 m의 지점에서의 전단력은 다음 중 어느 것인가?

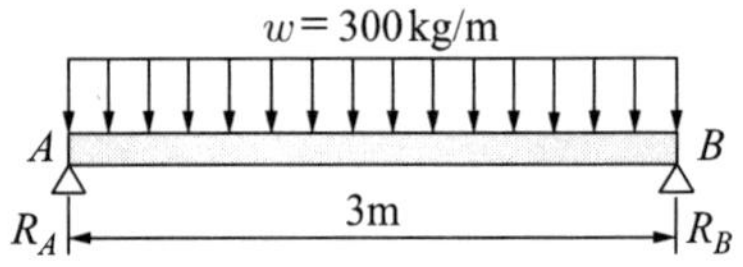

해설 우선 $R_A = \dfrac{300 \times 3}{2} = 450 \text{ kg}$

결국 $F_{x=1m} = R_A - wx = 450 - 300 \times 1 = 150 \text{ kg}$

27. 그림과 같은 손집게에 $P = 20$ kg이 작용할 때 연결부(joint) $A$의 볼트 지름은 얼마인가?(단, $\tau = 10$ kg/mm$^2$이다.)

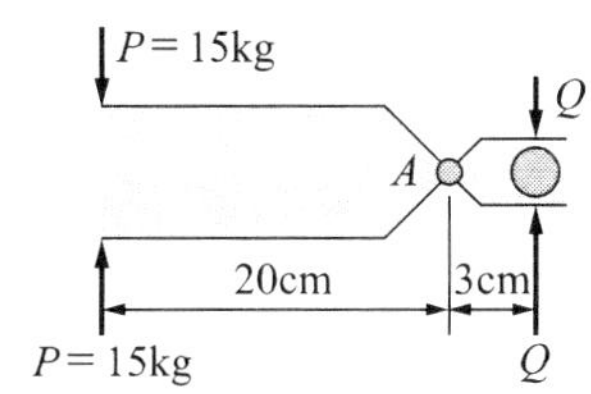


해설 우선 $\sum M_A = 0 : P \times 20 = Q \times 3$에서 $Q = \dfrac{20P}{3} = \dfrac{15 \times 20}{3} = 100 \text{ kg}$

전체의 하중 $F = P + Q = 15 + 100 = 115 \text{ kg}$

결국 $\tau = \dfrac{F}{A} = \dfrac{F}{\dfrac{\pi}{4}d^2}$에서 $d = \sqrt{\dfrac{4F}{\pi\tau}} = \sqrt{\dfrac{4 \times 115}{\pi \times 10}} = 3.83 \text{ mm} = 0.383 \text{ cm}$

28. 길이 1 m인 단순보가 아래 그림처럼 $q = 5$ kg/cm의 균일 분포 하중과 집중 하중으로 $P = 100$ kg을 받고 있을 때 최대 굽힘 모멘트는 얼마이며 그 발생되는 점은 $A$점에서 얼마 되는 곳인가?

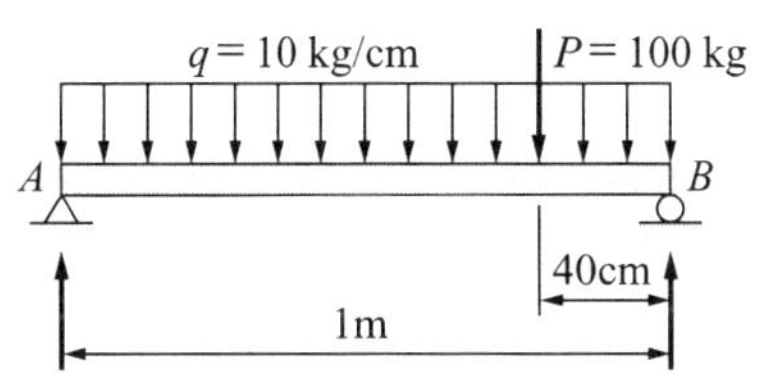


해설 우선, $R_A = \dfrac{(10 \times 100 \times 50) + 100 \times 40}{100} = 540 \text{ kg}$

$M_{\max}$의 위치는 $F_x = 0$에서 생기므로

$$F_x = R_A - qx = 0 : x = \frac{R_A}{q} = \frac{540}{10} = 54 \text{ cm}$$

결국 $M_{\max} = R_A x - qx\frac{x}{2} = 540 \times 54 - 10 \times 54 \times \frac{54}{2} = 14,580 \text{ kg} \cdot \text{cm}$

29. 다음의 전단력 선도(剪斷力線圖 $S.F.D$)를 참조하여 최대 굽힘 모멘트가 일어나는 곳의 $A$지점에서의 거리 $\overline{Z}$를 구하면 얼마인가?

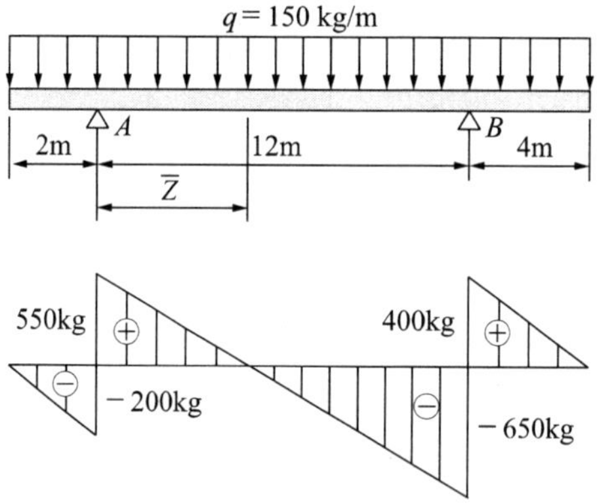


해설 $\sum M_B = 0 : R_A \times 12 - 150 \times 14 \times 7 = -150 \times 4 \times 2$

$\therefore R_A = 1,125 \text{ kg}$

$F_x = 0$인 위치에서 $M_{\max}$이 발생하므로($A$점으로부터 $x$를 잡으면)

$F_x = R_A - 150 \times (2 + x) = 0$

$1,125 - 300 - 150x = 0$

$150x = 825$

$\therefore x = 5.5 \text{ m}$

Chapter 07

# 보의 응력

## 7.1 보의 굽힘응력(Bending Stress In Beam)

보의 단면에 굽힘모멘트가 작용하면 수직응력이 생기는데 이것을 굽힘응력이라 하며, 수직하중을 받는 보에서의 $\overline{CD}$ 부분처럼 전단력이 걸리지 않고 굽힘모멘트만 걸리는 부분의 상태를 순수굽힘(Pure Bending) 상태라 한다. 이와 같은 상태에서 구부러진 보를 보면 상부는 줄고, 하부는 늘어난다. 이때 줄지도 늘지도 않는 $CD$면이 있는데 이 면을 중립면이라 하고, 이 중립면과 다른 단면의 교선을 그 단면의 중립축이라 한다. 또, 구부러짐이 일어나는 하중면과 중립면과의 교선을 탄성곡선이라고 하며, 이러한 변형이 일어나면 두 인접 단면 $mn$과 $pq$는 점 $O$에서 서로 만난다. 이들이 이루는 미소각을 $d\theta$라 하고 곡률반경(Radius of Curvature)을 $\rho$라 하면 탄성곡선의 곡률은 $1/\rho$로 되고, 중립면 $CD$에서 임의의 거리 $y$만큼 떨어진 $cd$면의 변형은

$$cd' = ab = dx = \rho d\theta\,,\;\; dd' = cd - cd' = (\rho + y)d\theta - \rho d\theta = y d\theta$$

그러므로 $cd$에서 변형률

$$\varepsilon = \frac{dd'}{cd'} = \frac{y d\theta}{\rho d\theta} = \frac{y}{\rho}$$

여기서, $\rho$ : 곡률반경

$\frac{1}{\rho}$ : 곡률

$E$ : 세로 탄성계수

$y$ : 중립축으로부터 떨어진 임의의 거리

$EI$ : 굽힘강성계수

- 중립축에서는 변형과 응력이 없다.
- 중립축을 기준으로 하여 상단에서는 압축이 일어나고 하단에서는 인장이 일어난다.

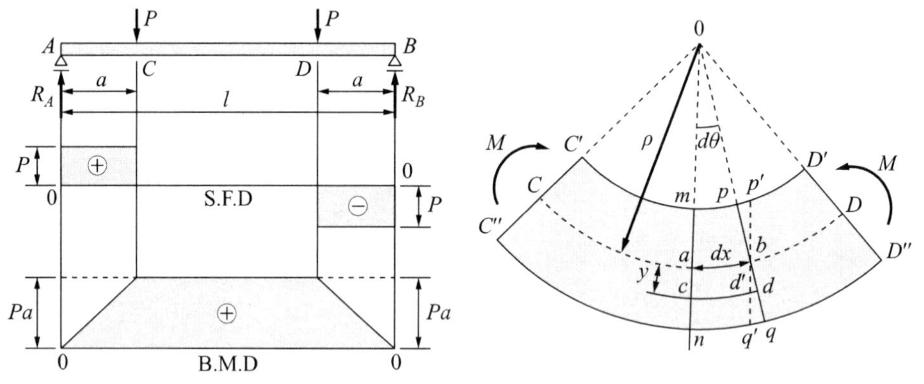


[그림 7.1] 보 속의 굽힘응력 및 굽힘응력

## 7.1.1 순수 굽힘상태($C-D$ 구간)

$$① \ \sigma = E\varepsilon = \frac{Ey}{\rho}\left(y = \frac{l}{2}\right),\ M = \frac{EI}{\rho} \ \rightarrow \ \frac{1}{\rho} = \frac{M}{EI}$$

$$② \ \sigma = \frac{EyM}{EI},\ M = \frac{\sigma I}{y} = \frac{\sigma I}{e} = \sigma Z$$

## 7.1.2 굽힘응력의 계산

$$\sigma_{\max} = \frac{M_{\max}}{Z}$$

### 1) 단면계수($Z$)

| 구분 | 단면 | 단면 계수($Z$) |
|---|---|---|
| 사각형 단면 | 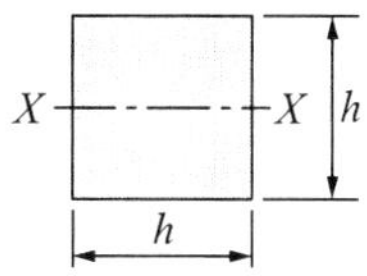 | $\frac{1}{6}h^3$ |
| 원형 단면 | 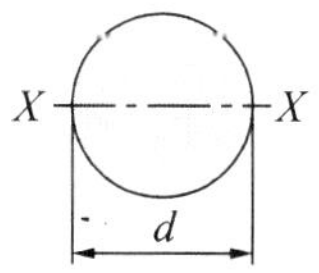 | $\frac{\pi}{32}d^3$ |
| 삼각형 단면 | 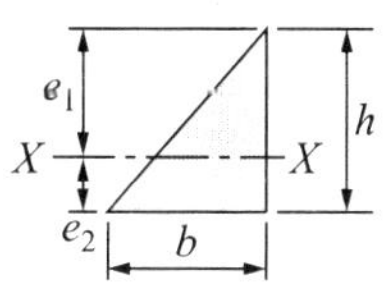 | $Z_1 = \frac{1}{24}bh^2$<br>$Z_2 = \frac{1}{12}bh^2$<br>$e_1 = \frac{2}{3}h,\ e_2 = \frac{1}{3}h$ |

### 2) 최대 굽힘모멘트($M_{\max}$)

| | 집중하중 | 균일 분포하중 | 삼각형 분포하중 |
|---|---|---|---|
| 단순보 | $\frac{Pl}{4}$ | $\frac{wl^2}{8} = \frac{Wl}{8}$ | $\frac{wl^2}{9\sqrt{3}}$ |
| 외팔보 | $-P \cdot l$ | $-\frac{wl^2}{2}$ | $-\frac{wl^2}{6}$ |

## 7.1.3 보의 종류별 굽힘응력 계산

### 1) 외팔보

| 구 분 | 그림 | 사각형 단면 | 원형 단면 |
|---|---|---|---|
| 집중하중 | 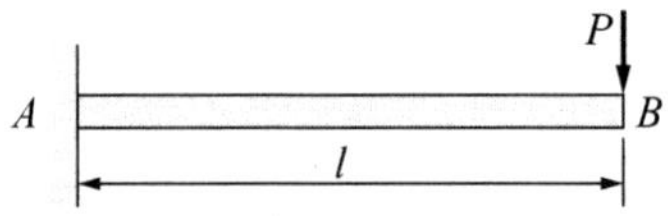 | $\dfrac{6P\cdot l}{bh^2}$ | $\dfrac{32Pl}{\pi d^3}$ |
| 균일분포 하중 | 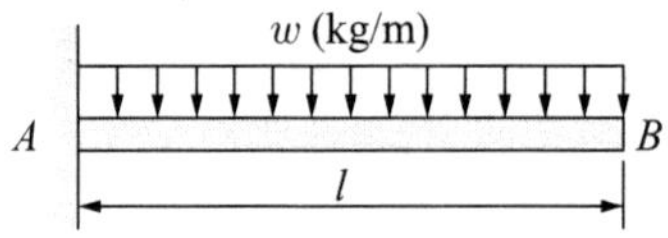 | $\dfrac{3wl^2}{bh^2}$ | $\dfrac{16wl^2}{\pi d^3}$ |

### 2) 단순보

| 구 분 | 그림 | 사각형 단면 | 원형 단면 |
|---|---|---|---|
| 집중하중 | 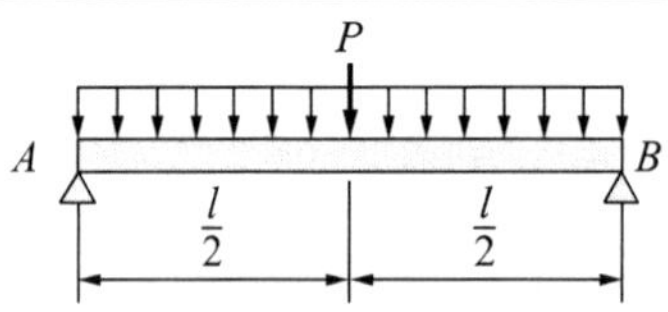 | $\sigma_{\max}=\dfrac{M_{\max}}{Z}=\dfrac{3P\cdot l}{2bh^2}$ | $\dfrac{8P\cdot l}{\pi d^3}$ |
| 균일분포 하중 | 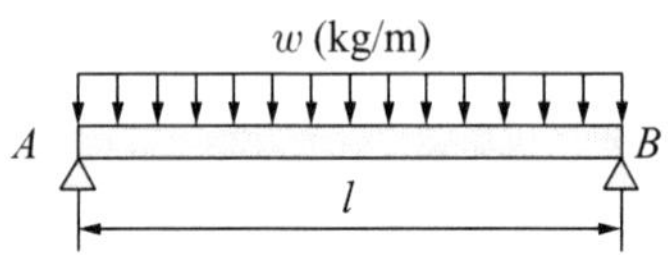 | $\sigma_{\max}=\dfrac{M_{\max}}{Z}=\dfrac{3wl^2}{4bh^2}$ | $\dfrac{4Wl}{\pi d^3}$ |

# 7.2 보의 수평전단응력

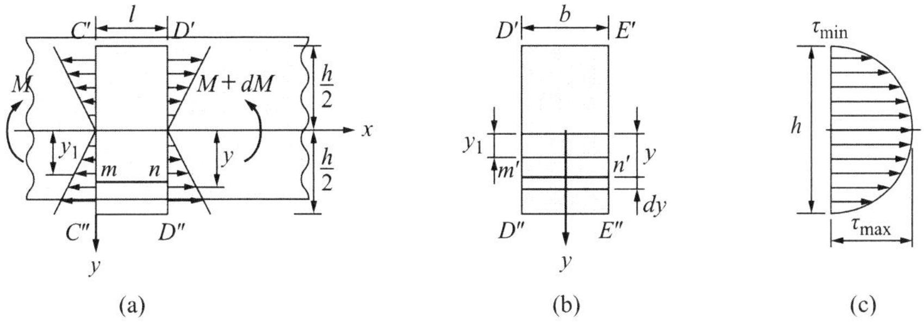


[그림 7.2] 직사각형 단면보의 전단응력

보가 하중을 받아 구부러지면 횡단면에 전단력이 일어나는데, 이 전단력은 그 단면상에 어떤 상태로 분포하는 전단응력 $\tau$의 합력이다. 그림 (a)에서 $C'C''$에 작용하는 굽힘모멘트를 $M$, $D'D''$에 작용하는 굽힘모멘트를 $M+dM$이라 하면, $mC''$의 한 미소면적 $dA$상의 법선력은 $\sigma dA$상의 법선력은 $\sigma dA = \frac{My}{I}dA$이고, 임의의 높이 $y_1$인 평면상의 전단응력을 $\tau$라 하면 $mn$면상의 전단력은 $\tau bl$이 된다. 또 수평과 세로면상에 같은 크기의 공액 전단응력이므로 $\tau_{xy} = \tau_{yx}$이고 보의 임의의 단면에서 수평방향의 힘은 평형이 되어야 하므로

$$\tau bl + \int_{y_1}^{h/2} \frac{My}{I} dA = \int_{y_1}^{h/2} \frac{(M+dM)y}{I} dA$$

$$\therefore \tau = \frac{dM}{l} \frac{1}{bI} \int_{y_1}^{h/2} y dA$$

위 식에서 $dM/l$은 전단력 $F$이고, $\int_{y_1}^{h/2} y dA$는 보의 $m'n'D''E''$의 중립축에 관한 일차 모멘트 $Q$라 하면 $\tau = \frac{FQ}{bl}$

여기서, $F$ : 전단력(kg)(보에서 최대 반력이 된다.)

$Q$ : $\tau$를 구하고자 하는 그 위치로부터 상단에 실려 있는 단면 1차

모멘트$(=A\bar{y})$

$b$ : $\tau$를 구하고자 하는 그 위치에서의 폭

$I$ : 단면 전체의 단면 2차 모멘트

**참고**

- 수평전단응력 : 굽힘응력이 0인 중립축에서 최대가 되며 굽힘응력이 최대가 되는 상·하 단면에서 0이 된다.
- 수직방향에서의 전단응력 : 상하단면에 관계없이 그 크기가 항상 같다.

| 단 면 | 형 상 | 수평전단응력($\tau_{max}$) |
|---|---|---|
| 사각형 단면 | 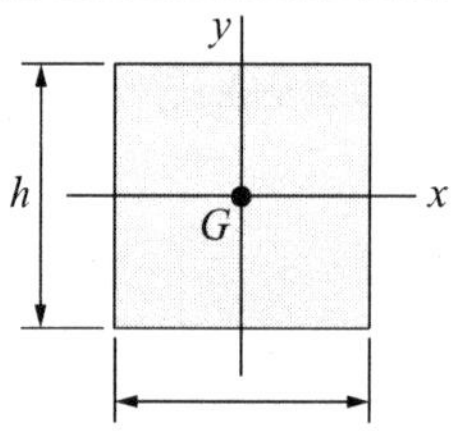 | $\tau_{max}=\dfrac{F_{max}e^2}{2I}=\dfrac{3F_{max}}{2A}=\dfrac{3}{2}\tau_m=1.5\tau_m$<br>즉, 평균전단응력($\tau_m$)보다 1.5배 더 크다. |
| 원형 단면 | 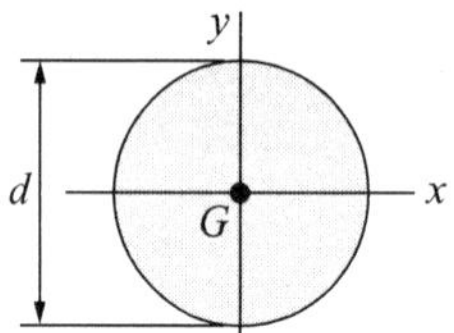 | $\tau_{max}=\dfrac{4F_{max}}{3A}=\dfrac{4}{3}\tau_m=1.33\tau_m$<br>즉, 평균전단응력($\tau_m$)보다 1.33배 더 크다. |

## 7.3 굽힘과 비틀림에 의한 조합응력

풀리(pulley), 치차(gear) 등이 달려서 회전하는 축은 굽힘모멘트와 비틀림 모멘트를 동시에 받는다. 즉, 비틀림모멘트($T$)와 굽힘모멘트($M$)로 인하여 생기는 응력을 조합응력이라 하며, 이때는 상당(등가)비틀림 모멘트($T_e$)로 인한 상당비틀림 응력($\tau_e$)과 상당(등가)굽힘모멘트($M_e$)로 인한 상당굽힘 응력($\sigma_e$)이 발생한다.

① 상당비틀림 모멘트($T_e$) : $T_e = \sqrt{M^2 + T^2}$

② 상당굽힘 모멘트($M_e$) : $M_e = \frac{1}{2}\left(M + \sqrt{M^2 + T^2}\right)$

③ 중실축인 경우 최대 전단응력 : $\tau_{\max} = \frac{16}{\pi d^3}\sqrt{M^2 + T^2}$

④ 중실축인 최대 주응력 : $\sigma_{\max} = \frac{16}{\pi d^3}\left(M + \sqrt{M^2 + T^2}\right)$

⑤ 축지름($d$)의 설계

㉠ $d = \sqrt[3]{\frac{16T_e}{\pi\tau_a}} \fallingdotseq \sqrt[3]{\frac{5.1T_e}{\tau_a}}$ "연성재료"인 경우

㉡ $d = \sqrt[3]{\frac{32M_e}{\pi\sigma_a}} \fallingdotseq \sqrt[3]{\frac{10.2M_e}{\sigma_a}}$ "취성재료"인 경우

축의 안전 직경을 구할 때는 일반적으로 $\sigma_{\max}$, $\tau_{\max}$ 대신 허용응력 $\sigma_a$, $\tau_a$을 대입하여 계산하며, 이들 두 식에 의해 구한 값을 비교하여 큰 값을 축의 직경으로 하면 된다.

## 7.4 파손 이론

일반적으로 기계부품은 조합응력의 상태로 사용되는 수가 많은데 이때의 파손조건을 제시하는 것이 파손의 법칙이며 응력, 변형률 또는 에너지의 조건식으로 표시된다. 정하중이고 응력분포가 균일한 경우 많은 이론이 제기되어 있는 바, 다음에 설계에 흔히 쓰이는 주요 이론의 내용을 설명하고자 한다.

### 1) 최대 주응력이론(Rankine의 이론)

① 최대 주응력이 인장 또는 압축의 한계응력에 이르렀을 때 파손한다.

② 이 이론은 취성재료의 분리파손에 적용된다.

③ 취성재료의 축이 굽힘모멘트 $M$과 비틀림 모멘트 $T$를 동시에 받을 경우

Rankine의 식 $M_e = \frac{1}{2}\left(M + \sqrt{M^2 + T^2}\right)$에 의하여 상당굽힘 모멘트 $M_e$를 구하고 이로부터 $\sigma_1$을 산출한다.

#### 2) 최대 전단응력이론(Coulomb, Guest의 이론)

① 최대 전단응력 $\tau_1$이 항복 전단응력 $\tau_y$에 이르렀을 때 파손된다.

② 이 이론은 연성재료의 파손에 적용되며 기계요소의 강도설계에 가장 많이 사용된다.

③ 연성재료의 축이 $M$, $T$를 동시에 받을 때에는 Guest의 식 $T_e = \sqrt{M^2 + T^2}$에 의하여 상당 비틀림 모멘트 $T_e$를 구하고 이로부터 $\tau_1$을 산출하면 된다.

#### 3) 최대 주변형률이론(St. Venant의 이론)

최대 주 변형률 $\varepsilon_1$이 단순 인장 또는 단순 압출일 때의 항복점에 있어서의 변형률 $\varepsilon_f$에 이르렀을 때 탄성 파손이 일어난다. $\varepsilon_1 = \varepsilon_f$

#### 4) 최대 변형에너지이론(Huber, Mises의 이론)

① 변형에너지는 체적변형에너지와 전단변형에너지로 구성되어 있는데, 전단변형에너지가 재료에 고유한 일정 값, 즉 단순 인장의 항복점에 있어서의 전단변형에너지에 이르렀을 때 파손된다.

$$\sigma_y = \sqrt{\frac{(\sigma_1 - \sigma_2)^2 + (\sigma_2 - \sigma_3)^2 + (\sigma_3 - \sigma_1)^2}{2}}$$

② $\sigma_1 = \sigma_2$일 때는 $\sigma_y = \sigma_1 - \sigma_3$가 되고 $\tau_{\max} = \frac{\sigma_1 - \sigma_3}{2} = \frac{\sigma_y}{2}$가 되므로 최대 전단응력이론과 일치한다.

③ 이 이론은 연성재료의 미끄럼 파손에 가장 가깝게 일치하나 실제로는 식이 약간 복잡하므로 이론에 가까운 최대 전단응력이론이 사용되며 양 이론의 차이는 15% 이내이다.

# 연습 문제

01. 길이가 20 cm이고, 단면적이 1 mm×20 mm인 구형의 얇은 강철자의 양단에 우력을 작용시켜 중심각이 60°인 원호의 모양으로 굽혔다. 그 강철자가 받는 굽힘 모멘트는 얼마인가?(단, $E=2.1\times10^6$ kg/cm²이다.)

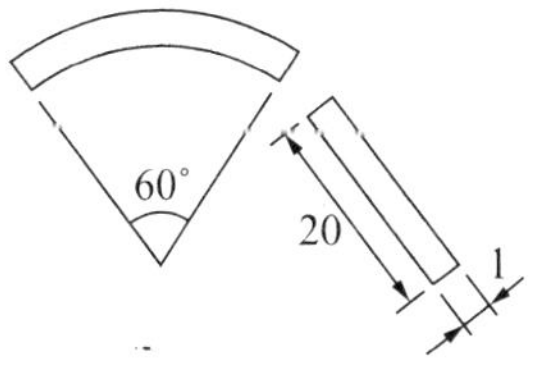


해설 $l=\rho\cdot\theta$에서,

$$\therefore \rho=\frac{1}{\theta}=\frac{20}{60^\circ\times\frac{\pi}{180}}=19.1$$

결국, $\frac{1}{\rho}=\frac{M}{EI}$에서 $M=\frac{EI}{\rho}=\frac{2.1\times10^6\times\frac{2\times0.1^3}{12}}{19.1}\fallingdotseq 18.32\ \text{kg}\cdot\text{cm}$

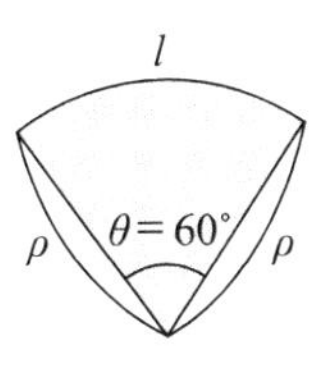


02. 두께 1 mm의 강 벨트를 직경 140 cm의 원통에 감으면 몇 kg/cm²의 굽힘응력이 생기는가?(단, $E=2.1\times10^6$ kg/cm²이다.)

해설 $\sigma = \dfrac{E \cdot y}{\rho} = \dfrac{2.1 \times 10^6 \times 0.05}{70.05} \fallingdotseq 1{,}450\ \mathrm{kg/cm^2}$

03. 그림과 같이 길이 $l = 4$ m, 단면 8 cm×12 cm인 단순보가 균일 분포 하중 $w = 4$ kg/cm을 받을 때 최대 굽힘 응력은?

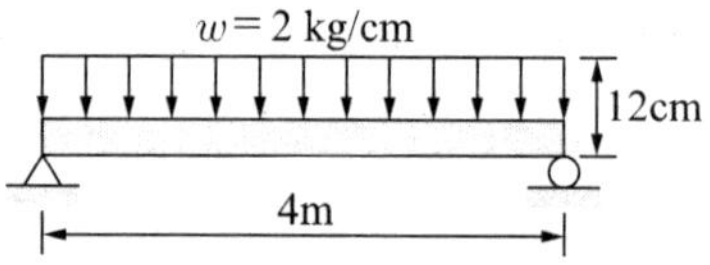


해설 $M = \sigma Z$에서

$$\sigma_{\max} = \frac{M_{\max}}{Z} = \frac{\left(\dfrac{wl^2}{8}\right)}{\left(\dfrac{bh^2}{6}\right)} = \frac{3wl^2}{4bh^2} = \frac{3 \times 2 \times 400^2}{4 \times 8 \times 12^2} \fallingdotseq 208\ \mathrm{kg/cm^2}$$

04. 길이 1.5 m의 양단지지 단순보의 중앙에 60 kg의 집중 하중이 작용한다. 지름이 5 cm인 원형 단면의 보일 때 최대 휨 응력은?

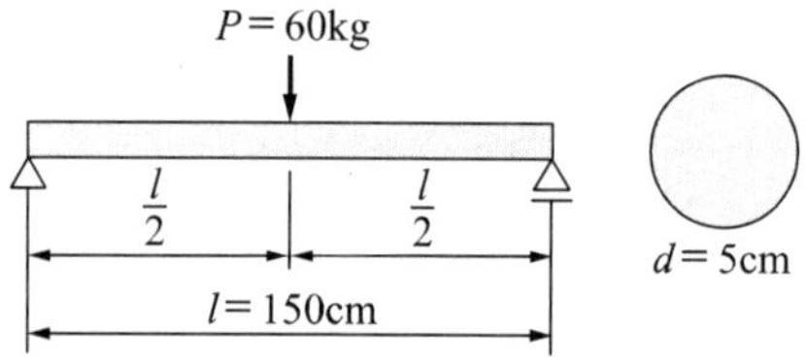


해설 $M_{\max} = \dfrac{Pl}{4} = \dfrac{60 \times 150}{4} = 2{,}250\ \mathrm{kg \cdot cm}$

$Z = \dfrac{\pi d^3}{32} = \dfrac{\pi \times 5^3}{32} = 12.27\ \mathrm{cm^3}$

결국, $M = \sigma Z$에서

$\sigma_{\max} = \dfrac{M_{\max}}{Z} = \dfrac{2{,}250}{12.27} = 183.37\ \mathrm{kg/cm^2}$

**05.** 양단 단순지지의 원형 단면 강재 보가 자중에 의하여 항복되는 경우 보의 길이($l$)와 지름($d$)간에는 어떤 관계가 있는가?(단, 단위 체적당의 무게를 $\rho$로 하고 $\sigma_Y$: 항복 응력이다.)

해설 $w = \gamma A = \rho \cdot \dfrac{\pi d^2}{4}$ 이므로

$M = \sigma Z$에서

$$\frac{wl^2}{8} = \sigma_Y \times \frac{\pi d^3}{32}$$

$$\frac{l^2}{8} \times \rho \cdot \frac{\pi d^2}{4} = \sigma_Y \times \frac{\pi d^3}{32}$$

$$\rho l^2 = \sigma_Y \cdot d$$

결국, $d = \rho l^2 / \sigma_Y$

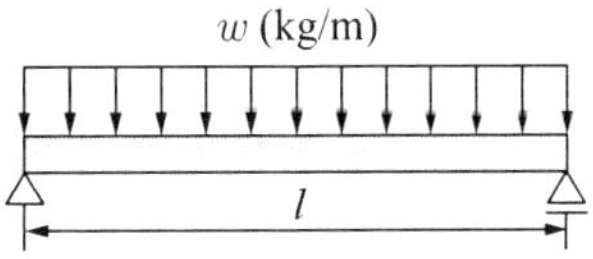


**06.** 그림과 같은 단순 지지보에서 $m-m$ 단면에 생긴 최대 굽힘 응력이 375 kg/cm$^2$이었다. 이 보의 단면을 정사각형이라고 할 때 그 한 변의 길이는 얼마인가?

해설 $R_A = \dfrac{50 \times 50}{100} = 25$ kg, $R_B = \dfrac{50 \times 50}{100} = 25$ kg

$M_{m-m} = R_B \times 25 = 25 \times 25 = 625$ kg · cm

결국, $M = \sigma Z$에서 $\sigma_{m-m} = \dfrac{M_{m-m}}{Z} = \dfrac{625}{\dfrac{a^3}{6}} = 375$

$\therefore a = 2.15$ cm $= 21.5$ mm

07. 스팬(span)의 길이 $l=4$ m인 단순보(simple beam)의 중앙에 집중하중 $P=4.5$ ton이 작용하고 있을 때 최대 전단 응력은 얼마인가?(단, 직사각형 보의 단면은 $b=10$ cm, $h=15$ cm이다.)

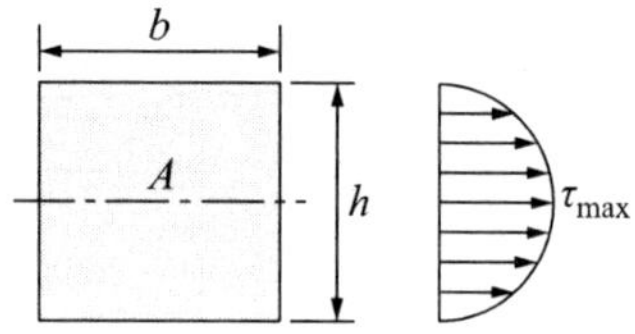


해설 $\tau_{max}=\dfrac{3}{2}\,,\ \dfrac{F_{max}}{A}=\dfrac{3}{2}\times\dfrac{2,000}{10\times 15}=20\ \text{kg/cm}^2$

단, $R_A=R_B=\dfrac{P}{2}=\dfrac{4,500}{2}=2,250\ \text{kg}=F_{max}$

08. 그림과 같이 지름 50 mm인 연강봉의 일단을 고정하고 50 kg의 비틀림 하중을 작용시킬 때 이 봉에 대한 전단 응력은 얼마인가?(단, 자중은 무시한다.)

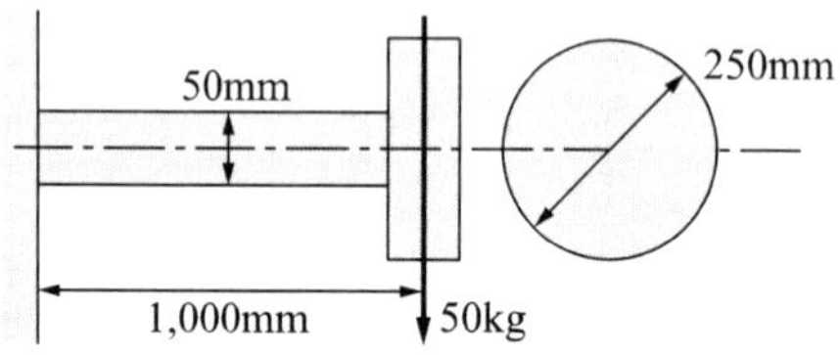


해설 $T=50\times\dfrac{250}{2}=6,250\ \text{kg}\cdot\text{mm}$

$M=50\times 1,000=50,000\ \text{kg}\cdot\text{mm}$

$T_e=\sqrt{M^2+T^2}=\sqrt{50,000^2+6,250^2}=50,389.11\ \text{kg}\cdot\text{mm}$

결국, $\tau=\dfrac{T_e}{Z_p}=\dfrac{50,389.11}{\left(\dfrac{\pi\times 50^3}{16}\right)}=2.05\ \text{kg/mm}^2=205\ \text{kg/cm}^2$

09. 길이 $l=2$ m이고 지름 $d=25$ mm인 원형 단면 보의 중앙에 집중 하중 600 kg이 작용할 때 최대 굽힘 응력은 얼마인가?(단, 보는 단순지지되어 있다.)

해설 $M=\sigma Z$에서

$$\sigma_{max}=\frac{M_{max}}{Z}=\frac{\left(\frac{600\times 2,000}{4}\right)}{\left(\frac{\pi\times 25^3}{32}\right)}=195.57\ \mathrm{kg/mm^2}$$

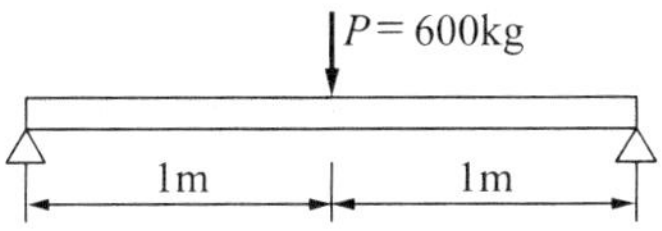


10. 길이 $l=60$ cm, 지름 $d=2$ cm인 원형 단면의 양단 지지보의 중앙에 몇 kg의 하중을 가할 수 있는가?(단, 허용 응력은 800 kg/cm$^2$이다.)

해설 $M=\sigma Z$에서 $\frac{P\times 60}{4}=800\times\frac{\pi\times 4^3}{32}$ $\quad\therefore P=335.1$ kg

11. 직사각형 단면의 양단 지지보가 중앙에 집중 하중 $P$를 받을 때 보의 길이 $l$이 단면의 높이 $h$의 $10$배라고 하면, 보에 생기는 최대 굽힘 응력 $\sigma_{max}$과 최대 전단 응력 $\tau_{max}$의 비는 얼마인가?

해설 우선 $M=\sigma Z$에서 $\sigma_{max}=\frac{M_{max}}{Z}=\frac{\left(\frac{Pl}{4}\right)}{\left(\frac{bh^2}{6}\right)}=\frac{3Pl}{2bh^2}$

또는 $\tau_{max}=\frac{3}{2}\times\frac{F_{max}}{A}=\frac{3}{2}\times\frac{\left(\frac{P}{2}\right)}{bh}=\frac{3P}{4bh}$

결국 $\dfrac{\sigma_{\max}}{\tau_{\max}} = \dfrac{\left(\dfrac{3Pl}{2bh^2}\right)}{\left(\dfrac{3P}{4bh}\right)} = \dfrac{2l}{h} = \dfrac{2 \times 10h}{h} = 20$

12. 길이 90 cm, 지름 8 cm인 원형 단면 외팔보의 자유단에 100 kg의 집중 하중이 작용하는 동시에 1,500 kg·cm의 비틀림 모멘트도 작용할 때 최대 수직 응력은 몇 $\mathrm{kg/cm^2}$인가?

해설 $M = 100 \times 90 = 9{,}000\ \mathrm{kg \cdot cm}$

$T = 1{,}500\ \mathrm{kg \cdot cm}$

$M_e = \dfrac{1}{2}\left(M + \sqrt{M^2 + T^2}\right) = \dfrac{1}{2}\left(9{,}000 + \sqrt{9{,}000^2 + 1{,}500^2}\right) = 9{,}062.07\ \mathrm{kg \cdot cm}$

결국 $M = \sigma Z$에서

$\sigma_{\max} = \dfrac{M_e}{Z} = \dfrac{9{,}062.07}{\left(\dfrac{\pi \times 8^3}{32}\right)} = 180.28\ \mathrm{kg/cm^2}$

13. 지름 16 cm인 강제 환축(丸軸)에 120 kg·m의 굽힘 모멘트와 240 kg·m의 비틀림 모멘트가 동시에 작용할 때 최대 주응력과 최대 전단 응력은 각각 몇 $\mathrm{kg/cm^2}$인가?

해설 $M_e = \sigma_{\max} \cdot Z$에서 $\sigma_{\max} = \dfrac{M_e}{Z} = \dfrac{32 \times 19{,}416.5}{\pi \times 16^3} = 48.3\ \mathrm{kg/cm^2}$

$T_e = \tau_{\max} \cdot Z_p$에서 $\tau_{\max} = \dfrac{T_e}{Z_p} = \dfrac{16 \times 26{,}833}{\pi \times 16^3} = 33.4\ \mathrm{kg/cm^2}$

$T_e = \sqrt{M^2 + T^2} = \sqrt{120^2 + 240^2} = 268.33\ \mathrm{kg \cdot m} = 26{,}833\ \mathrm{kg \cdot cm}$

$M_e = \dfrac{1}{2}(M + T_e) = \dfrac{1}{2}(120 + 268.33) = 194.165\ \mathrm{kg \cdot m} = 19{,}416.5\ \mathrm{kg \cdot cm}$

14. 폭과 높이가 $b \times h = 20\ \text{cm} \times 10\ \text{cm}$인 직사각형 단면의 단순보가 있다. 보의 길이가 4 m이며 중앙에 집중 하중 2,000 kg이 작용할 때 보에 발생하는 최대 굽힘 응력은 얼마인가?(단, 재료의 비중량 $\gamma = 8 \times 10^{-3}\ \text{kg/cm}^3$이다.)

해설 $M = \sigma Z$에서

$$\sigma_{max} = \frac{M_{max}}{Z} = \frac{\left(\frac{Pl}{4} + \frac{wl^2}{8}\right)}{Z} = \frac{\left(\frac{2,000 \times 400}{4} + \frac{1.6 \times 400^2}{8}\right)}{\left(\frac{20 \times 10^2}{6}\right)} = 696\ \text{kg/cm}^2$$

15. 매분 600회전하여 50 kW를 전달시키는 축이 10,000 kg·mm의 굽힘 모멘트를 받는다고 하면 축 지름은 얼마인가?(단, 재료의 허용 응력을 각각 $\tau_a = 3\ \text{kg/mm}^2$, $\sigma_a = 5\ \text{kg/mm}^2$이라 한다.)

해설 $T = 974,000 \times \frac{50}{600} = 81,166.67\ \text{kg} \cdot \text{mm}$

$$T_e = \sqrt{M^2 + T^2} = \sqrt{10,000^2 + 81,166.67^2} = 81,780.37\ \text{kg} \cdot \text{mm}$$

$$M_e = \frac{1}{2}(M + T_e) = \frac{1}{2}(10,000 + 81,780.37) = 45,890.19\ \text{kg} \cdot \text{mm}$$

$$d = \sqrt[3]{\frac{16T_e}{\pi\tau_a}} = \sqrt[3]{\frac{16 \times 81,780.37}{\pi \times 3}} = 52\ \text{mm}$$

$$d = \sqrt[3]{\frac{32M_e}{\pi\sigma_a}} = \sqrt[3]{\frac{32 \times 45,890.19}{\pi \times 5}} = 45\ \text{mm}$$

결국, 둘 중에서 큰 값을 선정하면 $d = 52\ \text{mm}$

16. 중실 원형축이 6,000 kg·cm의 비틀림 모멘트와 3,000 kg·cm의 굽힘 모멘트를 동시에 받을 때 상당 비틀림 모멘트는?

해설 $T_e = \sqrt{M^2 + T^2} = \sqrt{3,000^2 + 6,000^2} = 6,708.2\ \text{kg} \cdot \text{cm}$

**17.** 원형 단면의 단순보가 그림과 같은 등분포 하중을 받고 있다. 사용 응력이 800 kg/cm$^2$일 때의 안전 지름은?

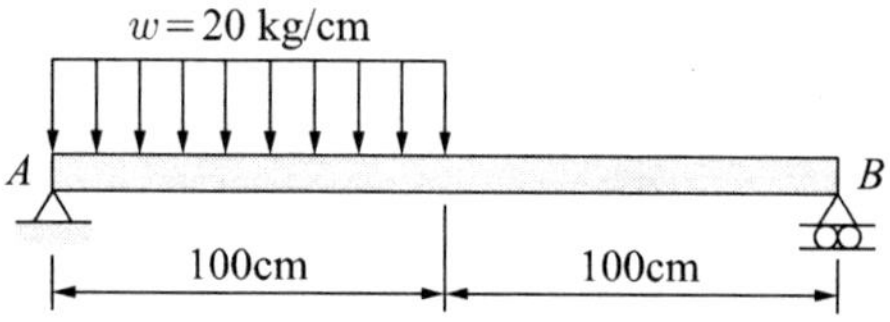


**해설** $R_A = \dfrac{20 \times 100 \times 150}{100 + 100} = 1{,}500 \text{ kg}$

또한, $F_x = 0$인 위치에서 $M_{\max}$이 발생하므로

$$F_x = R_A - wx = 0 \qquad \therefore x = \frac{R_A}{w} = \frac{1{,}500}{20} = 75 \text{ cm}$$

$$M_{\max} = R_A \cdot x - wx \cdot \frac{x}{2} = 1{,}500 \times 75 - 20 \times 75 \times \frac{75}{2} = 56{,}250 \text{ kg} \cdot \text{cm}$$

결국 $M = \sigma Z$에서

$$d = \sqrt[3]{\frac{32 M_{\max}}{\pi \sigma_a}} = \sqrt[3]{\frac{32 \times 56.250}{\pi \times 800}} = 8.95 \text{ cm}$$

**18.** 지름 $d$=10 cm인 차축에 굽힘 모멘트 $M$=200 kg·m, 비틀림 모멘트 150 kg·m가 동시에 작용할 때 주응력의 값은?

**해설** $M_e = \dfrac{1}{2}\left(M + \sqrt{M^2 + T^2}\right) = \dfrac{1}{2}\left(200 + \sqrt{200^2 + 150^2}\right) = 225 \text{ kg} \cdot \text{m}$

$= 22{,}500 \text{ kg} \cdot \text{cm}$

결국, $M_e = \sigma_e Z$에서

$$\sigma_e = \sigma_{\max} = \frac{M_e}{Z} = \frac{22{,}500}{\left(\dfrac{\pi \times 10^3}{32}\right)} = 229.18 \text{ kg/cm}^2$$

19. 지름이 25 mm인 실제원축이 50 kg·m의 굽힘 모멘트를 동시에 받을 때 생기는 최대 전단응력 $\tau_{\max}$은 얼마 정도인가?(단, 비틀림 하중은 400 kg이다.)

해설 상당 비틀림 모멘트 $T_e = \sqrt{M^2 + T^2} = \sqrt{50^2 + 20^2} = 53.85 \text{ kg} \cdot \text{m}$

결국 $\tau_{\max} = \dfrac{T_e}{Z_p} = \dfrac{16\,T_e}{\pi d^3} = \dfrac{16 \times 53.85 \times 10^3}{\pi \times 25^3} = 17.55 \text{ kg/mm}^2$

20. 그림과 같은 단면을 가진 외팔보가 있다. 그 단면에 전단력 $V$=3,000 kg이 발생한다면 단면 $ab$ 위에 발생하는 전단 응력은?

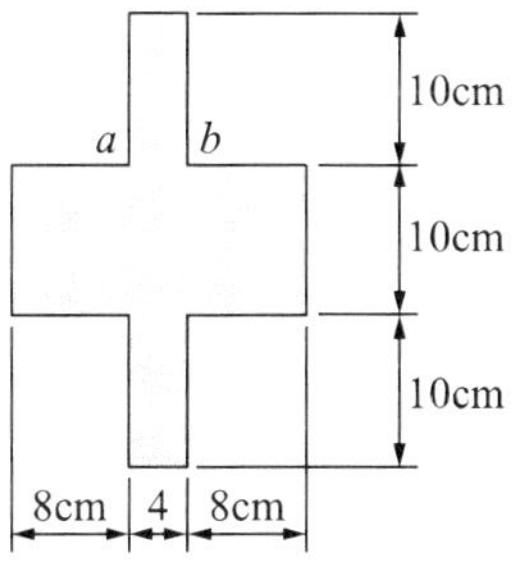


해설 $\tau = \dfrac{F \cdot Q}{bI}$ 에서

$F = V = 3{,}000 \text{ kg}$

$Q = A\bar{y} = 4 \times 10 \times 10 = 400 \text{ cm}^3 \quad b = 4 \text{ cm}$

$I = \dfrac{4 \times 30^3}{12} + \dfrac{8 \times 10^2}{12} \times 2 = 10{,}333.33 \text{ cm}^4$

결국, $\tau = \dfrac{F \cdot Q}{bI} = \dfrac{3{,}000 \times 400}{4 \times 10{,}333.33} = 29.03 \text{ kg/cm}^2$

Chapter

# 08 보의 처짐

보에 수직하중이 작용하면 보의 축 중심선이 구부러져 곡선이 되는데 이 구부러진 중심선을 처짐곡선(Deflection Curve) 또는 탄성곡선(Elastic Linc) 이라 하고 구부러지기 전의 중심선과 구부러진 곡선까지의 수직변위를 처짐(Deflection)이라 한다. 처짐량을 구하는 방법에는 ① 처짐곡선의 미분 방정식을 풀어서 구하는 방법 ② 면적 모멘트에 의한 방법 ③ 탄성에너지를 이용하는 방법이 있고, 처짐량이 하향이면 (+), 상향이면 (−) 부호로, 처짐각은 시계방향이면 (+), 반시계방향이면 (−) 부호를 사용한다.

## 8.1 처짐곡선의 미분방정식

$$\frac{d^2y}{dx^2} = -\frac{M}{EI}$$ : 처짐곡선(탄성곡선)의 미분방정식

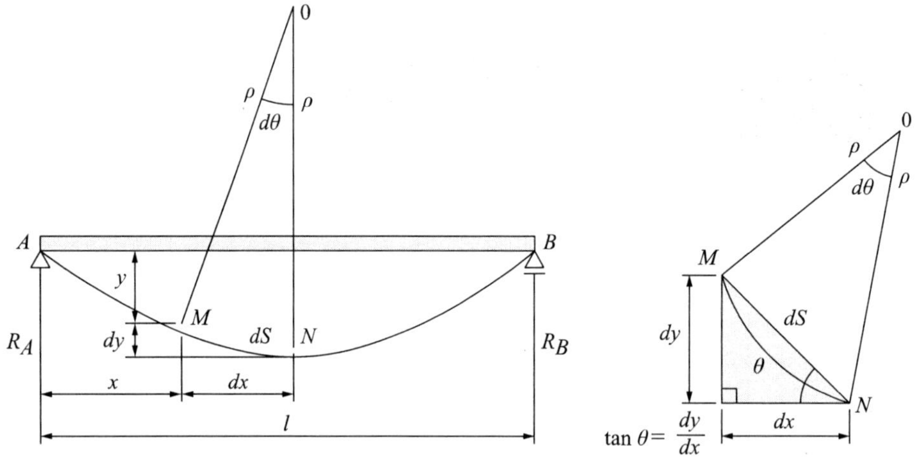


[그림 8.1] 처짐곡선의 미분방정식

| 굽힘모멘트($M$) | $EI\frac{d^2y}{dx^2}$ | $EI\frac{d^2y}{dx^2}=-M$ |
|---|---|---|
| 처짐각($\theta$) | $EI\frac{dy}{dx}$ | $EI\frac{dy}{dx}=-\int Mdx$ |
| 처짐량($\delta$) | $EIy$ | $EIy=-\iint Mdx \cdot dx$ |
| 전단력($F$) | $EI\frac{d^3y}{dx^3}$ | $EI\frac{d^3y}{dx^3}=-\frac{dM}{dx}=-F$ |
| 분포하중($w$) | $EI\frac{d^4y}{dx^4}$ | $EI\frac{d^4y}{dx^4}=-\frac{d^2M}{dx^2}=-\frac{dF}{dx}=w$ |

## 8.1.1 외팔보

### 1) 집중하중을 받는 경우

$$EI\frac{d^2y}{dx^2}=-M=Px,\ EI\frac{dy}{dx}=\frac{Px^2}{2}+C_1,\ EIy=\frac{Px^3}{6}+C_1x+C_2$$

점 $B$ 즉, $x=l$일 때 $\frac{dy}{dx}=0$이므로 $C_1=-\frac{Pl^2}{2}$이고, $y=0$이므로

$C_2 = \dfrac{Pl^3}{3}$ 이 된다. 정리하면 $\dfrac{dy}{dx} = \dfrac{P}{2EI}(x^2 - l^2)$, $y = \dfrac{P}{6EI}(x^3 - 3l^2x + 2l^3)$

최대 처짐각과 최대 처짐량은 $x = 0$일 때 일어나므로

$$\theta = \frac{Pl^2}{2EI},\ \delta = \frac{Pl^3}{3EI}$$

### 2) 등분포하중을 받는 경우

$$M = -EI\frac{d^2y}{dx^2} = -\frac{Wx^2}{2}$$

$$\theta = \left(\frac{dy}{dx}\right)_{max} = -\frac{Wl^3}{6EI},\ \delta_{max} = y_{max} = \frac{Wl^4}{8EI}$$

| | 그림 | 처짐각($\theta$) | 처짐량($\delta$) |
|---|---|---|---|
| 집중하중 | 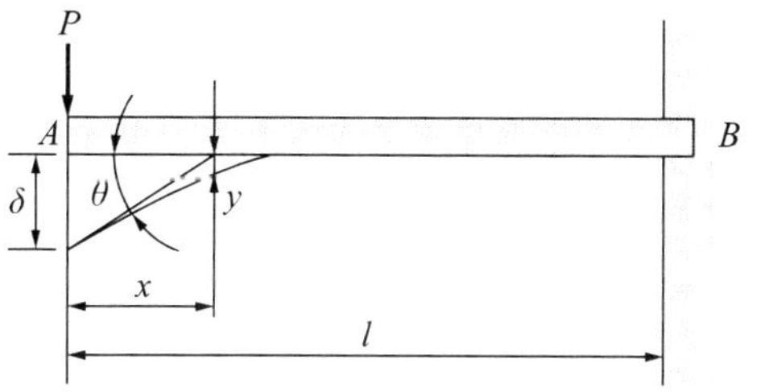 | $\theta = \dfrac{Pl^2}{2EI}$ | $\delta = \dfrac{Pl^3}{3EI}$ |
| 등분포 하중 | 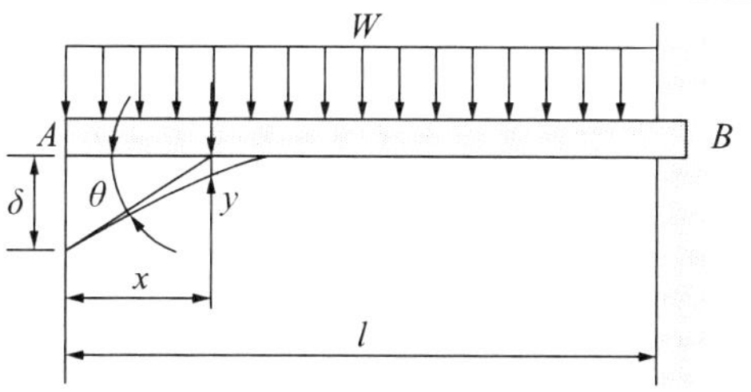 | $\theta = -\dfrac{Wl^3}{6EI}$ | $\delta_{max} = \dfrac{Wl^4}{8EI}$ |

## 8.1.2 단순보

### 1) 집중하중을 받는 경우

$$M = -EI\frac{d^2y}{dx^2} = -\frac{P}{2}x$$

$x = \frac{l}{2}$일 때 $\frac{dy}{dx} = 0$이고 $x = 0$일 때 $y = 0$이다.

$$\theta_{max} = \left(\frac{dy}{dx}\right)_{max} = -\frac{Pl^2}{16EI}, \quad \delta_{max} = y_{max} = -\frac{Pl^3}{48EI}$$

### 2) 등분포하중을 받는 경우

$$M = -EI\frac{d^2y}{dx^2} = -\frac{Wl}{2}x - \frac{Wx^2}{2}$$

$x = \frac{l}{2}$일 때 $\frac{dy}{dx} = 0$이고 $x = 0$일 때 $y = 0$이다.

$$\theta_{max} = \left(\frac{dy}{dx}\right)_{max} = -\frac{Wl^3}{24EI}, \quad \delta_{max} = y_{max} = -\frac{5Wl^4}{384EI}$$

| | 그림 | 처짐각($\theta$) | 처짐량($\delta$) |
|---|---|---|---|
| 집중하중 | 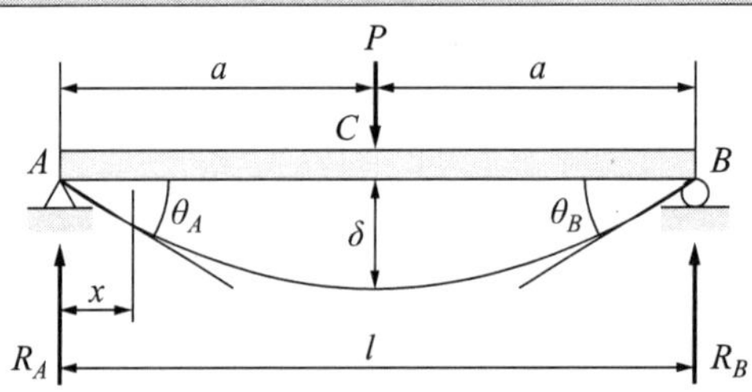  | $\theta_{max} = -\frac{Pl^2}{16EI}$ | $\delta_{max} = -\frac{Pl^3}{48EI}$ |
| 등분포 하중 | 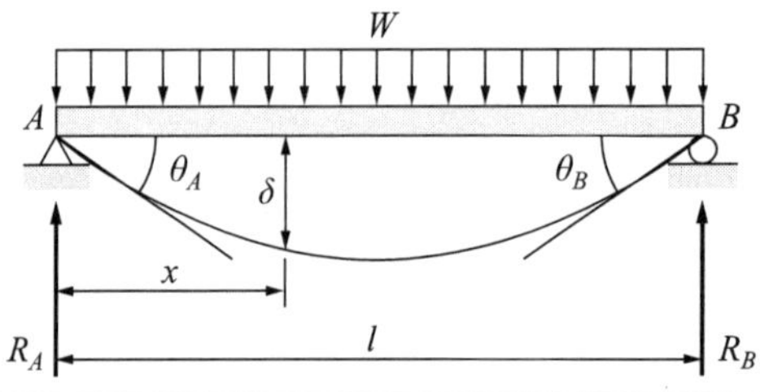  | $\theta_{max} = -\frac{Wl^3}{24EI}$ | $\delta_{max} = -\frac{5Wl^4}{384EI}$ |

## 8.2 면적 모멘트법

굽힘모멘트 선도($B.M.D$)를 이용하여 처짐각($\theta$), 처짐량($\delta$)을 구한다.

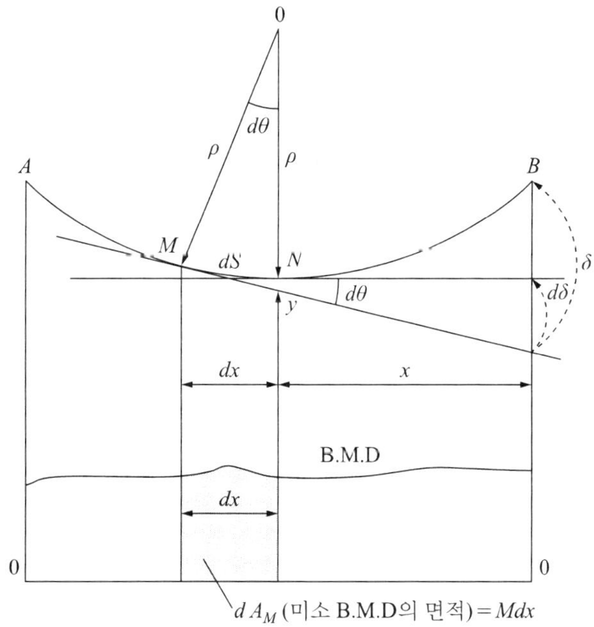


[그림 8.2] 면적 모멘트법

- 처짐각($\theta$)

그림에서 $dS=\rho d\theta$ 즉, $\frac{1}{\rho}=\frac{d\theta}{dS}=\frac{d\theta}{dx}=\frac{M}{EI}(dS \fallingdotseq dx)$

$$\therefore d\theta=\frac{Mdx}{EI}=\frac{dA_M}{EI}$$

양변을 적분하면 $\int_A^B d\theta=\int_A^B \frac{dA_M}{EI}$

결국, $\theta=\frac{A_M}{EI}$ 여기서, $A_M$ : 굽힘모멘트 선도($B.M.D$)의 면적

- 처짐량($\delta$)

그림에서 비례식을 이용하면 $y : dx = d\delta : (x + dx)$에서

$$d\delta = \frac{y(x+dx)}{dx} = \frac{dx \cdot d\theta(x+dx)}{dx} = x \cdot d\theta + d\theta \cdot dx = x \cdot d\theta$$

$$= x\frac{dA_M}{EI}$$

양변을 적분하면 $\int_A^B d\delta = \int_A^B \frac{x dA_M}{EI}$

결국, $\delta = \bar{x}\frac{A_M}{EI}$

여기서, $A_M$ : 굽힘모멘트 선도($B.M.D$)의 면적

$\bar{x}$ : 처짐량을 구하고자하는 위치로부터 굽힘모멘트 선도($B.M.D$) 도심점까지의 거리

## 8.2.1 외팔보

### 1) 집중하중을 받는 경우

$$\theta = \frac{A_M}{EI} = \frac{1}{EI}\left(\frac{1}{2}Pll\right) = \frac{Pl^2}{2EI}$$

$$\delta = \bar{x}\frac{A_M}{EI} = \frac{1}{EI}\left(\frac{2l}{3} \cdot \frac{Pl^2}{2}\right) = \frac{Pl^3}{3EI}$$

### 2) 등분포하중을 받는 경우

$$\theta = \frac{A_M}{EI} = \frac{1}{EI}\left(\frac{1}{3} \cdot \frac{wl^2}{2} \cdot l\right) = \frac{wl^3}{6EI}$$

$$\delta = \bar{x}\frac{A_M}{EI} = \frac{1}{EI}\left(\frac{3l}{4} \cdot \frac{wl^3}{6}\right) = \frac{wl^4}{8EI}$$

| | 그림 | 처짐각($\theta$) | 처짐량($\delta$) |
|---|---|---|---|
| 집중하중 | 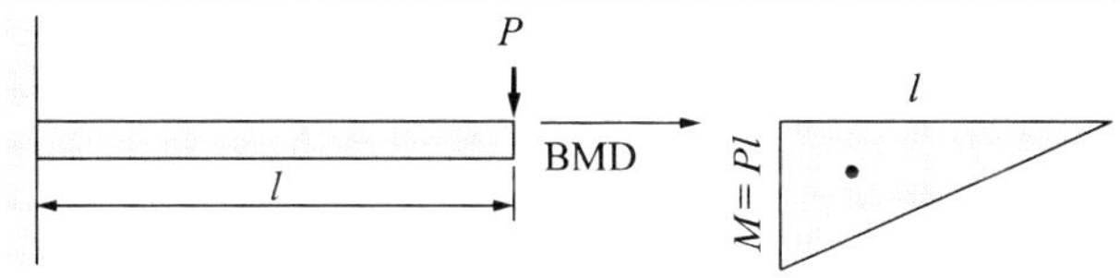 | $\theta = \dfrac{Pl^2}{2EI}$ | $\delta = \dfrac{Pl^3}{3EI}$ |
| 등분포 하중 | 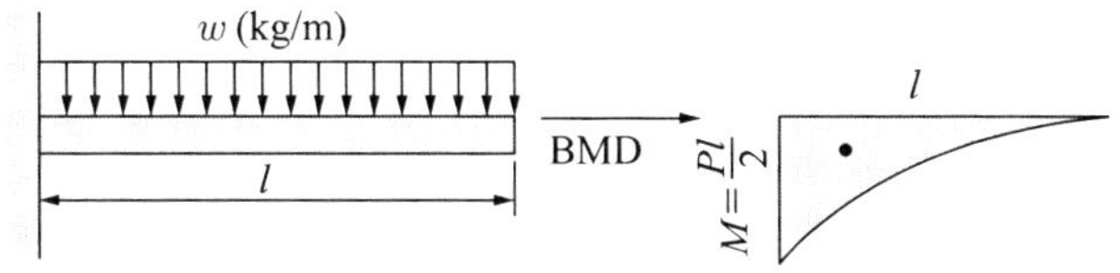 | $\theta = \dfrac{wl^3}{6EI}$ | $\delta = \dfrac{wl^4}{8EI}$ |

## 8.2.2 단순보

### 1) 집중하중을 받는 경우

$$\theta - \frac{A_M}{EI}\left(\frac{1}{2} \cdot \frac{l}{2} \cdot \frac{Pl}{4}\right) - \frac{Pl^2}{16EI}$$

$$\delta' = \bar{x}\frac{A_M}{EI} = \frac{1}{EI}\left(\frac{l}{6} \cdot \frac{Pl^2}{16}\right) = \frac{Pl^3}{96EI}$$

$$\delta = \frac{l\theta}{2} - \delta' = \frac{Pl^3}{32EI} - \frac{Pl^3}{96EI} = \frac{Pl^3}{48EI}$$

### 2) 등분포하중을 받는 경우

$$\theta = \frac{A_M}{EI} = \frac{Pl^3}{24EI}, \quad \delta = \frac{5wl^4}{384EI}$$

| | 그림 | 처짐각($\theta$) | 처짐량($\delta$) |
|---|---|---|---|
| 집중하중 | 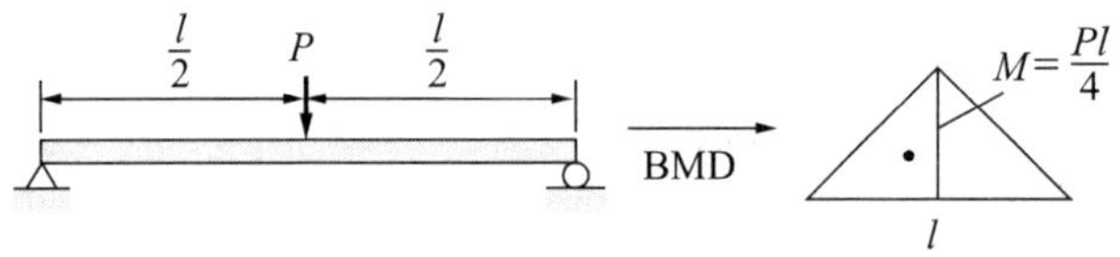 | $\theta = \dfrac{Pl^2}{16EI}$ | $\delta = \dfrac{Pl^3}{48EI}$ |
| 등분포 하중 | 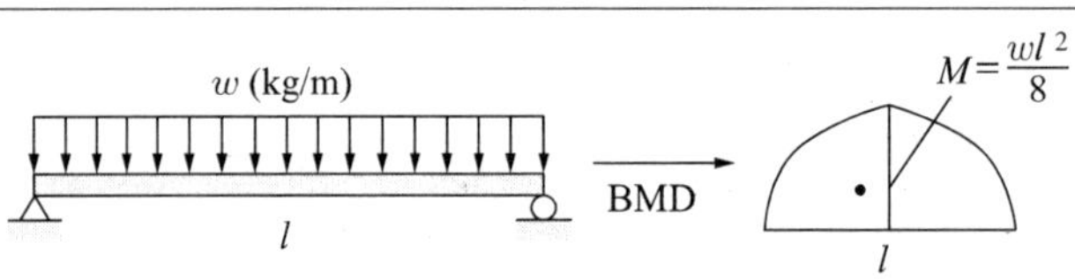 | $\theta = \dfrac{Pl^3}{24EI}$ | $\delta = \dfrac{5wl^4}{384EI}$ |



**굽힘모멘트 선도의 면적과 도심점**

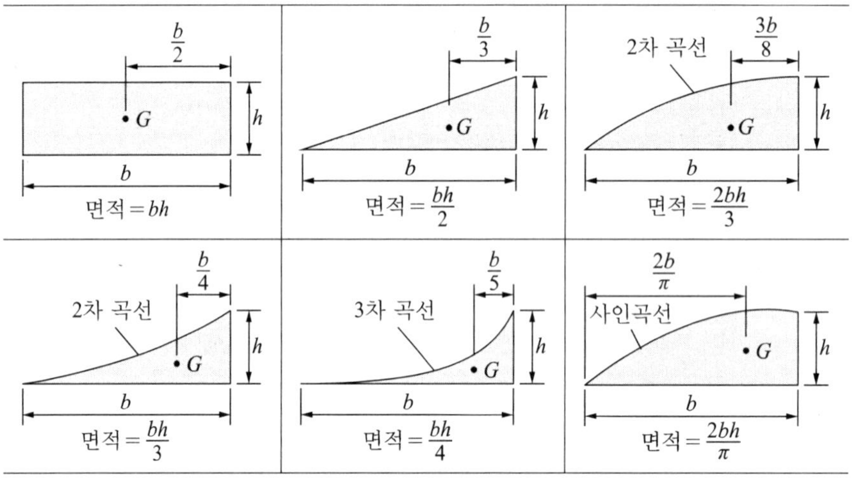


## 8.2.3 중첩법

한 개의 보에 여러 가지 다른 하중들이 동시에 작용하는 경우 이들 보의 처짐량은 각각의 하중이 따로 작용할 때의 보의 처짐량을 합하여 구하는데, 이러한 방법을 중첩법 또는 겹침법이라 한다.

### 1) 여러 개의 집중하중을 받는 외팔보

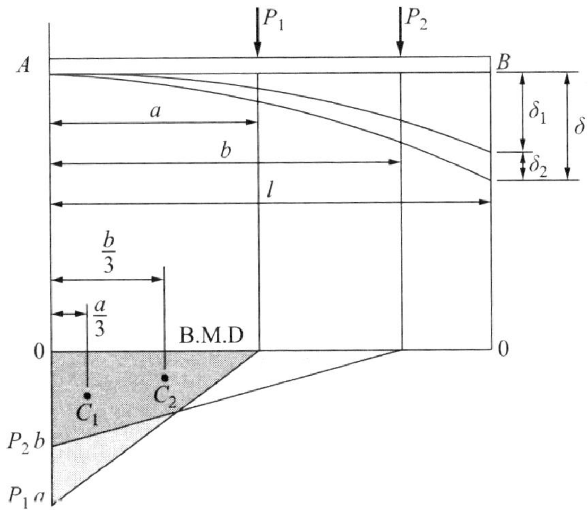


[그림 8.3] 집중하중인 경우

우선, 하중 $P_1$만 작용하는 경우는

$$\theta_1 = \frac{A_M}{EI} = \frac{1}{EI} \times \frac{1}{2} \times P_1 \cdot a \cdot a = \frac{P_1 a^2}{2EI}$$

$$\delta_1 = \theta_1 \overline{x_1} = \frac{P_1 a^2}{2EI}\left(l - \frac{a}{3}\right) = \frac{P_1 a^2 (3l - a)}{6EI}$$

또한 하중 $P_2$만 작용하는 경우는

$$\theta_2 = \frac{A_M}{EI} = \frac{1}{EI} \times \frac{1}{2} \times P_2 \cdot b \cdot b = \frac{P_2 b^2}{2EI}$$

$$\delta_2 = \theta_2 \overline{x_2} = \frac{P_2 b^2}{2EI}\left(l - \frac{b}{3}\right) = \frac{P_2 b^2 (3l - b)}{6EI}$$

결국, 최대 처짐량은 $P_1$이 작용하는 경우와 $P_2$와 작용하는 경우를 합하면 된다.

$$\theta = \theta_1 + \theta_2 = \frac{P_1 a^2}{2EI} + \frac{P_2 b^2}{2EI}$$

$$\delta = \delta_1 + \delta_2 = \frac{P_1 a^2(3l-a)}{6EI} + \frac{P_2 b^2(3l-b)}{6EI}$$

### 2) 불균일 단면보의 집중하중

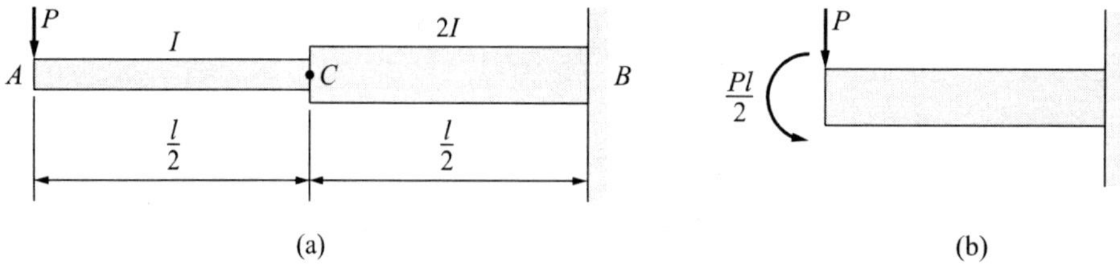


[그림 8.4] 불균일 단면보의 집중하중

외팔보의 자유단에서의 처짐량은 두 단계에 의해 구해진다. 처음에 보가 $C$ 점에서 고정되어 이 점에서는 처짐량도 없고 처짐각도 없다고 가정한다. 다음에는 외팔보로 간주하여 $AC$의 굽힘에 의한 $A$점의 처짐량을 계산한다. 여기에서 보의 길이는 $\frac{l}{2}$이므로 처짐량 $\delta_1$은 다음과 같다.

$$\delta_1 = \frac{P\left(\frac{l}{2}\right)^3}{EI} = \frac{Pl^3}{24EI}$$

또한 보의 $CB$부분 역시 외팔보와 같이 거동하며 $A$점의 처짐량에 영향을 준다. 이때 $C$점에서의 처짐량 $\delta_c$와 처짐각 $\theta_c$는 다음과 같다.

$$\delta_c = \frac{P\left(\frac{l}{2}\right)^3}{3(2EI)} + \frac{\left(\frac{Pl}{2}\right)\left(\frac{l}{2}\right)^2}{2(2EI)} = \frac{5Pl^3}{96EI}$$

$$\theta_c = \frac{P\left(\frac{l}{2}\right)^2}{2(2EI)} + \frac{\left(\frac{Pl}{2}\right)\left(\frac{l}{2}\right)}{2EI} = \frac{3Pl^2}{16EI}$$

처짐량 $\delta_c$와 처짐각 $\theta_c$는 하중 $P$의 작용점에서의 처짐량에 $\delta_2$만큼의 추가적인 값을 주게 된다.

즉, $\delta_2 = \delta_c + \theta_c\left(\frac{l}{2}\right) = \frac{14Pl^3}{96EI}$

결국, 자유단 $A$점에서의 전체 처짐량은 다음과 같다.

$$\delta_A = \delta_1 + \delta_2 = \frac{Pl^3}{24EI} + \frac{14Pl^3}{96EI} = \frac{3Pl^3}{16EI}$$

## 8.3 굽힘 탄성에너지

보 위에 하중이 작용하면 보는 구부러지고 하중에 의하여 일을 하게 된다. 이 일은 변형에너지로 보 속에 저장되며 에너지 보존의 원리에 의해 하여진 일 $W$는 저장된 변형에너지 $U$와 같아야 한다.

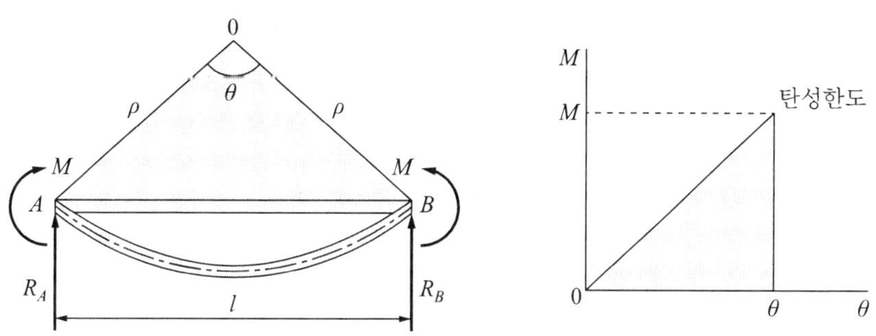


[그림 8.5] 굽힘 탄성에너지

그림에서 $l = \rho \cdot \theta$이므로 $\dfrac{1}{\rho} = \dfrac{\theta}{l} = \dfrac{M}{EI}$

$$\therefore \theta = \frac{M \cdot l}{EI}$$

여기서 $\theta$는 굽힘모멘트 $M$에 비례하므로 선도상으로 나타내면 빗금 친 부분의 면적이 보 속에 저장된 변형에너지 $U$임을 알 수 있다.

즉, $U = \dfrac{M \cdot \theta}{2} = \dfrac{M^2 l}{2EI}$

만일, 보가 순수 굽힘을 받지 않고 굽힘모멘트 $M$이 보의 길이에 따라 변한다면 미소길이 $dx$를 적분함으로써 변형에너지($U$)를 구할 수 있다.

즉, $U = \int_0^1 \frac{M^2 dx}{2EI}$

**카스틸리아노(Castigliano)의 정리**

- 처짐각 $\theta = \frac{\partial U}{\partial M_i}$

즉, 탄성에너지($U$)가 모멘트($M_i$)의 함수로 표시되면, 임의의 모멘트($M_i$)에 대한 편도함수는 처짐각($\theta$)과 같다는 것을 알 수 있다.

- 처짐량 $\delta = \frac{\partial U}{\partial P_i}$

즉, 탄성에너지($U$)가 하중($P_i$)의 함수로 표시되면 임의의 하중($P_i$)에 대한 편도함수는 처짐량($\delta$)과 같다는 것을 알 수 있다.

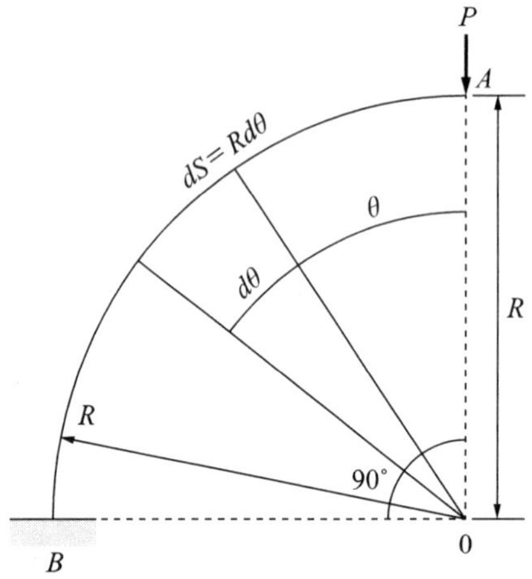


[그림 8.6] 사분 원호의 처짐각, 처짐량

그림과 같이 $B$단이 고정된 원호형 외팔보 $AB$가 그 자유단 $A$에 수직하중 $P$를 받고 있다. 이 보의 중심선은 반지름 $R$의 사분원호이다. 이 보의 굽힘변형만을 고려하여 $A$점의 처짐각과 연직 처짐량을 구하면 다음과 같다. 우선, $\theta$만큼 떨어진 곳의 모멘트를 $M_0$라 하면 $M_0 = RP\sin\theta$

그러므로 $U = \int_0^{\frac{\pi}{2}} \frac{{M_0}^2 R d\theta}{2EI} = \frac{{M_0}^2 R}{2EI}[\theta]^{\frac{\pi}{2}}_0 = \frac{\pi {M_0}^2 R}{4EI}$

결국, 처짐각 $\theta = \dfrac{\partial U}{\partial M_i} = \dfrac{\pi \cdot 2M_0R}{4EI} = \dfrac{\pi M_0 R}{2EI}$

또한 처짐량을 구해보면

$$U = \int_0^{\frac{\pi}{2}} \frac{{M_0}^2 R d\theta}{2EI} = \int_0^{\frac{\pi}{2}} \frac{P^2R^3 \sin^2\theta \cdot d\theta}{2EI} = \frac{P^2R^3}{2EI}\int_0^{\frac{\pi}{2}} \sin^2\theta d\theta$$

$$= \frac{P^2R^3}{2EI}\int_0^{\frac{\pi}{2}} \frac{1}{2}(1-\cos 2\theta)d\theta = \frac{P^2R^3}{4EI}\left[\theta - \frac{1}{2}\sin 2\theta\right]_0^{\frac{\pi}{2}}$$

$$= \frac{\pi P^2 R^3}{8EI}$$

결국, 처짐량 $\delta = \dfrac{\partial U}{\partial P_i} = \dfrac{\pi 2PR^3}{8EI} = \dfrac{\pi PR^3}{4EI}$

Chapter 08

# 연습 문제

01. 폭 30 cm, 높이 10 cm, 길이 150 cm인 외팔보의 자유단에 600 kg의 집중하중을 작용시킬 때의 최대 힘은?(단, $E = 2 \times 10^6$ kg/cm$^2$이다.)

해설 $\delta_{\max} = \dfrac{Pl^3}{3EI} = \dfrac{600 \times 150^3}{3 \times 2.1 \times 10^6 \times \dfrac{30 \times 10^3}{12}} ≒ 0.13\ \text{cm}$

02. 그림과 같은 외팔보에서 자유단에 집중하중 100 kg을 받고 최대 처짐이 0.215 cm이었다. 이 보의 자중은 cm당 몇 kg인가?(단, 이 재료의 세로 탄성계수 $E = 2 \times 10^6$ kg/cm$^2$, 스팬 $l = 50$ cm, 단면은 $b \times h = 2$ cm $\times$ 4cm이다.)

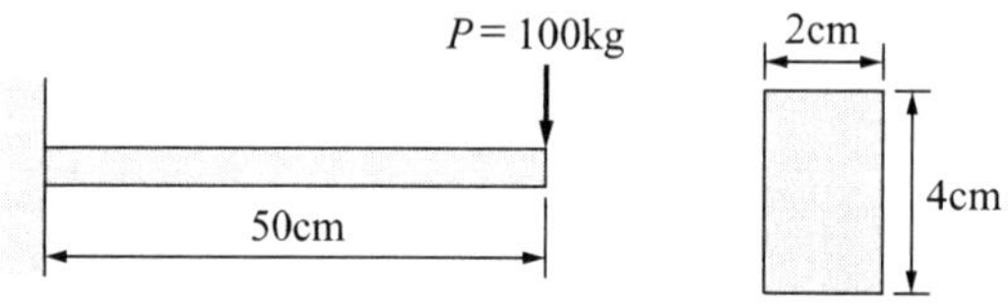


해설 집중하중과 균일분포하중이 동시에 작용하므로

$\delta_{\max} = \dfrac{Pl^3}{3EI} + \dfrac{wl^4}{8EI}$에서

$$0.215 = \frac{100 \times 50^3}{3 \times 2 \times 10^6 \times \dfrac{2 \times 4^3}{12}} + \frac{w \times 50^4}{8 \times 2 \times 10^6 \times \dfrac{2 \times 4^3}{12}}$$

$\therefore w = 0.546\ \text{kg/cm}$

03. 그림과 같은 단순보의 양 지점의 처짐각은 얼마인가?(단, 보의 재질은 목재로 세로탄성계수 $E = 1\times10^5$ kg/cm$^2$이다.)

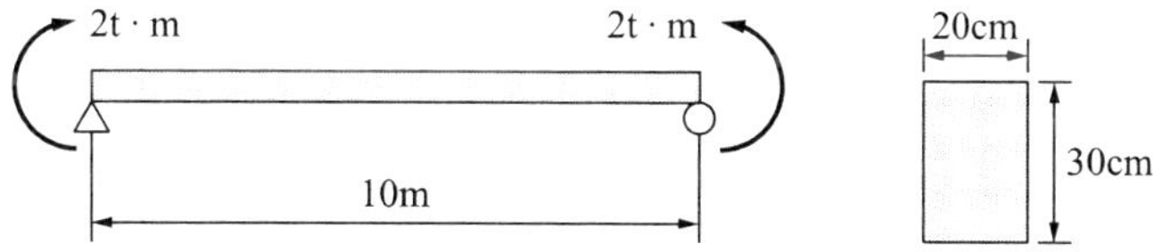


해설 양단의 모멘트 $M = 2$ t · m이므로

$$\theta = \frac{Ml}{2EI} = \frac{6Ml}{ebh^3} = \frac{6\times200,000\times1,000}{1\times10^5\times20\times30^3} = 0.022 \text{ rad}$$

04. 그림과 같은 원형단면의 외팔보 2개의 지름비가 $d_1 : d_2 = 3:4$이고, 그 밖의 치수와 재료는 서로 같다. 이 두 보가 똑같은 집중 하중 $P$를 받고 있을 때 이들 보 속에 저장되는 굽힘 전(全)변형 에너지의 비 $U_1/U_2$는 얼마인가?

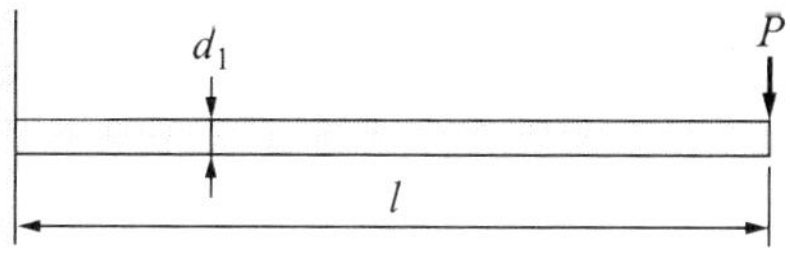


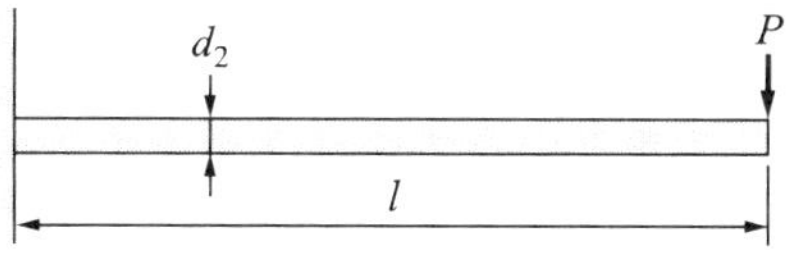


해설 $M : -Px$

$$U = \int_0^l \frac{M^2dx}{2EI} = \int_0^l \frac{P^2x^2dx}{2EI} = \frac{P^2}{2EI}\int_0^l x^2dx = \frac{P^2}{2EI}\left[\frac{x}{3}\right]^{l_0} = \frac{P^2l^3}{6EI}$$

$$U_1 : U_2 = \frac{1}{I_1} : \frac{1}{I_2} = I_2 : I_1 = \frac{\pi d_2^{\ 4}}{64} : \frac{\pi d_1^{\ 4}}{64} = d_2^{\ 4} : d_1^{\ 4} = 4^4 : 3^4 = \frac{U_1}{U_2} = \frac{4^4}{3^4}$$

$$\therefore U_1/U_2 = 3.16$$

**05.** 단면의 폭 4 cm, 높이 6 cm인 외팔보의 길이가 60 cm이다. 이 보의 자유단에 600 kg의 집중하중이 작용할 때 최대 처짐량은 얼마인가?(단, 재료의 종탄성계수 $E = 2.1 \times 10^6$ kg/cm$^2$이다.)

**해설** $\delta_{max} = \dfrac{Pl^3}{3EI} = \dfrac{600 \times 60^3}{3 \times 2.1 \times 10^6 \times \dfrac{4 \times 6^3}{12}} = 0.286\ \text{cm}$

**06.** $b \times h = 4$ cm $\times 4$ cm의 정사각형 단면을 가진 길이 1.5 m되는 외팔보의 자유단에 집중하중을 작용시켰더니 5 mm의 처짐이 생겼다. 이 보에 발생하는 최대 굽힘응력은 얼마인가?(단, 종탄성 계수 $E = 2.1 \times 10^6$ kg/cm$^2$이다.)

**해설** $\delta_{max} = \dfrac{Pl^3}{3EI} = \dfrac{Ml^2}{3EI} = \dfrac{\sigma Z l^2}{3EI}$에서

$$\sigma = \frac{3EI\delta_{max}}{Zl^2} = \frac{3 \times 2.1 \times 10^6 \times \left(\dfrac{4 \times 4^3}{12}\right) \times 0.5}{\dfrac{4 \times 4^2}{6} \times 150^2} = 280\ \text{kg/cm}^2$$

**07.** 그림과 같이 정삼각형 형태의 트러스가 길이 $l$인 두 개의 봉으로 조립되어 절점 $A$에서 수직하중 $P$를 받고 있다. 이 두 봉의 축강도 $EA$가 일정하다면 $A$점의 수직면의 $\delta_v$는?

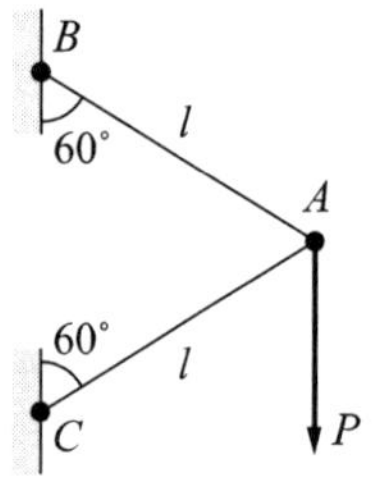

해설 탄성 에너지 $U=\frac{1}{2}P\lambda=\frac{P}{2}\times\frac{Pl}{AE}=\frac{P^2l}{2AE}$ 꼴에서

$$U_{\overline{AB}}=\frac{P^2l}{2AE},\quad U_{\overline{AC}}=\frac{P^2l}{2AE}$$

전체의 저장 탄성에너지 $U=U_{\overline{AB}}+U_{\overline{AC}}=\frac{P^2l}{2AE}+\frac{P^2l}{2AE}=\frac{P^2l}{AE}$

결국, 카스틸리아노의 정리에 의해

$$\delta_v=\frac{\partial U}{\partial P}=\frac{2Pl}{AE}$$

08. 그림과 같은 재질과 단면이 동일하고 길이가 다른 2개의 외팔보를 자유단에서의 처짐이 동일하게 하는 외력의 비 $P_1:P_2$는?

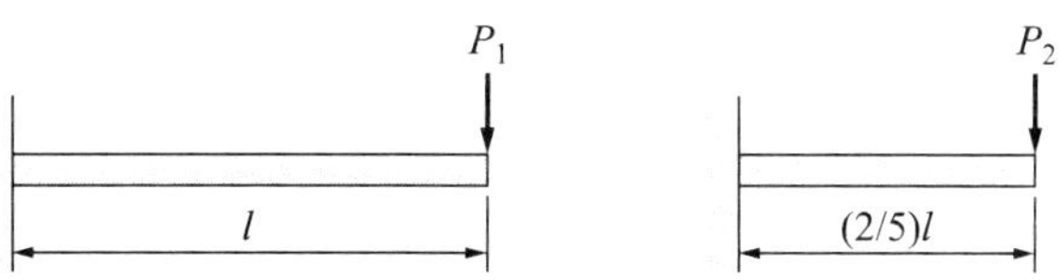


해설 $\delta_1=\delta_2:\frac{P_1l^3}{3EI}=\frac{P_2\left(\frac{2}{5}l\right)^3}{3EI}\qquad\therefore\frac{P_1}{P_2}=\left(\frac{2}{5}\right)^3=0.064$

09. 지름 $d$,=20 mm, 길이 $l$=1.5 m인 외팔보의 자유단에 집중하중 $P$가 작용할 때 이 보의 최대 처짐량 $\delta$=20 mm가 되었다. 이때 최대 굽힘응력 $\sigma_{max}$는 얼마인가?(단, $E=2.1\times10^6$ kg/cm$^2$이다.)

해설 $\delta_{max}=\frac{Pl^3}{3EI}$에서, $P=\frac{3EIdelta_{max}}{l^3}=\frac{3\times2.1\times10^6\times\frac{\pi\times2^4}{64}\times2}{150^3}=2.932\text{ kg}$

결국, $M=\sigma Z$에서

$$\sigma=\frac{M_{max}}{Z}=\frac{Pl}{Z}=\frac{2.932\times150}{\frac{\pi\times2^3}{32}}\fallingdotseq560\text{ kg/cm}^2$$

**10.** 지름이 10 cm, 길이 200 cm인 외팔보에서 자유단에 $W$ kg의 하중이 작용할 때 그 처짐량을 0.485 cm로 제한하려고 한다. 이때 작용 하중은 몇 kg이겠는가?(단, $E=2.1\times10^6$ kg/cm$^2$이다.)

**해설** $\delta_{max}=\dfrac{Wl^3}{3EI}$에서,

$$W=\frac{3EI\delta_{max}}{l^3}=\frac{3\times2.1\times10^6\times\dfrac{\pi\times10^4}{64}\times0.485}{200^3}=187.48\text{ kg}$$

**11.** 그림과 같이 양단이 지지된 단순보의 전 길이에 200 kg/m의 등분포 하중이 작용할 때 중앙에 있어서 굽힘량이 0이 되기 위해서는 힘 $P$를 상방향으로 몇 kg 작용시키면 되는가?

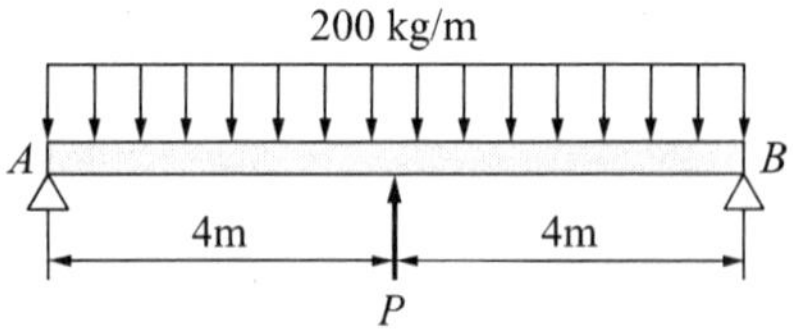


**해설** $\dfrac{5wl^4}{384EI}=\dfrac{Pl^3}{48EI}$에서, $P=1{,}000$ kg

**12.** 외팔보의 자유단에 집중하중 $P=1{,}000$ kg이 작용할 때 이 보속에 저장되는 탄성에너지(Elastic strain energy)는 얼마인가?(단, 이 재료의 탄성계수 $E=2.1\times10^6$ kg/cm$^2$이고, 단면 2차 모멘트 $I=864$ cm$^4$이며 외팔보의 길이 $l=100$ cm이다.)

**해설** $$U=\int_0^1\frac{M_x^{\,2}}{2EI}dx=\int_0^1\frac{P^2x^2}{2EI}dx=\frac{P^2}{2EI}\left[\frac{x^3}{3}\right]_0^l=\frac{P^2l^3}{6EI}=\frac{1{,}500^2\times100^3}{6\times2.1\times10^6\times864}$$

$$=206.68\text{ kg}\cdot\text{cm}$$

13. 길이 $l=2$ m의 단순보가 균일 분포 하중 $w=1{,}000$ kg/m의 작용을 받고 있다, 보의 단면이 $b \times h = 10$ cm $\times 20$ cm, $E = 1.0 \times 10^5$ kg/cm$^2$일 때 이 보의 최대 처짐량은 몇 cm인가?

해설 $$\delta_{\max} = \frac{5wl^4}{384EI} = \frac{5 \times 10 \times 300^4}{384 \times 1 \times 10^5 \times \dfrac{10 \times 20^3}{12}} = 1.58 \text{ cm}$$

14. 외팔보에 균일분포하중이 작용할 때 자유단에서의 처짐량이 $\delta = 3$ cm, $A$점에 있어서 탄성곡선의 기울기가 $\theta_A = 0.57°$ 일 때 이 보의 길이를 구하면?(단, 탄성계수 $E = 2.1 \times 10^6$ kg/cm$^2$이다.)

해설 $$\delta_{\max} = \frac{wl^4}{8EI} = \frac{wl^3}{6EI} \times \frac{3l}{4} = \theta_{\max} \cdot \frac{3l}{4} \text{에서}$$

$$\therefore l = \frac{4\delta_{\max}}{3\theta_{\max}} = \frac{4 \times 6}{3 \times 0.57 \times \dfrac{\pi}{180}} = 800 \text{ cm} = 8 \text{ m}$$

15. 단순보에 균일 분포하중이 작용하여 그 중앙에서 처짐 $\delta = 0.8$ cm이고, 양단 처짐각 $\theta_A = -\theta_B = 0.57°$로 되어 있을 때 이 보의 최대 굽힘 응력이 $\sigma_{\max} = 1{,}200$ kg/cm$^2$이 되도록 할 수 있는 강철봉의 단면 높이 $h$를 구하면?(단, 탄성계수 $E = 2.1 \times 10^6$ kg/cm$^2$이다.)

해설 $$\delta_{\max} = \frac{5wl^4}{384EI} = \frac{wl^3}{24EI} \times \frac{5l}{16} = \theta_{\max} \cdot \frac{5l}{16}$$

$$\therefore l = \frac{16\delta_{\max}}{5\theta_{\max}} = \frac{16 \times 0.8}{5 \times 0.57 \times \dfrac{\pi}{180}} = 257.33 \text{ cm}$$

또한, $M = \sigma Z$에서

$$\frac{wl^2}{8} = \sigma \times \frac{bh^2}{6}$$

$$\therefore h^2 = \frac{6wl^2}{8\sigma b} = \frac{wl^2}{24EI} \times \frac{6\times 3EI}{\sigma bl} = \theta_{\max} \cdot \frac{18EI}{\sigma bl} = \theta_{\max} \times \frac{18E \times \frac{bh^3}{12}}{\sigma bl}$$

$$= \theta_{\max} \cdot \frac{3Eh^3}{2\sigma l} : 1 = \frac{\theta_{\max} \times 3 \times Eh}{2\sigma l}$$

결국 $\therefore h = \dfrac{2\sigma l}{3\theta_{\max} E} = \dfrac{2\times 1,200 \times 257.33}{3\times 0.57 \times \frac{\pi}{180} \times 2.1\times 10^6} = 9.854\ \text{cm}$

16. 단면이 $b \times h = 40$ cm $\times$ 30 cm인 직사각형이고 스팬(span) 3 m인 단순보의 중앙에 집중하중이 작용할 때 그 최대 처짐을 0.4 cm로 제한하려면 하중은 몇 ton으로 제한하여야 하는가?(단, 탄성계수 $E = 2.0 \times 10^6$ kg/cm$^2$이다.)

해설 $\delta_{\max} = \dfrac{Pl^3}{48EI}$에서,

$$P = \frac{48EI\delta_{\max}}{l^3} = \frac{48\times 2\times 10^6 \times \left(\frac{40\times 30^3}{12}\right) \times 0.4}{300^3} = 128,000\ \text{kg}$$

17. 2 cm $\times$ 3 cm의 사각형 단면의 길이 50 cm인 외팔보의 고정단에서 40 cm점에 80 kg의 집중 하중이 작용할 때 자유단의 처짐은 얼마인가?(단, 탄성계수 $E = 2.1 \times 10^6$ kg/cm$^2$이다.)

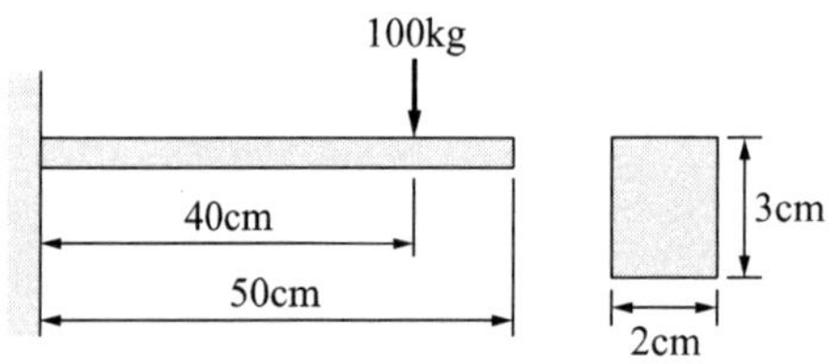

해설 $\delta_{max} = \dfrac{A_M}{EI}\bar{x} = \dfrac{1}{2.1\times10^6\times\left(\dfrac{2\times3^3}{12}\right)}\times\dfrac{1}{2}\times40\times4{,}000\times36.67 = 0.31\ \text{cm}$

$= 3.1\ \text{mm}$

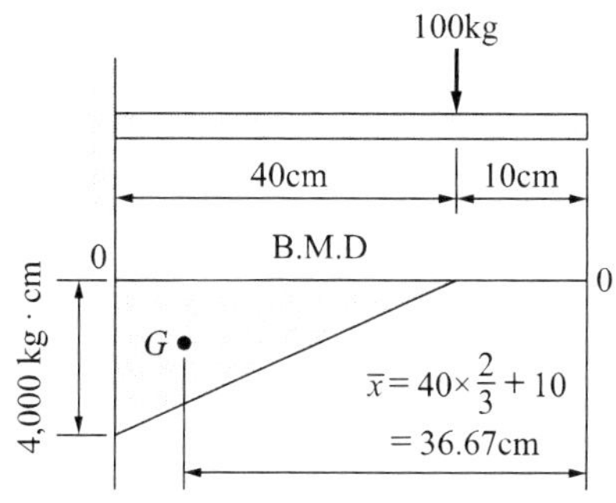


18. 높이×폭=4 cm×8 cm의 구형 단면의 외팔보의 자유단에 집중하중 4 ton이 작용할 때 보의 처짐의 최대값은?(단, $E$=2.1×10⁶ kg/cm², $l$=63 cm이다.)

해설 $\delta_{max} = \dfrac{Pl^3}{3EI} = \dfrac{4{,}000\times63^3}{3\times2.1\times10^6\times\dfrac{8\times4^3}{12}} = 3.72\ \text{cm}$

Chapter 09

# 부정정보

## 9.1 부정정보

보에 제공하고 있는 미지의 반력과 우력이 3개 또는 그 이상 있을 때 $\sum X = 0$, $\sum Y = 0$, $\sum M = 0$의 3개의 정역학적 평형방정식만으로는 그들의 미지수를 결정할 수 없다. 이러한 보를 부정정보라 하며 그것을 해석할 때에는 보의 처짐을 고려해야 한다.

# 9.2 부정정보의 종류

## 9.2.1 일단고정, 타단지지의 보

### 1) 한 개의 집중하중이 작용할 경우

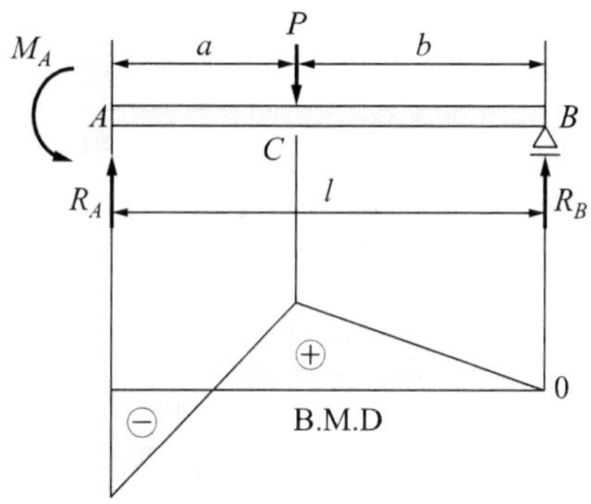


만약 $a = b = \frac{l}{2}$ 이면

① $R_A = \frac{11P}{16}$, $R_B = \frac{5P}{16}$

② $M_{max} = \frac{3}{16}Pl = M_A$, $M_e = \frac{5}{32}Pl$

③ $\theta_{max} = \frac{5Pl^2}{32EI}$, $\delta_{max} = \frac{7Pl^3}{768EI}$

### 2) 균일 분포하중을 받는 경우

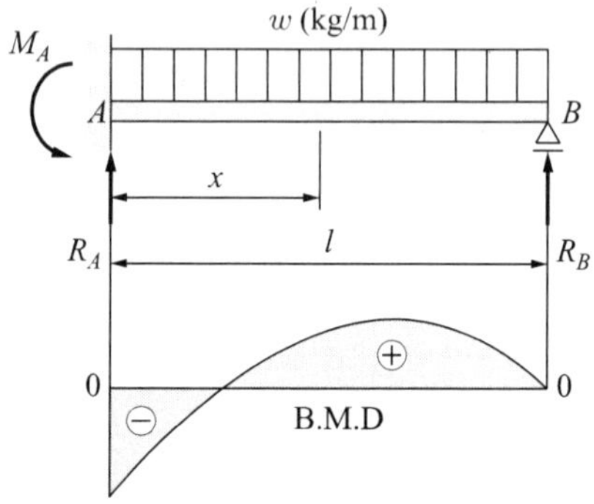


① $R_A = \frac{5wl}{8}$, $R_B = \frac{3wl}{8}$

② $M_A = \frac{wl^2}{8}$

$M_{max}$의 위치 :

$x = \frac{5}{8}l$, $M_{max} = \frac{9wl^2}{128}$

③ $\theta_{max} = \frac{wl^3}{48EI}$, $\delta_{max} = \frac{wl^4}{185EI} = 0.0054\frac{wl^4}{EI}$

## 9.2.2 양단 고정보

### 1) 한 개의 집중하중이 작용할 경우

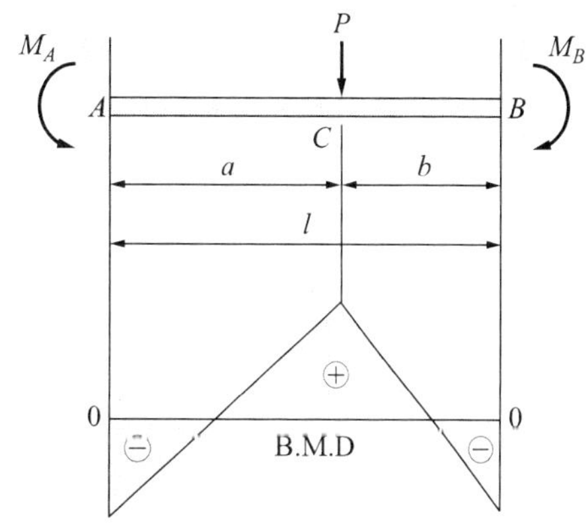


① $R_A = \dfrac{Pb^2}{l^3}(3a+b)$,

$R_B = \dfrac{Pa^2}{l^3}(a+3b)$

② $M_A = \dfrac{Pab^2}{l^2}$, $M_B = \dfrac{Pa^2b}{l^2}$

③ 만약, $a = b = \dfrac{l}{2}$ 이면

$M_A = M_B = M_C = M_{\max} = \dfrac{Pl}{8}$

④ $\theta_{\max} = \dfrac{Pl^2}{64EI}$, $\delta_{\max} = \dfrac{Pl^3}{192EI}$

### 2) 균일 분포하중을 받는 경우

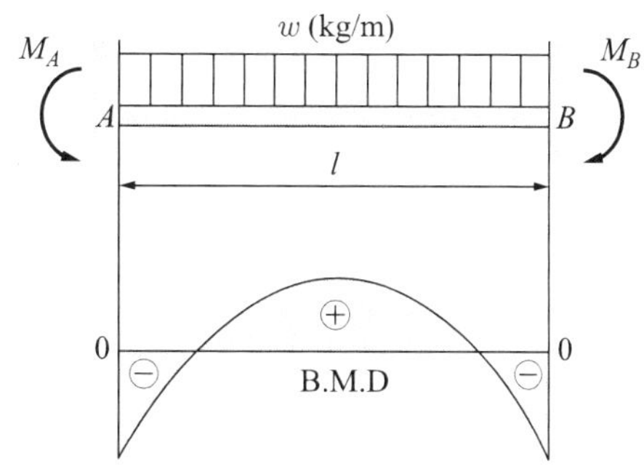


① $M_{\max} = \dfrac{wl^2}{24}$

② $\theta_{\max} = \dfrac{wl^3}{125EI} = 0.008\dfrac{wl^3}{EI}$

$\delta_{\max} = \dfrac{wl^4}{384EI}$

## 9.2.3 연속보

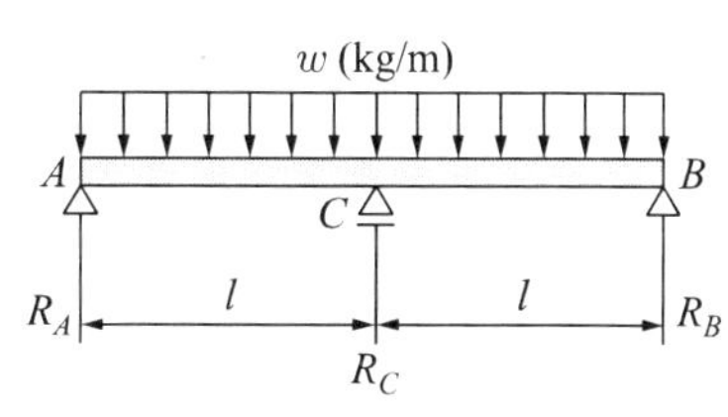


① $R_A = R_B = \dfrac{3wl}{8}$

② $R_c = \dfrac{5wl}{4}$, $M_C = \dfrac{wl^2}{8}$

# 9.3 겹침판 스프링

## 9.3.1 삼각판 스프링

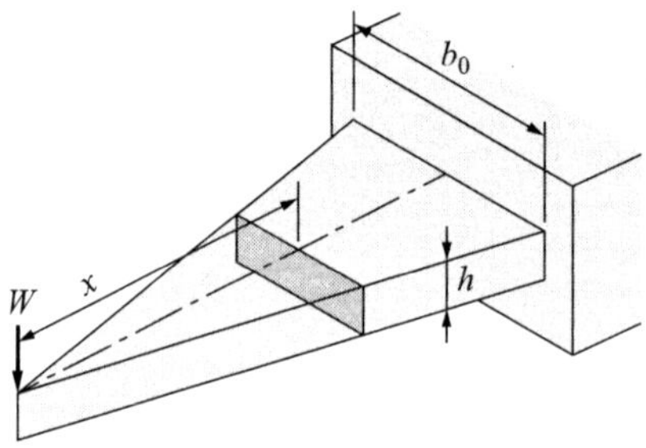


[그림 9.1] 삼각판 스프링

① 굽힘응력 $\sigma_b = \dfrac{6\,Wl}{nbh^2}$

② 최대 처짐량 $\delta_{\max} = \dfrac{6\,Wl^3}{nbh^3E}$

여기서, $n$ : 판의 수

$b$ : 1장의 폭

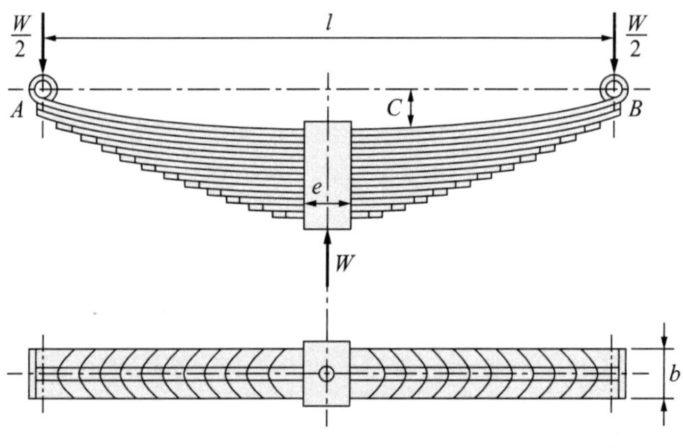


[그림 9.2] 겹판 스프링

## 9.3.2 겹판 스프링

① 굽힘응력 $\sigma_b = \dfrac{3Wl}{2nbh^2}$

② 최대 처짐량 $\delta_{max} = \dfrac{3Wl^3}{8nbh^3E}$

만약, 죔폭$(e)$이 주어지면 $l$ 대신 $l'$를 대입한다.

여기서 $l' = l - 0.6e$

Chapter 09

# 연습 문제

01. 길이 5 m인 양단고정보의 중앙에서 집중하중이 작용할 때 최대처짐이 1.031 cm 발생하였다. 발생하였다면 같은 조건에서 양단지지보로 하면 처짐은 얼마가 되겠는가?

해설 • 양단고정보 : $\delta_{\max} = \dfrac{Pl^3}{192EI}$

• 양단지지보 : $\delta_{\max} = \dfrac{Pl^3}{48EI}$

결국, 양단지지보는 양단고정보에 비해 4배의 처짐이 더 생기므로

양단 지지보 : $\delta_{\max} = 4 \times 1.031 = 4.124 \text{ cm}$

02. 일단고정 타단지지보가 지름 $d = 15$ cm의 원형 단면을 가지고 있다. 보의 길이 $l = 3$ m이고 재료의 허용 응력이 $\sigma_a = 800$ kg/cm$^2$일 때 보의 중앙에 작용시킬 수 있는 하중은 얼마인가?

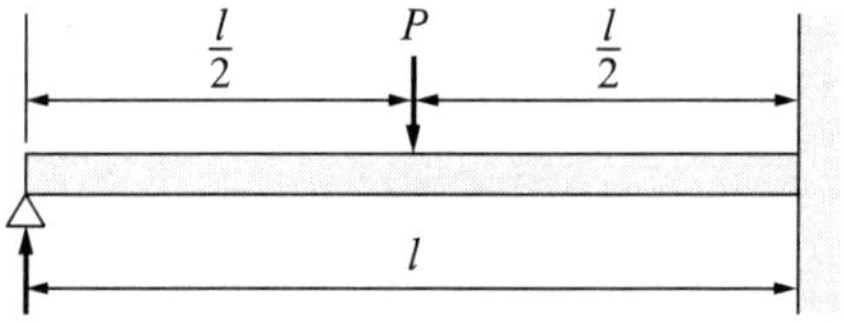


해설 $M_{\max} = \dfrac{3}{16}Pl$이므로

$M_{\max} = \sigma_a \cdot Z$에서 $\dfrac{3Pl}{16} = \sigma_a \cdot \dfrac{\pi d^3}{32}$: $\dfrac{3 \times P \times 300}{16} = 800 \times \dfrac{\pi \times 15^3}{32}$

$\therefore P = 4{,}712.4 \text{ kg}$

03. 그림과 같은 스팬(span)의 중앙에 흰지(hinge)가 달린 보에서 최대 굽힘 모멘트의 값은 어느 것인가?

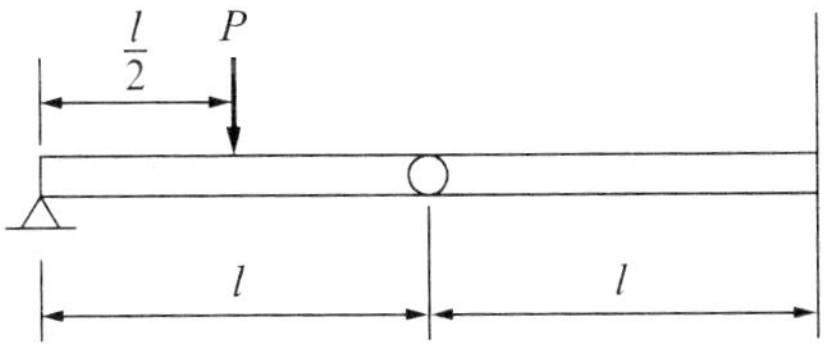


해설 $M_A = \frac{P}{2} \times \frac{l}{2} = \frac{Pl}{4}$

$M_B = \frac{Pl}{2} - \frac{Pl}{2} = 0$

$M_C = \frac{Pl}{2}$

$M_{max} = \frac{Pl}{2}$

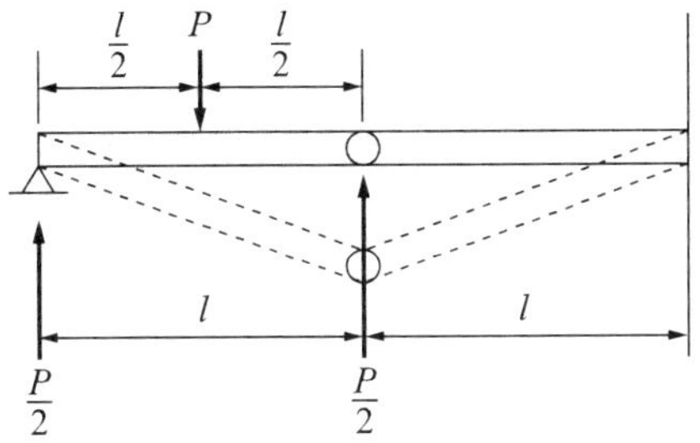


04. 그림과 같이 길이가 10 cm인 고정보의 양 고정단 $AB$에 집중하중이 작용할 때 $B$고정단에 생기는 굽힘 모멘트는?

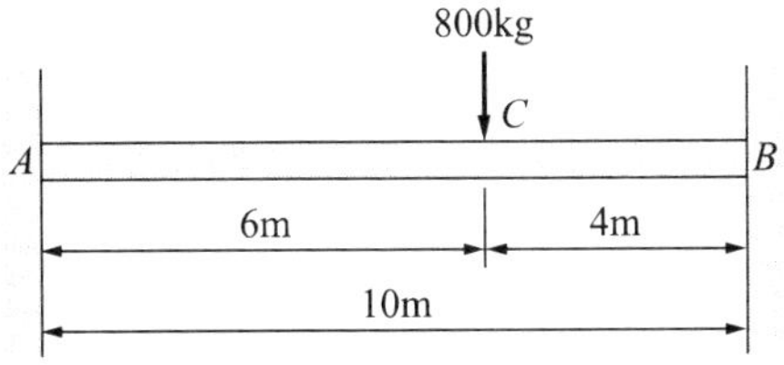

해설 $M_A = \frac{Pab^2}{l^2}$

$M_B = \frac{Pa^2b}{l^2} = \frac{800 \times 6^2 \times 4}{10^2} = 1,152 \text{ kg} \cdot \text{m}$

05. 길이 $l = 1.5$ m이고 등분포 하중 $w = 1$ kg/cm를 받는 양단고정보가 있다. 최대 굽힘 응력을 구하면?(단, 단면($b \times h$)은 6 cm×4 cm인 구형 단면이다.)

해설 $M_{\max} = \frac{wl^2}{24}$

$M = \sigma Z$에서

$$\therefore \sigma_{\max} = \frac{M_{\max}}{Z} = \frac{\left(\frac{1 \times 150^2}{24}\right)}{\left(\frac{6 \times 4^2}{6}\right)} = 58.6 \text{ kg/cm}^2$$

06. 일단고정 타단지지의 고정지지보가 한 변이 15 cm인 정사각형 단면을 가지고 있다. 보의 길이가 3 m이고 재료의 허용 응력이 600 kg/cm$^2$일 때 보의 중앙에 몇 kg의 집중하중을 작용시킬 수 있는가?

해설 $M = \sigma Z$에서

$$\frac{3}{16}Pl = \sigma Z \qquad \therefore P = \frac{16\sigma Z}{3l} = \frac{16 \times 600 \times \frac{15 \times 15^2}{6}}{3 \times 300} = 6,000 \text{ kg}$$

07. 다음 그림의 양단고정보에서 양단 휨 모멘트는?

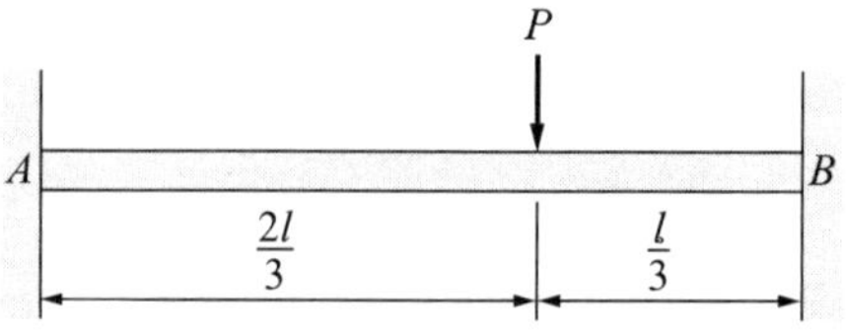

해설 $M_A = -\frac{Pab^2}{l^2} = -\frac{P\times\frac{2}{3}l\times\left(\frac{l}{3}\right)^2}{l^2} = -\frac{2Pl}{27}$

$M_B = -\frac{Pa^2b}{l^2} = -\frac{P\times\left(\frac{2}{3}l\right)^2\times\frac{l}{3}}{l^2} = -\frac{4Pl}{27}$

08. 그림과 같은 연속보에 균일분포하중 $q=4$ t/m가 작용할 때 $A$점의 반력과 $B$점의 반력은?

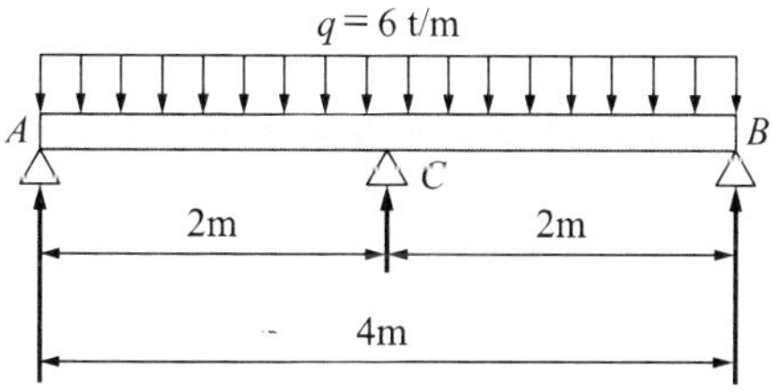


해설 $R_A = R_B = \frac{3ql}{16} = \frac{3\times6\times4}{16} = 4.5\text{ton}$

(참고) $R_c = \frac{5ql}{8}$

09. 양단지지 겹판 스프링에서 길이 60 cm, 폭 8 cm, 두께 0.8 cm일 때 집중하중 3,000 kg을 작용시키려면 강판이 몇 장이나 필요한가?(단, 강판의 허용응력은 3,000 kg/cm$^2$이다.)

해설 $\sigma = \frac{3Pl}{2nbh^2}$에서,

$n = \frac{3Pl}{2bh^2\sigma} = \frac{3\times3,000\times60}{2\times8\times0.8^2\times3,000} = 17.58 \fallingdotseq 18$장

10. 그림과 같은 길이 3 m의 양단고정보가 그 중앙점에 집중하중 2 ton을 받는다면 중앙점의 인장응력은 얼마인가?

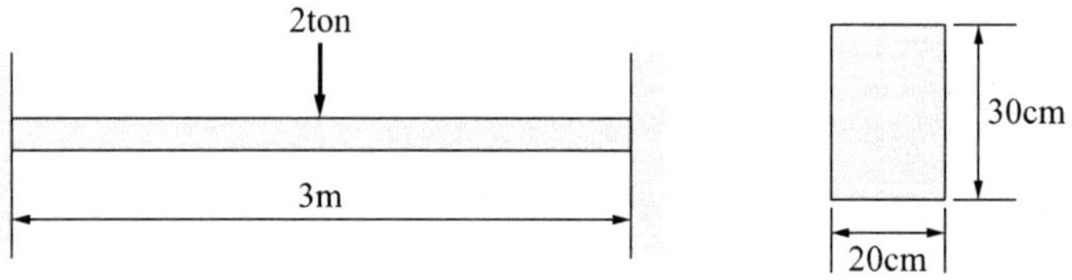


해설 $\sigma = \frac{M}{Z} = \frac{\left(\frac{Pl}{8}\right)}{\left(\frac{bh^2}{6}\right)} = \frac{3Pl}{4bh^2} = \frac{3 \times 2{,}000 \times 300}{4 \times 20 \times 30^2} = 25\ \text{kg/cm}^2$

11. 그림과 같은 원형 단면으로 된 고정지지보가 있다. 보의 길이 $l = 3$ m, 지름 $d =$ 15 cm, 보의 재료의 허용 굽힘 응력 $\sigma_a = 900$ kg/cm$^2$일 때 보의 중앙에 작용시킬 수 있는 집중 하중 $P$는 몇 kg인가?

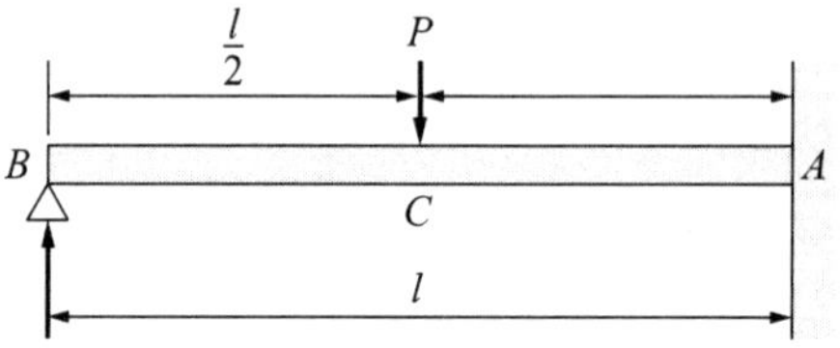


해설 $M = \sigma Z$에서

$$\frac{3}{16}Pl = \sigma \times \frac{\pi d^3}{32} \qquad P = \frac{\pi d^3 \sigma}{6l} = \frac{\pi \times 15^3 \times 900}{6 \times 300} = 5{,}301.4\ \text{kg}$$

12. 단면 계수 200 cm$^3$인 사각형 단면의 보가 2 m의 길이를 가지고 있다. 양단을 고정시켰을 때 중앙에 몇 kg의 집중하중을 받칠 수 있겠는가?(단, 재료의 허용 응력을 800 kg/cm$^2$라 한다.)

해설 $M = \sigma Z$에서

$$\frac{Pl}{8} = \sigma Z \qquad \therefore P = \frac{8\sigma Z}{l} = \frac{8 \times 800 \times 200}{200} = 6,400\ \mathrm{kg}$$

Chapter 10

# 기둥

## 10.1 편심하중을 받는 단주

① 하중 $P$만에 의한 응력 : $\sigma_1 = \dfrac{P}{A}$

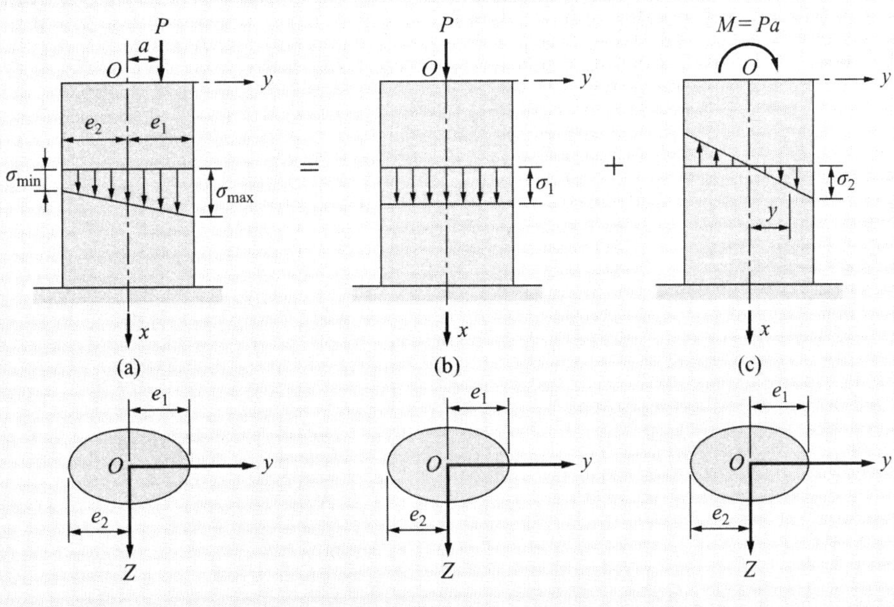


[그림 10.1] 편심하중을 받는 단주

② 모멘트만에 의한 응력 : $\sigma_2 = \dfrac{M}{Z}$

㉠ $\sigma_{max} = \sigma_1 + \sigma_2 = \dfrac{P}{A} + \dfrac{M}{Z_1} = \dfrac{P}{A} + \dfrac{Pae_1}{I} = \dfrac{P}{A}\left(1 + \dfrac{ae_1}{K^2}\right)$

㉡ $\sigma_{min} = \sigma_1 - \sigma_2 = \dfrac{P}{A} - \dfrac{M}{Z_2} = \dfrac{P}{A} - \dfrac{Pae_2}{I} = \dfrac{P}{A}\left(1 - \dfrac{ae_2}{K^2}\right)$

**참고**

• 핵반경(핵심 : core of section)

최소 응력, 즉 $\sigma_{min}$을 0으로 하는 편심거리를 말하며, 압축응력만 일어나고 인장응력은 일어나지 않는다.

즉, $\sigma_{min} = \dfrac{P}{A}\left(1 - \dfrac{ae_2}{K^2}\right) = 0 \qquad \therefore a = \dfrac{K^2}{e_2}$

| 비고 | 단면형상 | 핵반경($a$) |
|---|---|---|
| 원형 단면 | 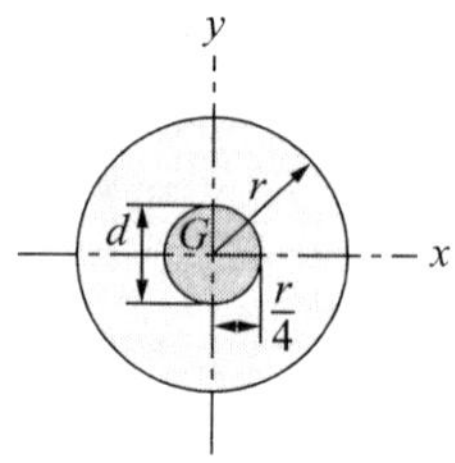  | $a = \dfrac{d}{8} = \dfrac{r}{4}$ |
| 사각형 단면 | 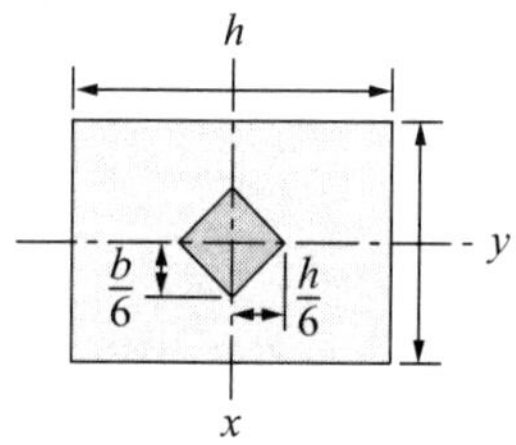  | $a = \dfrac{b}{6}$ 또는 $\dfrac{h}{6}$ |

[그림 10.2] 핵반경의 값

# 10.2 장주(Long column)

단면의 치수에 비하여 길이가 대단히 긴 봉이 그 축방향으로 압축하중을 받는 경우 이 봉을 장주(Long column)라 한다. 봉이 축방향으로 압축하중을 받을 때 봉의 길이가 짧으면 단지 압축하중으로 인한 압축응력으로 파괴에 도달하지만 가늘고 긴 봉이 축방향으로 굽어지거나 처지게 되는 것은 좌굴(Buckling)현상 때문이다.

## 10.2.1 세장비(Slenderness Ratio)

기둥이 가늘고 긴 정도를 표시하는 경우로서 기둥의 길이 $l$과 단면의 최소 회전반경 $k$의 비를 말한다.

즉, $\text{세장비}(\lambda) = \dfrac{\text{기둥의 길이}}{\text{최소회전반경}} = \dfrac{l}{k}$ (단, $k = \sqrt{\dfrac{I}{A}}$)

여기서, $l$ : 기둥의 길이

$k$ : 최소 회전반경(=최소 단면2차 반지름) $k_{min} = \sqrt{\dfrac{I_{min}}{A}}$

세장비 $\lambda$가 작을수록 좌굴하중은 커진다.

[표 10.1] 세장비($\lambda$)의 값

| 재료 | 목재 | 주철 | 경강 | 연강 | 연철 |
|---|---|---|---|---|---|
| 세장비($\lambda$) | 80 | 70 | 95 | 100 | 115 |

- 단주(Short column) : 세장비($\lambda$)가 30 이하일 때
- 장주(Long column) : 세장비($\lambda$)가 160 이상일 때

## 10.2.2 오일러의 공식(Euler's formula)

오일러 공식은 $\lambda > 150$일 때 적용한다.

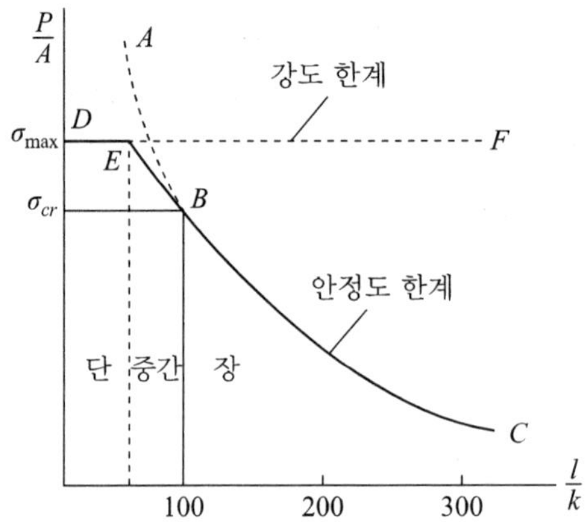


[그림 10.3] 오일러 공식의 적용범위

1) **좌굴하중(Buckling load)**$(P_B)$

$$P_B = n\pi^2 \frac{EI}{l^2}$$

2) **좌굴응력(Buckling stress)**$(\sigma_B)$

$$\sigma_B = \frac{P_B}{A} = n\pi^2 \frac{EI}{Al^2} = n\pi^2 \cdot \frac{k^2 E}{l^2} = n\pi^2 \cdot \frac{E}{\lambda^2}$$

3) **안전하중**

$$P = \frac{P_B}{S}$$

여기서, $n$ : 단말계수(기둥의 고정계수)
$E$ : 종탄성계수(kg/cm$^2$)
$I$ : 최소 단면 2차 모멘트(cm$^4$)
$l$ : 기둥의 길이(cm)

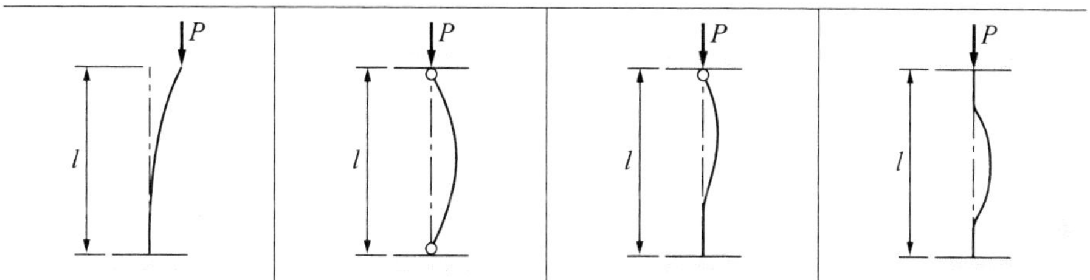

| 자유단 | 양단회전단 | 일단고정,<br>타단회전단 | 양단고정단 |
|---|---|---|---|
| $n=\frac{1}{4}$ | $n=1$ | $n=2$ | $n=4$ |

[그림 10.4] 단말계수의 값

좌굴하중(Buckling load)을 일명 임계하중($P_{cr}$)이라고도 하며, 좌굴하중은 기둥이 부담할 수 있는 기준 하중으로 클수록 강하다는 것을 알 수 있다. 즉, 단말계수($n$)가 작을수록 좌굴은 일찍 일어나고 단말계수($n$)가 클수록 좌굴은 늦게 일어난다. 결국, 단말계수($n$)가 클수록 강한 기둥임을 알 수 있다.

### 10.2.3 골든 – 랭킨식(Gordon – Rankine)

#### 1) 좌굴하중

$$P_B=\frac{\sigma_c \cdot A}{1+\frac{a}{n}\times\left(\frac{l}{k}\right)^2}=\frac{\sigma_c \cdot A}{1+\frac{a}{n}\times(\lambda)^2}$$

#### 2) 좌굴응력

$$\sigma_B=\frac{\sigma_c}{1+\frac{a}{n}\times\left(\frac{l}{k}\right)^2}=\frac{\sigma_c}{1+\frac{a}{n}\times(\lambda)^2}$$

여기서, $a$ : 기둥의 재료에 의한 상수(실험치)

$l$ : 기둥의 길이

$\sigma_c$ : 압축 파괴 응력

Chapter 10

# 연습 문제

**01.** 단면이 2 cm×4 cm인 직사각형이고 길이가 10 cm인 장주의 세장비는?

**해설** 세장비 $\lambda = \dfrac{l}{K_{\min}} = \dfrac{l}{\sqrt{\dfrac{I_{\min}}{A}}} = \dfrac{10}{\sqrt{\dfrac{\dfrac{4\times 2^3}{12}}{(2\times 4)}}} = 100\sqrt{3}$

**02.** $b\times h$ = 4 cm×6 cm인 직사각형 단면에서 최소 단면 2차 반지름은 몇 cm인가?

**해설** $I_x = \dfrac{bh^3}{12} = \dfrac{4\times 6^3}{12} = 72\ \text{cm}^4$, $I_y = \dfrac{hb^3}{12} = \dfrac{6\times 4^3}{12} = 32\ \text{cm}^4$에서

$I_x > I_y$ 즉, $I_y = I_{\min}$

결국, $K = \sqrt{\dfrac{I_y}{A}} = \sqrt{\dfrac{32}{4\times 6}} = \sqrt{1.3}\ \text{cm}$

**03.** 세로 탄성 계수 $E = 2\times 10^6$ kg/cm², 항복점 $\sigma_Y$ = 3,200 kg/cm²인 강재(鋼材) 기둥에 오일러(Euler) 공식을 적용할 수 있는 최소 한계 세장비는 다음 중 어느 것인가?

**해설** $K = \sqrt{\dfrac{I}{A}}$, $\lambda = \dfrac{l}{K}$

- $\sigma_Y = \sigma_B = \dfrac{P_B}{A} = n\pi^2$

- $\dfrac{EI}{Al^2} = n\pi^2 \dfrac{EK^2}{l^2} = n\pi^2 \dfrac{E}{\lambda^2}$ 에서

$$\therefore \lambda = \sqrt{\frac{n\pi^2 E}{\sigma_B}} = \sqrt{\frac{n\pi^2 \times 2.1 \times 10^6}{3,600}} \fallingdotseq 75.9\sqrt{n}$$

04. 지름이 20 cm인 원형 단면의 길이 $l_1$인 기둥과 $b \times h = 12$ cm$\times$20 cm인 직사각형 단면의 길이 $l_2$인 기둥의 세장비(細長比)가 같다고 한다면 두 기둥의 길이의 비 $l_1/l_2$는 얼마인가?

해설 $$K_1 = \sqrt{\frac{I_1}{A_1}} = \sqrt{\frac{(\pi \times 20^4/64)}{(\pi \times 20^2/4)}} = 5$$

$$K_2 = \sqrt{\frac{I_2}{A_2}} = \sqrt{\frac{(20 \times 12^3/12)}{(12 \times 20)}} = 3.464$$

$\lambda = \dfrac{l_1}{K_1} = \dfrac{l_2}{K_2}$ 에서 $\dfrac{l_1}{l_2} = \dfrac{K_1}{K_2} = \dfrac{5}{3.464} = 1.44$

05. 기둥의 양단이 고정되어 있고 길이가 2 m인 원형 단면의 연강봉 기둥이 $P =$ 20,000 kg의 축 압축 하중을 작용하려면 이 기둥의 직경을 몇 cm로 해야 하는가?(단, 오일러(Euler)의 공식을 사용하되 안전율은 5이며 $E = 2.1 \times 10^6$ kg/cm$^2$이다.)

해설 $P = \dfrac{P_B}{S}$ 에서, $P_B = P \cdot S = 20,000 \times 5 = 4 \times \pi^2 \times \dfrac{2.1 \times 10^6 \times \pi \times d^4}{200^2 \times 64}$

결국, $d \fallingdotseq 5.6$ cm

06. 단면의 형상이 6 cm$\times$7 cm의 직사각형이고 길이가 4 m인 구형 단면의 연강 기둥에서 좌굴 응력은 몇 kg/cm$^2$인가?(단, 일단 고정이고, 연강 원주의 탄성 계수 $E$ $= 2.1 \times 10^6$ kg/cm$^2$이다.)

해설 $$\sigma_B = \frac{P_B}{A} = \frac{n\pi^2 EI}{al^2} = \frac{\frac{1}{4}\times\pi^2\times 2.1\times 10^6 \times \frac{7\times 6^3}{12}}{6\times 7\times 400^2} = 97.1\ \text{kg/cm}^2$$

07. 바깥지름 $d_2$, 안지름 $d_1$인 원통형 단면의 짧은 기둥에 있어서 핵심의 지름은 얼마인가?

해설 핵반경 $a = \dfrac{K^2}{e}$에서, $K^2 = \dfrac{I}{A} = \dfrac{\frac{\pi}{64}(d_2{}^4 - d_1{}^4)}{\frac{\pi}{4}(d_2{}^2 - d_1{}^2)} = \dfrac{d_2{}^2 + d_1{}^2)}{16}$

$$e = \frac{d_2}{2}$$

결국, $a = \dfrac{K^2}{e} = \dfrac{\left(\dfrac{d_2{}^2 + d_1{}^2}{16}\right)}{\left(\dfrac{d_2}{2}\right)} = \dfrac{d_2{}^2 + d_{18}^2}{8d_2}$

여기서는 핵심의 지름을 요구하므로, $2a = \dfrac{d_2{}^2 + d_1{}^2}{8d_2}\times 2 = \dfrac{d_2{}^2 + d_1{}^2}{4d_2}$

08. 그림과 같은 구형 단면의 기둥에 $e$ = 2 mm의 편심 거리에 $P$ = 5 ton의 압축 하중이 작용할 때 발생되는 최대 응력 $\sigma_{max}$은 몇 kg/cm²인가?

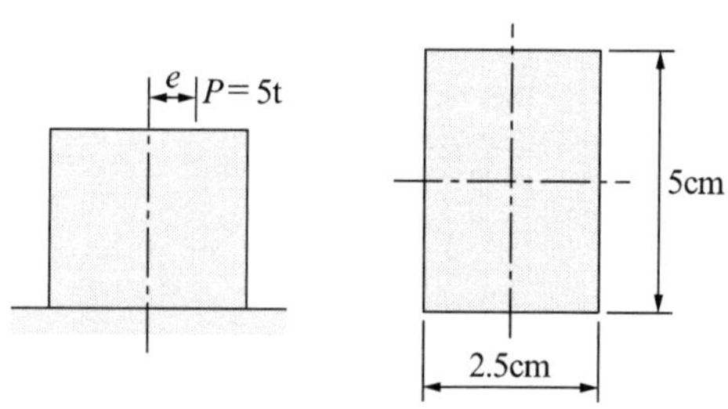

해설 $$\sigma_{max} = \sigma' + \sigma'' = \frac{P}{A} + \frac{M}{Z} = \frac{5,000}{2.5\times5} + \frac{5,000\times0.2}{\left(\frac{5\times2.5^2}{6}\right)} = 592\ \text{kg/cm}^2$$

09. 일단고정 타단회전의 나무 기둥이 있다. 단면은 10 cm×5 cm인 직사각형이고 길이는 2 m이다. 탄성 계수 $E=1.0\times10^5$ kg/cm$^2$일 때 안전 계수 10으로 하여 오일러식에 의해서 최대 안전 하중은 몇 kg인가?

해설 $$P = \frac{P_B}{S} = \frac{n\pi^2 EI}{Sl^2} = \frac{2\times\pi^2\times1\times10^5\times\frac{10\times5^3}{12}}{10\times200^2} \fallingdotseq 514\ \text{kg}$$

10. 단면 6 cm×12 cm, 길이 2 m의 기둥이 축압축력을 받고 있다. 이 재료의 세장비는 얼마인가?

해설 $$\lambda = \frac{l}{K_{min}} = \frac{200}{1.732} = 115.47$$

$$\left[K_{min} = \sqrt{\frac{I_{min}}{A}} = \sqrt{\frac{12\times6^3/12}{6\times12}} = 1.732\ \text{cm}\right]$$

11. 원형 단면의 지름 20 cm, 길이가 5 m인 기둥의 세장비는 얼마인가?

해설 $$\lambda = \frac{l}{K} = \frac{300}{5} = 60$$

단, $K = \sqrt{\frac{I}{A}} = \sqrt{\frac{\pi d^4/64}{\pi d^2/4}} = \frac{d}{4} = \frac{20}{4} = 5\ \text{cm}$

12. 지름과 길이가 각각 $d_1$, $d_2$ 및 $l_1$, $l_2$인 2개의 원형 단면의 기둥이 있다. 기둥의 재료 및 지지 조건, 작용 하중이 동일하다고 보고 직경의 비 $d_1/d_2$를 구하면 얼마인가?(단, $l_2 = 2l_1$이며 오일러의 공식을 적용한다.)

해설 $P_B = n\pi^2 \dfrac{EI}{l^2} \propto \dfrac{I}{l^2}$

결국, $\dfrac{I_1}{{l_1}^2} = \dfrac{I_2}{{l_2}^2} : \dfrac{\left(\dfrac{\pi {d_1}^4}{64}\right)}{{l_1}^2} = \dfrac{\left(\dfrac{\pi {d_2}^4}{64}\right)}{{l_2}^2} \rightarrow \dfrac{{d_1}^4}{{l_1}^2} = \dfrac{{d_2}^4}{{l_2}^2} \rightarrow \dfrac{{d_1}^4}{{l_1}^2} = \dfrac{{d_2}^4}{4{l_1}^2}$

$\therefore \left(\dfrac{d_1}{d_2}\right)^4 = \dfrac{1}{4} \rightarrow \dfrac{d_1}{d_2} = \dfrac{1}{\sqrt{2}}$

13. 바깥지름 8 cm, 안지름 6 cm, 길이 2 m의 연강제 원관 기둥의 세장비는 얼마인가?

해설 $K = \sqrt{\dfrac{I}{A}} = \sqrt{\dfrac{\pi({d_2}^4 - {d_1}^4)/64}{\pi({d_2}^2 - {d_1}^2)/4}} = \sqrt{\dfrac{{d_2}^2 + {d_1}^2}{16}} = \sqrt{\dfrac{8^2 + 6^2}{16}} = 2.5 \text{ cm}$

결국, 세장비 $\lambda = \dfrac{l}{K} = \dfrac{200}{2.5} = 80$

14. 3 cm×6 cm인 직사각형 단면의 양단고정 기둥에서 오일러의 식을 적용시킬 수 있는 최소 길이는 얼마인가?(단, $E = 2\times10^4$ kg/mm², 좌굴 응력은 20 kg/mm²이다.)

해설 $\sigma_B = \dfrac{P_B}{A} = \dfrac{n\pi^2 EI}{Al^2}$에서

$l = \sqrt{\dfrac{n\pi^2 EI}{\sigma_B \cdot A}} = \sqrt{\dfrac{4\times\pi^2\times2\times10^6\times6\times3^3}{2{,}000\times3\times6\times12}} = 172 \text{ cm}$

<주의> $I_{\min}$임에 유의할 것

15. 양단이 자유롭게 회전할 수 있는 길이 5 m의 장주가 있다. 단면은 20 cm×16 cm의 직사각형인 목재라면 가할 수 있는 안전 하중은 얼마인가?(단, 오일러식이 성립될 수 있는 세장비의 값은 $\frac{l}{k} > 80$이고 영계수는 100,000 kg/cm$^2$이다. 안전율은 10으로 한다.)

해설 좌굴 하중 $P_B = n\pi^2 \frac{EI}{l^2} = 1 \times \pi^2 \times \frac{100,000 \times \frac{20 \times 16^3}{12}}{500^2} \fallingdotseq 26,951 \text{ kg}$

결국 안전 하중 $P = \frac{P_B}{S} = \frac{26,951}{10} = 2,695.1 \text{ kg} \fallingdotseq 2.7 \text{ ton}$

16. 정사각형(10 cm×10 cm) 단면의 봉에 그림과 같이 하중이 작용할 때 봉에 발생되는 최대 인장응력은 얼마인가?

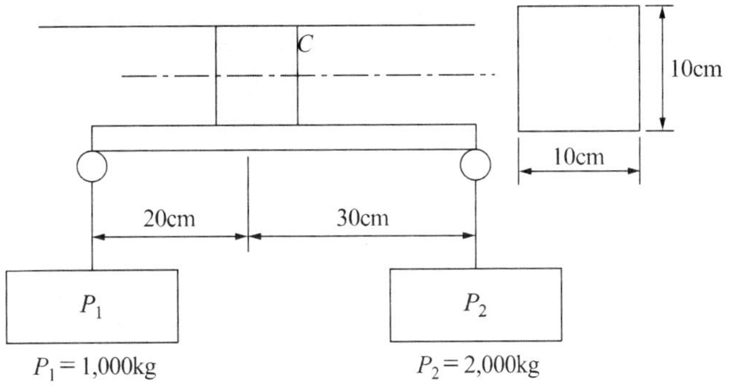


해설 $\sigma_{max} = \sigma' + \sigma'' = \frac{P}{A} + \frac{M}{Z} = \frac{1,000 + 2,000}{10 \times 10} + \frac{40,000}{\frac{10 \times 10^2}{6}} \fallingdotseq 270 \text{ kg/cm}^2$

단, $M = 2,000 \times 30 - 1,000 \times 20 = 40,000 \text{ kg} \cdot \text{cm}$

17. 양단이 힌지(hinge)로 된 연강봉 원형(圓形) 단면의 지름 $d=10$ cm가 축방향에 축압력을 받고 있을 때 이 기둥의 임계응력은 얼마인가?(단, $P_{cr}$은 임계 하중이고 종탄성 계수 $E=2.1\times10^6$ kg/cm$^2$이며, 오일러식을 적용한다.)

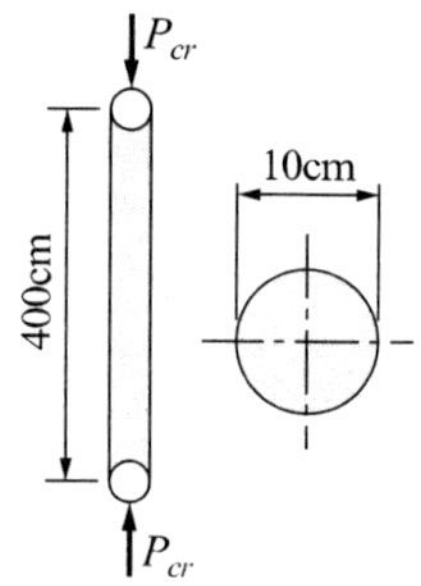


해설 좌굴(임계)응력 : $\sigma_{cr} = \dfrac{P_{cr}}{A} = \dfrac{n\pi^2 EI}{Al^2} = \dfrac{1\times\pi^2\times2.1\times10^6\times\dfrac{\pi\times10^4}{64}}{\dfrac{\pi\times10^2}{4}\times400^2}$

$$= 809.6\ \mathrm{kg/cm^2}$$

18. 5 cm×7.5 cm의 직사각형 단면을 갖는 양단지지의 강재 기둥에 대해서 탄성 오일러(Euler) 좌굴식이 적용되는 최소 길이는 얼마인가?(단, 탄성 계수 $E=21\times10^5$ kg/cm$^2$이고 비례한도는 2,520 kg/cm$^2$이다.)

해설 $\sigma_{cr} = \dfrac{n\pi^2 EI}{Al^2}$에서

$$\therefore l = \sqrt{\frac{n\pi^2 EI}{Asigma_{cr}}} = \sqrt{\frac{1\times\pi^2\times21\times10^5\times\dfrac{7.5\times5^3}{12}}{5\times7.5\times2,520}} = 130.9\ \mathrm{cm}$$

Chapter 11

# 기계공학실험

## 11.1 인장시험과 응력

재료가 인장 하중에 의해 파단할 때의 최대 응력을 말한다. 최대 하중을 시험편 원래의 단면적에서 나눈 값을 $kg/cm^2$의 단위로 나타낸다. 인장특성은 재료의 인장(시편을 양쪽에서 잡아당김)시 재료가 받는 여러 가지 특성을 측정하는 시험항목으로 기계적 물성 시험 중 가장 일반적인 항목이다. 인장강도는 크게 항복점에서의 인장강도와 파단점에서의 인장강도로 나뉘며 항복점(Yield Point)은 재료가 받는 최고점에서의 힘을 의미하며, 파단점(Break Point)은 재료가 끊어지는 시점에서의 힘이다. 인장시험기에는 인장시험만을 하는 시험기와 인장, 굽힘 시험을 모두 할 수 있는 만능 시험기가 있다. 이들 시험기의 부하장치를 보면 유압식과 기계식이 있다. 눈금판에는 눈금지시바늘 외에도 또 하나의 최고하중시시바늘이 있어서 부하될 때 2개가 같이 움직이다가 최대 하중 이후에는 눈금 지시바늘은 하중강하로 후퇴하지만 최고하중지시바늘은 후퇴하지 않고 최대하중을 가리키도록 되어 있다. 원통은 시험편의 변형에 따라 회전하도록 되어 있다. 정확한 측정을 하려면 하중은 하중측정장치로 변형량은 시험편에서 직접 측정한다. 또한 전자관식 자동 평형 기록계가 붙어 있는 시험기도 있다.

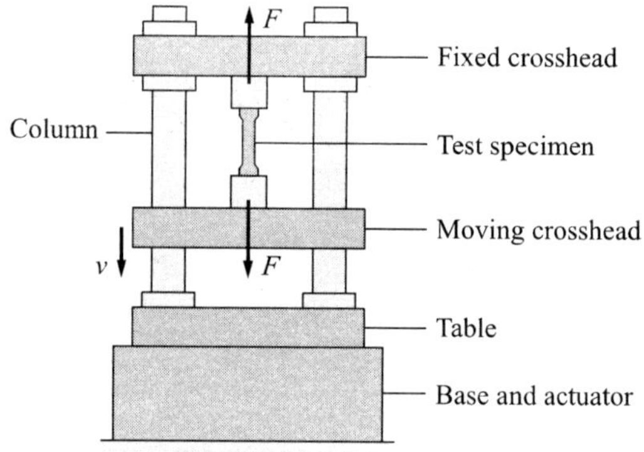


[그림 11.1] 인장시험기

인장 시험은 비교적 간단하기 때문에 재료가 가지는 하중 - 변형 특성을 구하기 위한 여러 가지 시험법들을 이용할 때 가장 보편적으로 쓰인다. 인장 시험의 절차는 규격(ASTM, KS)에 맞는 시편을 준비하여 인장시험기로 시험한다. 인장시험을 할 수 있는 시험기는 현재 다양한 종류가 개발되어 있다. 인장시편은 판재나 관재의 형상도 있지만 대부분의 경우는 원형 단면을 가진 봉재 형상으로 제작된다. 공학적 응력(Engineering stress) 혹은 공칭 응력(Nomina stress)은 원래 단면적에 대한 작용하중의 비로 정의 되며 다음과 같다.

$$\sigma = \frac{P}{A_0}$$

공학적 변형률은 다음과 같이 계산되어 진다.

$$e = \frac{(l - l_0)}{l_0}$$

인장 시험 시 시편은 비례한도(Proportional limit)에 도달하기 까지 작용하중에 비례하여 늘어난다. 따라서 이 구간에서의 재료의 거동을 선형 탄성거동(Linear elastic behavior)이라고 한다. 비례한도 점부터 항복점Y(Yield point) 까지는 엄격히 선형거동은 아니지만 소재는 여전히 탄성변형을 한다. 따라서 항복점에 도달하기 전에 하중을 제거하면 시편은 원래 형상으로 되돌아온다. 탄성계수(Elastic modulus 혹은 Young's modulus)의 정의는 다음과 같다.

$$E = \frac{\sigma}{e}$$

이와 같은 선형적인 응력 - 변형률 관계식을 후크(Hooke)의 법칙이라고 하며 $\sigma = Ee$로 나타낼 수도 있다. 시편이 길이 방향으로 늘어나면 횡방향(단면 방향)으로는 줄어든다. 길이 방향에 대한 횡방향 변형률 비의 절대값을 포아송의 비(Poisson's ratio) $\nu$라고 한다.

$$\nu = -\frac{\varepsilon_{lateral}}{\varepsilon_{axial}}$$

응력 - 변형률 곡선 아랫부분에서 재료의 항복점 Y까지의 면적을 이 재료의 탄성 에너지율(modulus of resilience)라고 한다.

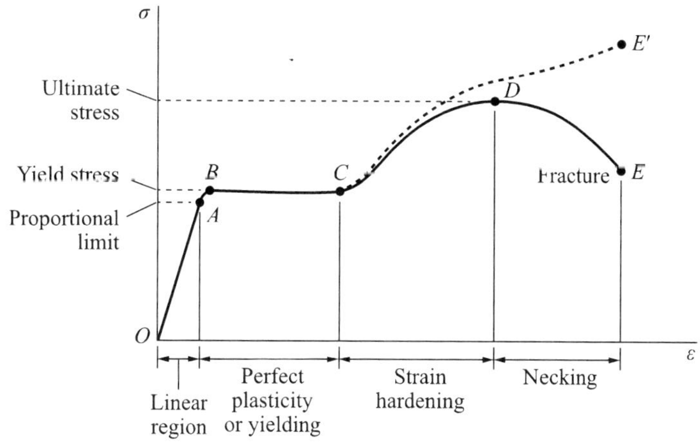


[그림 11.2] 응력 변형률 선도

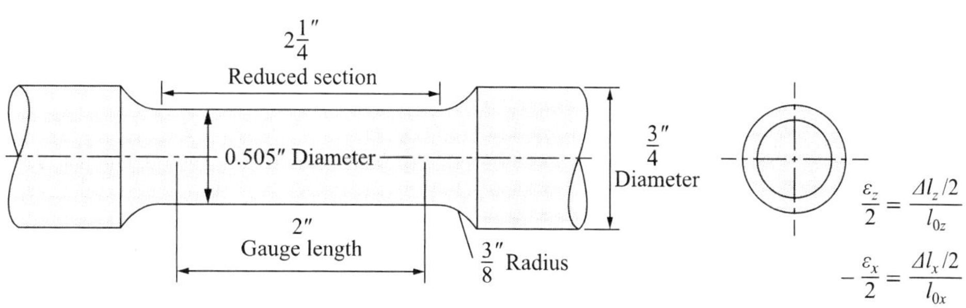


[그림 11.3] 표준 인장응력 시험편

## 11.2 굽힘시험과 응력

굽힘시험은 재료에 굽힘 모멘트가 걸렸을 때 변형저항이나 파단강도를 측정하여 재료의 연성(Ductility) 또는 강도(Strength)를 결정하기 위하여 시행하며 일반적으로 대(Strip), 박판, 후판, 인발, 압출봉, 각봉 및 용접재 등에 적용된다. 그 종류로는 굽힘에 대한 재료의 저항력(굽힘강도), 재료의 탄성계수 및 탄성 에너지를 결정하기 위한 굽힘저항시험과 전성, 연성 및 균열의 유무를 시험하는 굽힘균열시험이 있다. 여기서 굽힘균열시험은 가공의 적성여부를 결정하기 위한 시험이다. 굽힘 모멘트 $M$이 작용할 때, 단면에서의 응력 분포도는 [그림 11.4]와 같다. 여기서 $c$는 중립축에서 양단까지의 거리를 말하며, $I$는 중립축에 대한 관성모멘트를 말한다.

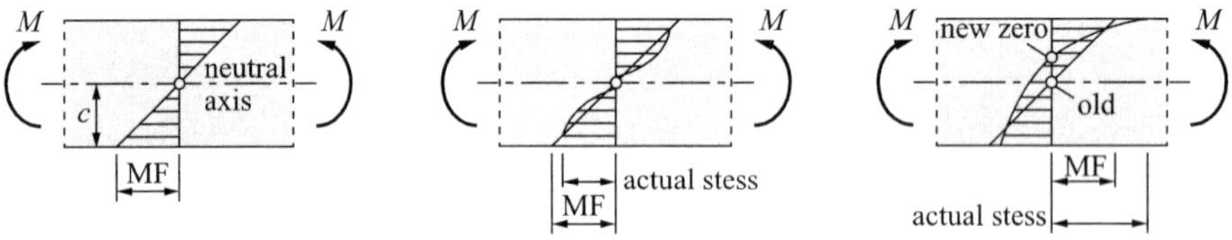


Actual stress = computed stress = MF in elastic bending Actual stresses are shaded in each case.

(a)

Actual stress less than compuede MF value in some plastics at large values of M.

(b)

Actual stress In cast iron and concrete the actual stress are less in tension and more in compression than MF

(c)

[그림 11.4] 여러 재료의 굽힘 응력 분포 특성

$$F = \int \sigma dA = 0, \quad M = \int \sigma . b . dy . y = \int \sigma . dA . y$$

굽힘 실험에서 탄성계수는 하중의 크기와 굽힘 변형을 측정하여 구한다. 보통 굽힘 변형과 하중과의 관계는 전단에 의한 영향을 고려하지 않을 경우 다음과 같은 일반식으로 표시할 수 있다.

$$\delta_b = \frac{Pl^2}{NEI}$$

여기서 $P$는 전체하중, $l$는 빔 지점간의 거리, $N$은 지지형식 및 부하의 종류에 따라 결정되는 상수, $\delta_b$는 굽힘 변형이다. 세라믹이나 초경합금과 같이 경하고 취성이 큰 재료들은 가공 상의 문제점들 때문에 복잡한 형상을 가지거나 엄격한 치수가 요구되는 시편으로 제작하기 어렵다. 게다가 이러한 재료들은 표면결함이나 노치(notch)에 민감하므로, 시편을 시험기에 물리는 인장시험은 문제가 된다. 또한 시편이 정확한 위치에 놓여 있지 않으면 시편의 단면에서 응력분포가 불균일하게 될 수도 있음으로 압축시험의 신뢰성도 떨어진다. 그래서 다음과 같은 시험법이 필요로 하게 된다. 취성재료의 시험에 흔히 사용되는 방법이 아래 그림에 있으며 이를 굽힘시험(bending test) 혹은 굴곡시험(flexure test)이라고 한다.

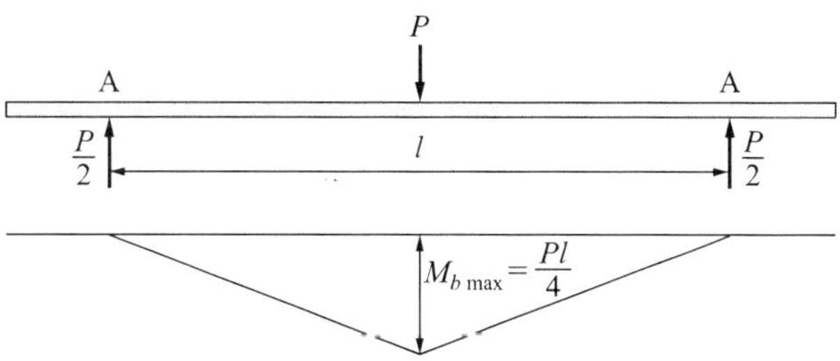


[그림 11.5] 굽힘 시험에 있어서 부하 방식과 굽힘 모멘트

임의의 하중을 받고 있는 임의의 보에서 전단력이 걸리지 않으며, 균일한 굽힘 모멘트만 작용하고 있는 부분의 상태를 순수 굽힘의 상태라고 한다. 이와 같은 순수 굽힘으로 인해서 그곳에 발생하는 내부응력의 상태를 조사하자면, 그 부분의 재료의 변형상태를 고찰해야 한다. 그 일을 위한 가정으로서, 이 보는 균일단면의 보이고, 그 중심축을 포함하는 대칭면을 갖는다고 생각하고, 이 면을 $xy$ - 평면으로 잡는다. 또한 모든 하중들은 이 대칭면 내에서 작용하며, 그 보의 굽힘 변형도 그 평면 내에서만 일어난다고 가정한다. 그리고 그 재료는 균질이며 후크(Hooke)의 법칙을 따르고, 인장과 압축 하에서의 탄성계수가 동일하다고 가정한다. 보의 변형이 일어나면, 보의 볼록한 쪽의 섬유들은 늘어나고, 오목한 쪽의 섬유들은 줄어든다. 따라서 이 보의 상면과 하면 사이의 어딘가는 길이가 변하지 않는 섬유들의 층이 있을 것이다. 그와 같은 섬유들이 이루는 면을 중립면이라고 한다. 한 보의 중립면과 대칭면과의 교선을 그 보의 중립축이라고 한다. 연성재료의 환봉에 의한 인장 시험에서는

국부수축 뒤에 시험편 중심부에 Void가 발생하고, 이것이 확대, 연결되어 파단에 이르므로 시험편의 표면 다듬질의 상황은 항복점에 영향을 미치는 것은 있어도 파단특성에는 거의 영향을 미치지 않는다.

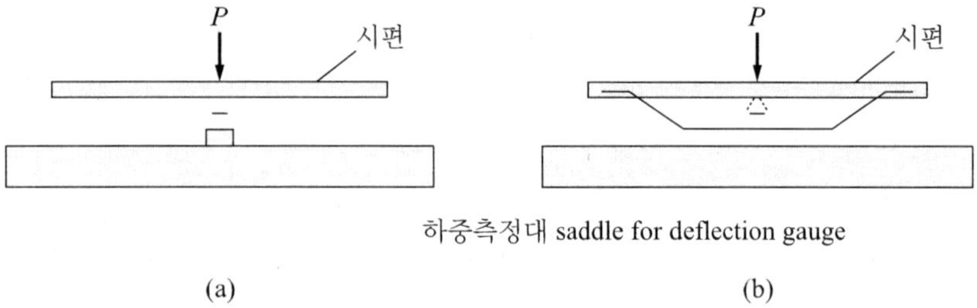


[그림 11.6] 굽힘 변형 측정 장치

이것에 대해서 굽힘 시험에서는 표면에서 응력이 최대로 되므로 반드시 인장측의 표면에서 균열하여 들어간다. 따라서 표면다듬질에는 주의가 필요하고, 특히 견고하고 여린 재료의 경우에는 시험편의 길이방향으로 연마를 하고, 연마홈의 노치 효과를 최소화하는 배려가 필요하다.

## 11.3 전단시험과 응력

재료의 전단(면에 평행방향 작용) 저항을 측정하는 것으로 시험이 비교적 간단하고 전단시험으로 전단강도를 구해 인장강도를 간단하게 환산할 수 있다. 전단시험의 목적은 봉, 판 등을 전단하는 작업이나, 일정한 모양의 금형을 사용해서 판을 일정한 형상으로 만드는 작업은 금속가공 상 극히 중요한 부분을 점하고 있다. 또 연결부분의 핀과 같이 전단력을 직접 받는 기계요소도 많다. 더욱이 물리학적으로는 금속의 소성변형은 거의 미끄럼을 일으켜, 특별한 결정면상에서 미끄럼에 의해서 이루어진다는 것을 생각하면 전단력에 대해서 재료의 저항성을 실험하는 것은 극히 중요하다고 생각된다. 그러나 실제로는 전단시험은 거의 실시되지 않고 있다. 그것은 순수하게 전단력만을 가할 수 있는 시험기를 제작할 수 있는 것은 대단히 곤란하기 때문이다.

최대전단응력 이론(Maximum shear stress theory, Tresca Criterion)이 재질의 최대전단응력 값에 도달했을 때, 항복이 시작된다는 가설. 어떤 점에서 최대전단응력은 세 개의 주응력 중 가장 큰 값과 가장 작은 값의 대수차의 반이므로 최대전단응력은 $\sigma_{shear} = (\sigma_1 - \sigma_2)/2$이고 인장강도의 절반 값에 도달했을 때 항복이 시작된다. 여기서, $\sigma_1 - \sigma_2$는 응력밀도(Stress intensity)라 정의하며, 연성재료의 인장파손은 45° 최대 전단면에서 발생한다. 풀림 처리한 연성재료는 거의 이 이론에 따라 파손된다. 그러나 이 이론은 항복파손만을 예측하므로, 연성재료에 대해서만 유효하다. 최대전단응력 $\tau_{\max}$는 $\sigma_1$, $\sigma_2$ 평면에서 45° 떨어진 위치에서 발생한다. 이 이론은 원자레벨에서의 전단 slip이 항복응력과 관련이 있다는 사실로부터 제안되었다. 전단변형에너지이론(Distortion energy theory, Von - Mises Henky theory)은 가장 널리 사용되며, von - Mises응력 또는 유효응력($\sigma_e$)이 항복강도에 도달했을 때, 항복에 의한 파손이 발생한다는 이론으로 아래의 식과 같이 정리되어지며, 응력상태가 아무리 복잡해도 전체적인 응력상태를 표현할 수 있다는 장점이 있다.

$$\sigma_e = \left[ \frac{(\sigma_1 - \sigma_2)^2 + (\sigma_2 - \sigma_3)^2 + (\sigma_3 - \sigma_1)^2}{2} \right]^{\frac{1}{2}}$$

[그림 11.7]은 평면응력상태의 세 가지 연성파손이론을 그림으로 표현한 것이다. 위의 이론에 따른 응력상태는 사각형, 육각형, 타원형상의 폐곡선(3차원 응력상태에서는 폐곡선)으로 표시되며, 폐곡선 상과 그 외부에 위치한 응력상태는 항복이 일어난 상태로 판단할 수 있다. 만약, $\sigma_1$, $\sigma_2$가 부호와 크기가 비슷하다면, 최대수직응력 이론이 재료거동을 가장 합리적으로 예측한다고 할 수 있지만, 이 이론이 적용될 수 있는 모든 환경을 정의하기는 어렵다. 최대전단응력 이론이 보수적이긴 하지만 설계의 관점에서 허용할만하고 시험데이터와 비교해보았을 때, 전단변형 에너지 이론이 가장 실제와 근접한 결과를 보여준다. 이 세 가지 이론 중 하나의 항복기준을 선택하기 위해서는 우선 그 재료의 속성(연성 또는 취성)이 어느 이론에 적합한지를 판단하여야 하며, 설계조건상 얼마나 보수적으로 설계를 할 것인가를 판단해야 한다. 만약, 요구되는 설계규정(ASME, AISC 등)이 있을 경우, 규정집에 명시된 허용응력을 설계기준으로 하면 된다. 예를 들면, 원자력용 기기를 ASME에 따라 설계할

경우, 공식이 간단하고 가장 안전측의 결과를 주는 최대전단응력 이론을 기준으로 부위별로 항복응력이 아닌 허용응력(Allowable stress)을 제시하고 있다. 적용해야 할 규정이 없는 경우에는 많은 실험을 통해 구축된 데이터를 근거로 안전율을 감안한 허용응력을 자체적으로 정하여 그 값을 설계기준치로 사용한다.

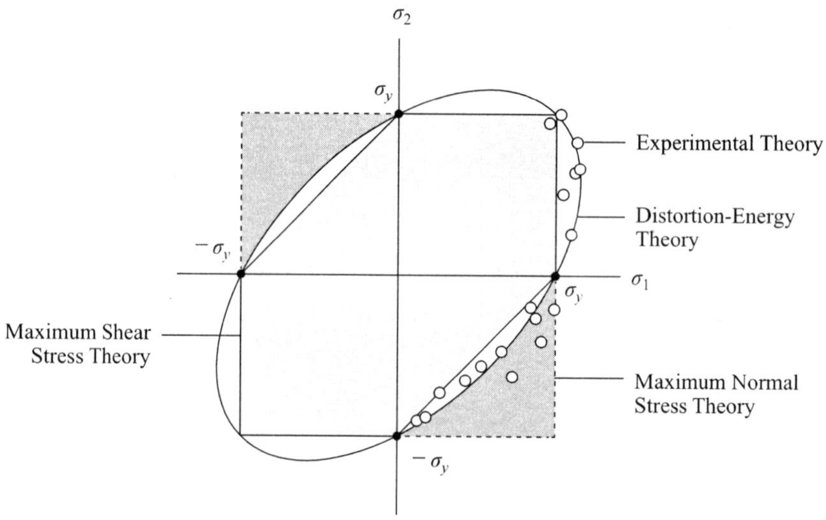


[그림 11.7] 연성 파손 이론

## 11.4 피로파괴시험과 응력

피로파괴는 단일 하중에 의해 일어나는 응력보다 낮은 하중을 반복해서 받을 경우에 발생되는 파괴로 비교적 장기간에 걸쳐서 서서히 진행된다. 피로에 의한 파괴는 큰 변형을 수반하지 않고 언뜻 보기에 취성파괴의 양상을 나타내며, 거시적으로는 파면이 주 인장방향에 수직인 방향으로 나타난다. 피로파괴는 흔히 파면의 형태로 판정할 수 있으며, 균열이 전파할 때 상호 마찰에 의해서 형성되는 평활한 영역과 시편의 잔여 단면적이 하중을 지탱하지 못하게 될 때 연성파괴를 일으키는 거친 영역으로 이루어진다. 피로파괴의 특징에는 응력변동시의 균열발생지점으로부터 내부로 진행되는 원형자국의 비치마크가 나타나는데 이는 응력이 반복 될 때 균열의 전파 및 정지와 파단면 부식정도 차이에 형성되는 파면으로 파도가 해변에 만드는 흔적과 비슷하다 해서 붙여진 이름이다. cm 크기이며 육안으로 관찰할 수 있는 피로파괴의 특징이다. 또한 미시적으로는 스트라이에이션(Striation)이라는 미세한 줄무늬가 나타나는데, 이 미세한 줄무늬의 간격이 1회의 반복하중이 걸리는 것에 의한 균열의 전파량에 해당한다. 피로파괴는 보통 응력이 집중되는 점에서 시작된다. 이것은 우선 표면결함과 함께 강성률에 있어 급격한 변화(단면에서의 급격한 변화)도 포함된다. 매끄러운 표면 상태의 경우 피로파괴는 표면을 침투하는 전단면에서 발생되는 돌출(Extrusion)과 침입(Intrusion)으로부터 시작된다. 또 다른 가능성은 피로파괴가 표면 하부의 비금속 개재물에서 시작되는 것이다. 때때로 잔류 압축응력이 표면영역에 존재할 때 피로파괴는 특히 수축동공, 큰 비금속 개재물이나 날카로운 현미경조직 변화(내부 피로파괴)와 같은 내부적 결함으로부터 시작될 수 있다. 피로파괴의 특징 중 하나는 종종 여러 점에서 시작되는 것이다. 그리고 어느 한계응력 이하에서는 아무리 많은 반복하중이 가해져도 피로현상이 생기지 않는다. 이 한계를 피로한계라고 한다. 또한 피로형상으로 재료가 파괴되었을 때 연성재료라 할지라도 마치 취성재료가

**응력과 시간에 따른 S−N 곡선**

$$\sigma_a = \frac{\Delta\sigma}{2} = \frac{\sigma_{\max} - \sigma_{\min}}{2}$$

$$\sigma_m = \frac{\sigma_{\max} + \sigma_{\min}}{2}$$

$$\sigma_{\max} = \sigma_m + \sigma_a,\ \sigma_{\min} = \sigma_m - \sigma_a$$

$$R = \frac{\sigma_{\min}}{\sigma_{\max}},\ A = \frac{\sigma_a}{\sigma_m}$$

파괴된 것처럼 거의 변형 없이 갑자기 파괴되어 균열의 점진적 발생부와 급격 파괴부를 뚜렷하게 구분할 수 있다. [그림 11.8]에서 나타낸 S - N 곡선이란 재료에 반복해서 가해져 파괴시키는 응력의 반복횟수와 그 진폭과의 관계를 나타내는 곡선을 말한다. 그림과 같이 재료의 어느 부분에 대해 응력을 반복적으로 가할 때 $\sigma_{\max}$은 상한응력 $\sigma_m$은 평균응력 $\sigma_a$를 응력진폭이라 하면

$\sigma_a$와 N과의 관계를 나타내는 곡선을 S - N 곡선이라 한다. 여기서 파괴될 때까지의 반복수를 피로 수명이라 하며 그래프는 응력진폭을 세로축에, 반복수를 가로축에 잡고 log - log 그래프로 그린다.

피로한도란 S - N 곡선에서 응력진폭이 어느 한계치 이하이면 반복수가 아무리 증가하여도 파괴가 생기지 않고 곡선은 수평이 될 때, 이 한계치 응력. 피로한도는 회전굽힘, 인장압축, 반복 비틀림 등의 부하 형식에 따라 다르다.

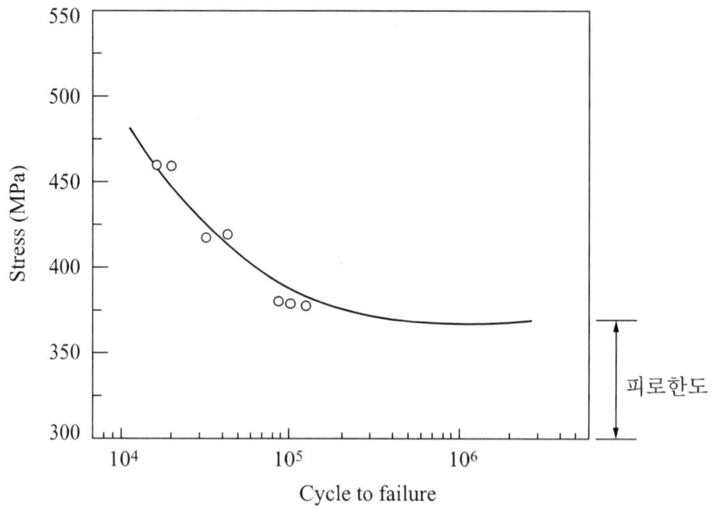


[그림 11.8] S - N 곡선의 피로한도

## 11.5 충격시험과 응력

충격시험의 목적은 실험재료가 완전 파괴 될 만한 충분한 충격을 주어 파괴저항을 구하는 시험으로 대표적인 시험기계로는 Charpy 충격시험기가 있다. 충격시험은 시편의 파괴저항 또는 충격저항을 측정하는데 그 목적이 있다. 시편을 충격적으로 파단시켜 이때 흡수된 에너지의 많고 적음으로써 재료의 인성 및 취성을 판정하기 위한 것이다. 재료의 이러한 성질은 하중이 가해지는 속도에 영향을 받는데, 인성은 인장시험, 즉 정적인 시험을 통해 어느 정도 결정할 수 있으나 취성은 인장시험만으로는 구별이 되지 않으므로 이러한 재료의 특성을 정확히 판정하기 위해서는 정적인 시험 외에 동적인 충격시험이 요구된다. 일반적으로 건축구조물에는 충격하중이 가해지는 경우가 많은데 건축구조물에 사용되는 재료에 대해서는 인장시험보다 충격시험이 더욱 중요하다. 샤르피 충격시험방법은 가장 널리 사용되는 충격시험방법으로 샤르피(Charpy) 충격시험기를 이용하여 재료의 강도에 따른 충격에너지를 산출하고 그 변화를 관찰하고 분석한 후 파단된 재료의 단면을 관찰하여 취성 및 인성을 판정한다. 실험방법은 충격굽힘시험법으로 시험편을 양단힌지로 고정한 다음 시험편의 notch부분이 정확하게 중앙에 오도록 수평으로 놓는다. 이때 시험편이 중앙점에 충격하중을 가하여 시험편이 파단되는데 소요된 흡수에너지 $E$(kgf · m)로 충격치를 나타낸다.

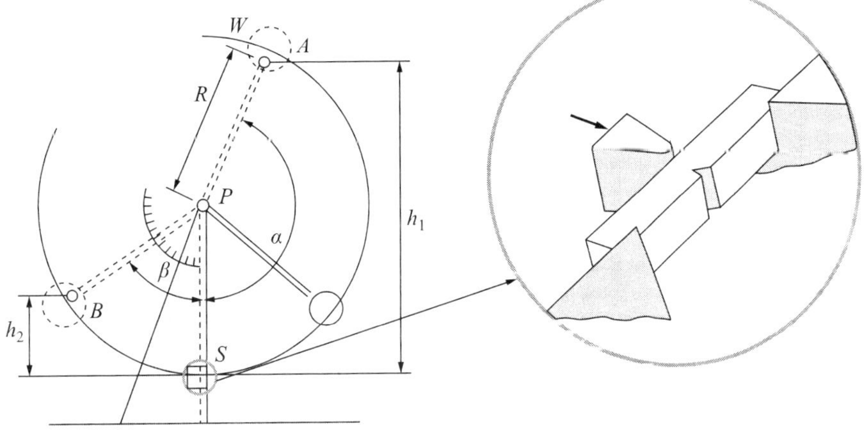


[그림 11.9] Charpy 충격 실험의 원리

핸들을 돌려서 해머가 $\alpha$되는 각도의 위치에 고정시키고 펜듈럼 해머의 날이 시험편의 노치 부분에 오도록 시험편을 바른 위치에 놓은 다음, 해머를 낙하시켜서 시험편을 파괴시키고 해머가 각도 $\beta$만큼 올라가게 한다. 이때 파괴되는데 소모된 에너지 $E$(kgf · m)는 다음과 같다.

① $E = Wh_1 - Wh_2$

② $Wh_1 = WR(1-\cos\alpha)$

③ $Wh_2 = WR(1-\cos\beta)$

따라서, 소모된 에너지 $E$는 $E = WR(\cos\beta - \cos\alpha)$이다.

샤피 충격치 $U$는 시험편을 절단하는데 필요한 에너지 $E$(kg · m)를 노치부의 원단면적(cm²)으로 나눈 값으로 표시된다. 즉, 충격치 $U$는 $U = \frac{E}{A}$

$\therefore U = \frac{Wl(\cos\beta - \cos\alpha)}{A}$ $\mathrm{kgf \cdot m/cm^2}$이다.

시험편은 중앙파단부에 $V$ 또는 $U$ 형상의 노치를 만들어 응력집중 효과를 나타내게 된다.

## 11.6 비틀림시험과 응력

비틀림이란 모터의 축이나 동력장비의 토크관과 같은 구조부재가 종축을 회전시키는 모멘트에 의해 비틀림 작용을 받는 것을 말한다. 비틀림 실험은 항복강도, 파단계수, 전단 탄성계수 등과 같은 성질을 결정하기 위하여 행한다. 또한 사용 중 비틀림 하중을 받는 축, 차축, 비틀림 드릴 등과 같은 부품에 대해서는 실제 크기로 실험할 때도 있다. 또한 재료의 단조성을 평가하기 위하여 고온에서도 비틀림 시험을 행한다. 기본 이론은 한쪽 끝이 고정되어 있다고 가정하고 토크를 받는 원통형 봉을 생각해보자. 이러한 토크는 재료의 단면에 형성되는 전단 응력에 의하여 저항을 받는다. 중심에서는 전단응력이 "ZERO"이고 반지름을 따라서 선형적으로 증가한다. 내부 저항 모멘트와 비틀림 모멘트를 같다고 놓으면,

$$T = \frac{\tau}{r}\int_0^a r^2 dA,\quad \int_0^a r^2 dA = J = \frac{\pi D^4}{32},\quad \tau = \frac{T \times r}{J} = \frac{16 \times T}{\pi \times D^3}$$

탄성범위 내에서는 $\tau = G \times \gamma,\ G = \frac{T \times L}{J \times \theta}$

위 관계에서 강성률을 구할 수 있다. 강성률은 탄성계수로서 재료의 강성과 유연성의 척도가 된다. 이 강성률은 재료가 응력과 변형률 관계에서 선형적이

라 가정하고 그러한 구간내의 기울기를 의미한다. 또한 재료마다 고유한 값을 갖기 때문에 재료를 구분 짓는 특성이 될 수가 있다. 항복강도를 지나 소성영역으로 넘어갔을 경우 더 이상 전단 응력은 축으로부터 선형적 함수가 될 수가 없다.

Chapter 12

# 파괴와 파단면 검사

## 12.1 파괴와 파괴의 분류

어떤 한 물체가 응력의 작용으로 두 개 혹은 그 이상으로 분리되는 현상을 일반적으로 파괴라고 한다. 이러한 분리는 물체 내에 균열이 생기면서 일어난다. 그러나 파괴에는 많은 양식이 있으며 각각 다른 과정을 거친다. 실제로 파괴는 매우 복잡한 현상이므로, 파괴 관련 용어는 전문가 사이에서도 오래전부터 상당히 혼란을 빚어왔다. 따라서 감식 전문가가 감정서를 작성할 때에는 파괴 관련 용어의 의미와 내용을 정확하게 파악할 필요가 있다. 철강재료 뿐만 아니라 금속재료의 파괴는 분류 기준에 따라 다음과 같이 분류된다.

**1) 소성변형의 여부에 따른 것**

① 연성 파괴
② 취성 파괴
③ 피로 파괴

**2) 파단면의 거시적 형태에 따른 것**

① 섬유상 파괴
② 전단 가장자리(Shear lip)상 파괴
③ 입상 파괴

④ 방사상 파괴
⑤ 패각(Clam shell)상 파괴

### 3) 응력이 가해지는 방식에 따른 것

① 정적 파괴
② 충격 파괴
③ 피로 파괴
④ 크리프 파괴

### 4) 균열의 전파 경로에 따른 것

① 결정입내 파괴(입내 파괴)
② 결정입계 파괴(입계 파괴)

### 5) 결정입내 파괴의 경우, 균열이 발생하는 결정면의 종류에 따른 것

① 전단형 파괴(슬립 면(Slip plane)을 따라 파괴된 것)
㉠ 수직 파괴
㉡ 전단 파괴
② 벽개 파괴(벽개면을 따라 파괴된 것)
③ 의(擬)벽개 파괴

### 6) 환경 또는 온도 등의 영향에 따른 특수한 파괴

① 응력 부식 균열
② 수소 취화 균열
③ 부식 피로 파괴
④ 저온 취성 파괴
⑤ 크리프 파괴

위의 분류 중 1), 2), 4), 5)는 파괴 양식 및 파괴 과정에 대한 것이고 3)과 6)은 응력을 가하는 방법 또는 환경, 온도 등 파괴에 관련된 내적 혹은 외적 조건에 대한 것이다.

## 12.1.1 연성 파괴

연성 파괴는 취성 파괴에 대비되는 용어로 거시적 혹은 미시적으로 큰 소성변형을 일으키는 파괴를 가리킨다. 여기서 주의하여야 할 사항은 거시적 파단면 관찰 시 소성변형이 거의 없어 취성 파괴로 판단되더라도, 미시적 파단면 관찰 시 딤플(Dimple)이 발견되어 미시적으로는 연성 파괴가 되는 점이다. 이러한 경우 취성 파괴가 아닌 불안정 연성 파괴라고 부를 때가 있다. 따라서 연성 파괴라는 용어를 사용할 때에는 의미를 명확하게 파악하여야 한다. 거시적 의미에서 연성 파괴는 일반적으로 균열 속도가 비교적 느리고, 균열 확대에 큰 응력이 필요한 특징이 있다. 파단 사고가 일어난 철강의 파괴가 거시적 소성변형이나 국부수축이 일어난 때에는 연성재료에 과대한 응력이 가해져서 일어난 과하중 파단이다(그림 12.1). 그리고 미시적 의미에서 연성 파괴의 특징은 결정입내 혹은 결정입계에서 미소 공동(微小 空洞)이 합체함으로써 파괴가 일어나거나, 슬립 면에서 연성적 분리로 인해 파괴가 나타나는 것이다(그림 12.2). 또한, 거시적 파단면 관찰의 결과가 연성 파괴일 때에는 통상 미시적으로도 연성 파괴이다.

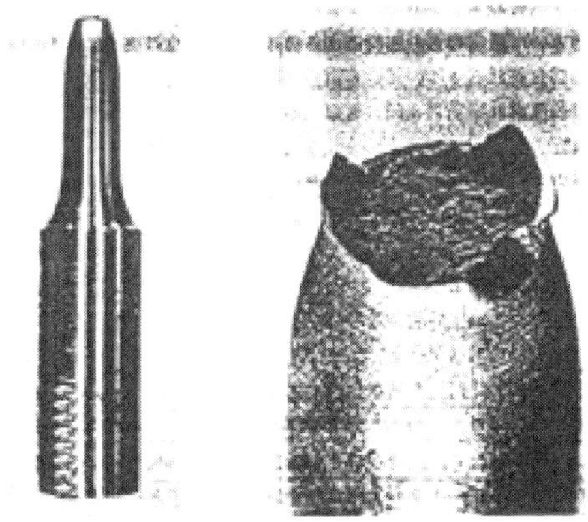

인장시험편의 파단형태　　　　동 파단면

[그림 12.1] 거시적 연성 파괴(S 15 C, 상온)

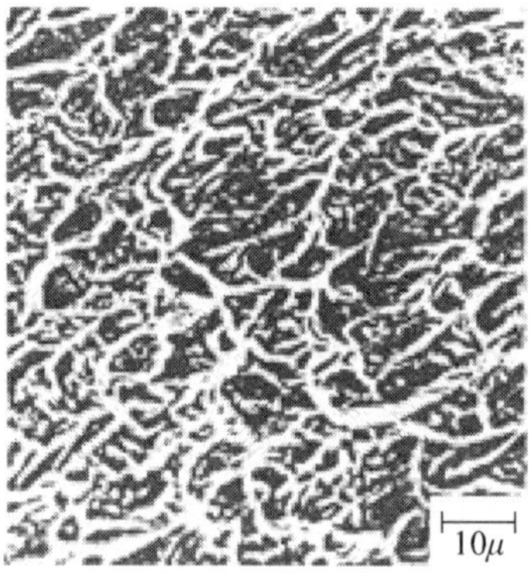


인장시험편의 파단면

[그림 12.2] 미시적 연성 파괴(S 15 C, 상온)

## 12.1.2 취성 파괴

취성 파괴는 거시적 혹은 미시적으로 거의 소성변형을 일으키지 않는 파괴이다. 거시적 의미에서 취성 파괴의 특징은 균열의 전파 속도가 상당히 빠르고 균열 확대에 큰 응력이 필요하지 않은 것이다(그림 12.3).

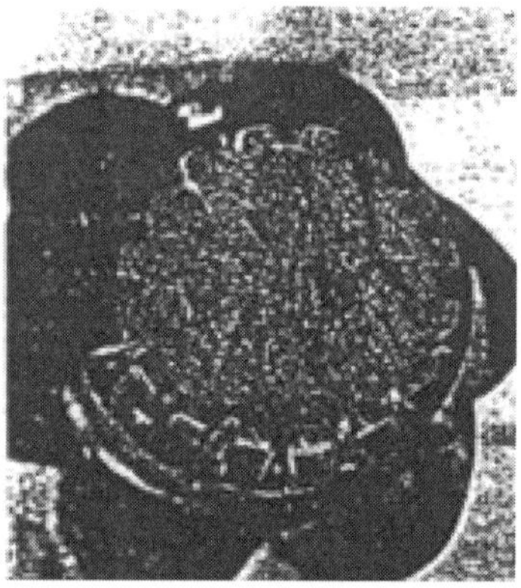

[그림 12.3] 거시적 취성 파괴(자동차의 스플라인축)

거시적 파단면을 관찰한 결과 파괴 형태가 취성 파괴로 판단되는 경우, 미시적으로는 취성 파괴일 수도 있고 연성 파괴일 수도 있음은 앞에서 밝힌 바와 같다. 단, 미시적 파단면 관찰에서 취성 파괴로 판단되면 거시적으로도 취성 파괴이며, 백주철(백철) 등의 취성재료 또는 유리와 같은 재료가 이 예에 해당한다. 미시적 의미에서 취성 파괴는 결정입내에서 벽개면의 파괴(그림 12.4), 벽개면을 확인하기 어려운 의벽개 파괴, 또는 결정입계를 따라 취성적으로 분리됨으로써 파괴가 나타나는 특징이 있다.

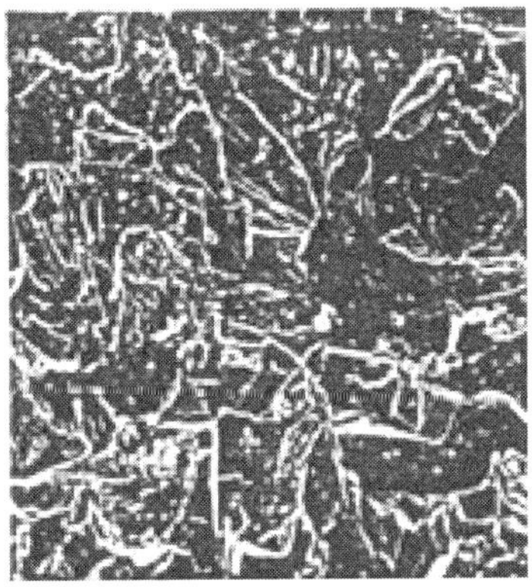

[그림 12.4] 미시적 취성 파괴(가스관 SGP의 노치 취성 파괴)(×300)

저탄소강과 같이 통상 상온에서는 거시적으로 연성 파괴하는 재료가 저온, 고변형 속도(high strain rate), 노치 등에 의해 거시적으로 취성 파괴하는 예가 있는데, 이것을 연성 - 취성변이(연성 - 취성전이)라고 한다.

## 12.1.3 피로 파괴

피로 파괴는 응력이 반복적으로 가해져 점점 균열이 전파 및 확대하고 결국 파괴에 이르는 것으로 응력 진폭이 정적 강도 이하, 때로는 탄성한(彈性限) 이하에서도 일어난다. 거시적으로는 소성변형이 동반되는 경우가 거의 없지만, 미시적으로는 크든 작든 소성변형이 집적한 결과이다. 기계 구조물의 파괴 사고는 피로 파괴가 원인인 경우가 많다. 피로 파괴의 과정은 응력이 반복적으로 가해진 재료의 표면 혹은 내부에 슬립 밴드가 생성되어 미시적 소성변형과 전단균열( $10^{-3} \sim 10^{-2}$ cm 정도)이 발생한다. 그리고 이러한 상태가 수명의 $\frac{3}{4}$ 이상(혹은 약 90%) 유지된 뒤, 인장방향에 거의 수직인 거시적 균열이 일어나 동심원 모양의 간헐적인 전파, 확대를 시작(이것을 원인으로 패각 모양이 나타난다)하고, 마지막에는 거시적 균열이 급속도로 진행되어 파단에 이른다. 마지막 단계를 최종 파단면이라 하며 통상의 연성 파괴 혹은 취성 파괴이다(그림 12.5).

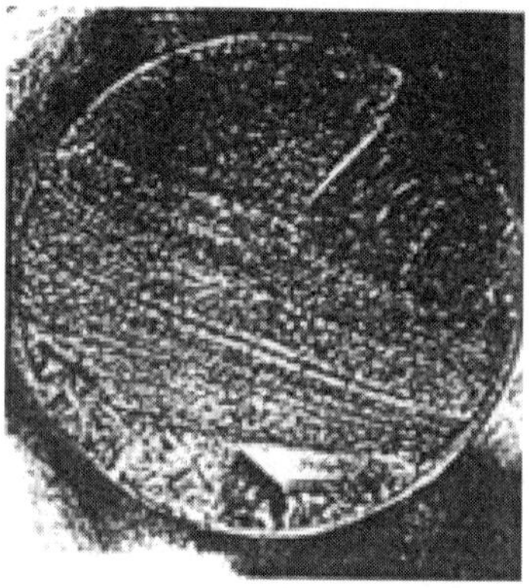

[그림 12.5] 피로 파괴의 거시적 파단면(자동차의 너클 암)

또한, 피로균열의 전파는 미시적으로는 결정입내를 가로지르는 형태와 결정입계를 따라 일어나는 형태가 있으며, 두 경우 모두 통상 반복 응력의 1사이클마다 줄무늬가 나타난다. 줄무늬는 슬립 면을 따라 소성변형한 연성 줄무늬가 많이 나타난다.(그림 12.6) 하지만, 재료나 부식 환경 등의 조건에 따라 벽개면을 따라 취성 줄무늬가 나타나기도 한다. 이 줄무늬의 형성에 결정입계 외의 결정학적 구조는 거의 관여하지 않는다. 또한, 철강 재료의 피로 파단면에 보이는 줄무늬 형태는 알루미늄 합금과 같은 종류보다 불규칙적이고 명확하지 않은 때가 많다. 이외에도 응력 사이클에 대응하지 않는 줄무늬 형태도 관찰할 수 있다. 실제 기계구조물의 철강 재료의 피로 파단면은 두께(Board thickness)나 금속 구조, 파괴에 이르기까지 응력이 반복되는 횟수에 따라 복잡한 양상을 보이고, 미시적으로는 줄무늬 이외에도 딤플이나 리버 패턴(River pattern) 혹은 입계 파괴 등이 나타나는 예가 있다.

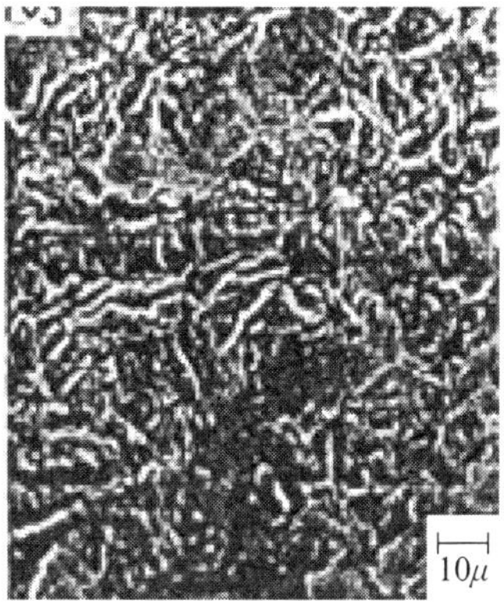


[그림 12.6] 피로 파괴의 미시적 파단면(스키 리프트 서스펜더 용접부, STK30)

[표 12.1] 원형봉 또는 판재의 인열 파괴 형태 또는 거시적 파단면

| 재료 | | 1 | 2 | 3 | 4 |
|---|---|---|---|---|---|
| | | 고순도 또는 연성이 큰 재료 | 연성이 큰 재료 | 고순도 또는 연성이 큰 재료 | 연성이 큰 재료 또는 연성 재료 |
| 파괴형태 | 형상 | 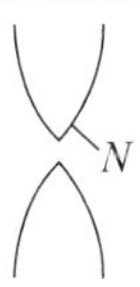 |  | 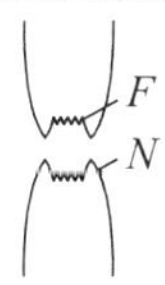 |  |
| | 명칭 | 완전 수축형 | 악어입형 | 양쪽 끝이 컵형 | 경사 파단 혹은 단방향 전단형 |
| | 적요 | 전체적 국부수축 | 전체적 국부수축 | | 판재가 이러한 파괴형태를 나타내고, 중앙에서 양쪽으로 균열이 전파하는 2방향 전단형(끌형)이 있음 |
| 거시파단면 | | 완전 수축<br>N부는 국부수축 | 완전 수축<br>N부는 국부수축 | F부는 섬유상<br>N부는 국부수축 | S부는 전단 가장자리 연성이 크면 국부 수축이 더해짐 |
| 파괴양식 | | 연성 파괴 | 연성 파괴 | 연성 파괴 | 연성 파괴 |

[표 12.1] 원형봉 또는 판재의 인열 파괴 형태 또는 거시적 파단면(이어서)

| 재료 | | 5 | 6 | 7 | 8 |
|---|---|---|---|---|---|
| | | 연성 재료 | 중간 재료 | 비교적 취성재료<br>(고강도 재료 등) | 취성 재료 |
| 파괴형태 | 형상 |  | 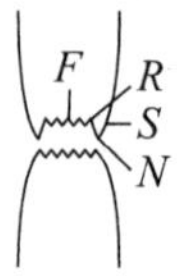 | 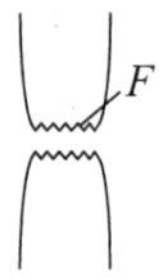 | 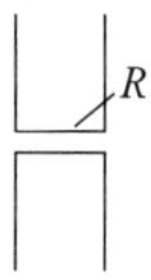 |
| 파괴형태 | 명칭 | 컵 또는 원뿔형<br>(연성형) | 컵 또는 원뿔형<br>(중간형) | 수직 파단형 | 벽개 파괴형 |
| 파괴형태 | 적요 | 중앙 또는 내부는<br>수직 파괴 외주 또는<br>외부는 전단 파괴 | 중앙 또는 내부는<br>수직 파괴 혹은<br>벽개 파괴<br>외주 또는 외부는<br>전단 파괴 | 대개 수직 파괴 | 대개 벽개 파괴 |
| 거시파단면 | | $F$부는 섬유상<br>$S$부는 전단 가장자리<br>$N$부는 국부수축 | $F$부는 섬유상<br>$R$부는 방사상, 입상<br>$S$부는 전단 가장자리<br>$N$부에<br>국부수축 있음<br>취성이 클수록<br>방사상, 입내 부분<br>증가함 | $F$부는<br>섬유상 국부수축<br>거의 없음 | $R$부는 방사상, 입상 |
| 파괴양식 | | 연성 파괴 | 연성 파괴 또는<br>취성 파괴 | 취성 파괴에 가까운<br>연성 파괴 | 취성 파괴 |

[표 12.2] 원형봉의 굽힘 파괴 형태 또는 거시적 파단면

| 재료 | | 1<br>연성 재료 | 2<br>중간 재료 | 3<br>취성재료 |
|---|---|---|---|---|
| 파괴 형태 | 형상 | 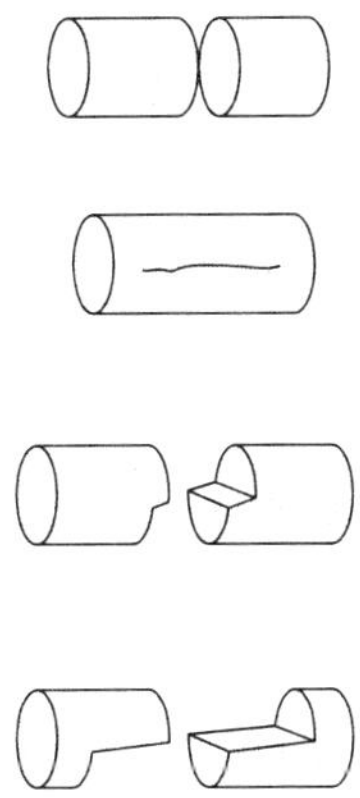 | 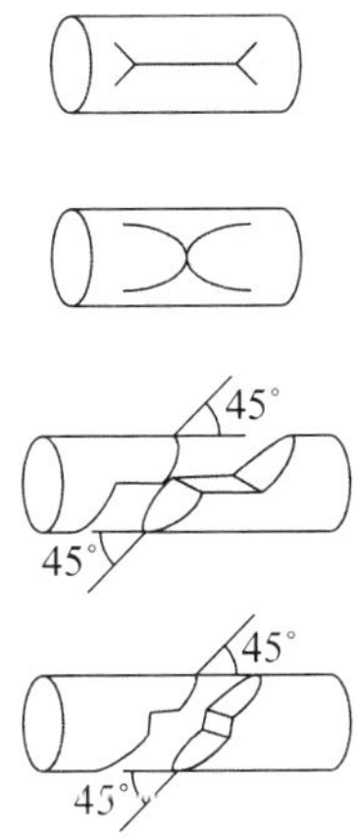 | 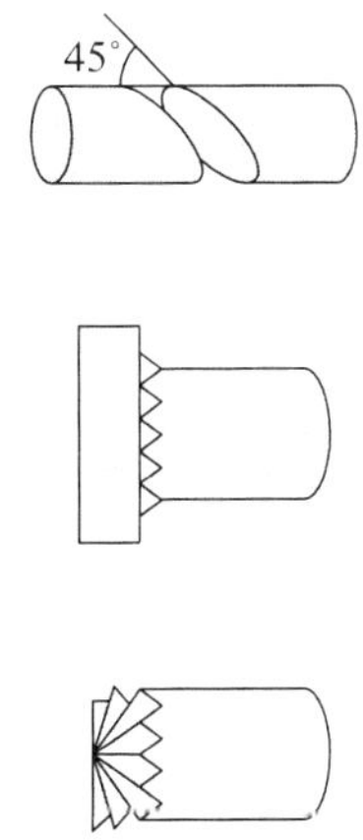 |
| | 명칭 | 전단형 | 복합형 | 인장형 |
| | 적요 | 전단 파괴 | 전단 파괴와 인장 파괴의 복합 | 인장 파괴 |
| 거시파 단면 | | 섬유상 | 섬유상, 입상 | 입상, 방사상 |
| 파괴 양식 | | 연성 파괴 | 연성 파괴와 취성 파괴 | 취성 파괴 |

# 12.2 파괴 양식과 파단면

## 12.2.1 입내 파괴

입내 파괴는 결정입내에서 횡적으로 균열이 일어나 발생한다. 형식은 전단형 파괴(수직 파괴, 전단 파괴), 벽개 파괴 또는 의벽개 파괴가 있다(표 12.3 참조). 또한, 입내피로 파괴는 입내 파괴의 변형이다.

[표 12.3] 파괴 분류 및 상호 관계

<table>
<tr><th colspan="2">소성변형의 정도</th><th>---- 연성 파괴 ----</th><th>---- 취성 파괴 ----</th><th>---- 피로 파괴 ---</th></tr>
<tr><td colspan="2" rowspan="2">거시적 파단면</td><td rowspan="2">-- 섬유상 -- - 전단 가장자리 -</td><td rowspan="2">방사상<br>세브론 패턴 ---<br>헤링본 패턴<br>입상</td><td>패각상<br>방사상 - 매끄러움 -</td></tr>
<tr><td>(연성 파괴 혹은 취성 파괴 특징을 보이는 예가 있다)</td></tr>
<tr><td rowspan="2">파괴 메커니즘</td><td>입내</td><td>전단형 파괴<br>-수직 파괴<br>인열 파괴 - 전단 파괴 -</td><td>벽개 파괴<br>의벽개 파괴</td><td rowspan="2">반복적인 응력에 의해<br>슬립 밴드 생성<br>미시적 균열 발생<br>피로 균열 전파</td></tr>
<tr><td>입계</td><td>--- (입계 전단형 파괴) ---</td><td>(입계 벽개 파괴)</td></tr>
<tr><td rowspan="3">미시적 파단면</td><td>입내</td><td>--- 등축 딤플 -- 신장 딤플 --<br>신장 딤플</td><td>- 리버 패턴 -<br>의벽개 패턴</td><td>연성 줄무늬<br>취성 줄무늬<br>슬립 모양<br>줄무늬상 모양<br>딤플<br>리버 패턴 등</td></tr>
<tr><td rowspan="2">입계</td><td>--- 입계 딤플 ---</td><td>입계분리 패턴<br>록 캔디 패턴 ---</td><td>입계 줄무늬<br>입계 줄무늬상 모양<br>입계 딤플 등</td></tr>
<tr><td>--- (입계 연성 파괴) -----</td><td>(입계 취성 파괴) --</td><td>(입계 피로 파괴)</td></tr>
</table>

### 1) 전단형 파괴

균열이 슬립 면이라고 하는 전단에 약한 특정한 결정면(대부분 철강에서는 {110} 또는 {112}면)을 따라 연성적으로 전파한다. 말하자면 미시적으로는 완전한 취성변형에 따른 파괴, 즉 연성 파괴이다. 거시적으로는 연성 파괴와 취성 파괴 두 종류가 있다. 그 기구는 전단 응력에 의해 미끄럼 현상이 진행되어 네킹(Necking)이 일어난다. 이어 재료 내부에 석출물이나 비금속 개재물(제2상) 등이 핵이 되거나 혹은 재료 내부에 불균일한 변형이 집중된 부분에 형성된 다수의 미소 공동이 결합하여 균열이 전파한다. 그러므로 파단면에는 미시적으로 딤플이라는 컵 모양의 패임이 여러 개 생성된다. 패인 부분에는 제2상의 핵이 관찰되는 예가 많다.

그리고 핵이 된 제2상 중 고순도 철 등에서는 딤플이 생성되지 않고 슬립면에서 분리되어 리플(Ripple)이라는 잔물결 모양 혹은 줄무늬 모양 능 미시적으로 대개 평탄한 파단면 형태가 나타난다. 철을 관찰할 때에는 보이지 않지만, 순 알루미늄 등 고연성 재료에서는 매우 평탄하고 무늬가 없는 스트레칭 형태가 나타난다. [그림 12.7]은 전단형 파괴의 두 가지 형태인 수직 파괴와 전단 파괴를 딤플 형성 기구 모형이다. 그림 (a)는 수직 파괴를 나타낸 것이며, 일정한 인장(引張)을 받은 경우 재료 내부 중앙에 최초의 발생한 균열이 외주(外周)의 자유표면과 분리되어 주위의 소성구속이 크므로, 파괴형태는 인장 축에 거의 수직이 된다. 파단면은 거시적으로는 섬유상 혹은 견상(絹狀)의 형태이고 회색빛을 띠며 광택이 없다. 미시적으로는 원형에 가까운 등축 딤플이다. (b)는 전단 파괴로 내부에서 일어난 균열이 외주의 자유면에 가까워질수록 소성구속이 사라지고, 균열은 전단응력 최대 방향, 즉 45° 경사로 전파되어 외부표면에 이른다. 파단면은 전단 가장자리(shear lip)라고 하며 경사가 완만하고 희미한 금색광택을 띤다. 그리고 때때로 주름 모양이 보인다. 미시적으로는 신장 딤플이다. (c)는 수직 파괴의 한 종류인 인열 파괴이다. 재료 내부 중앙의 수직 파괴에 이어 균열이 외주 방향으로 확대될 때 인열, 즉 불균일 인장에 따라 파괴 형태는 인장 축에 거의 수직이 된다. 파단면은 거시적으로는 방사상이 나타나고 비교적 거칠다. 미시적으로는 신장 딤플이다.

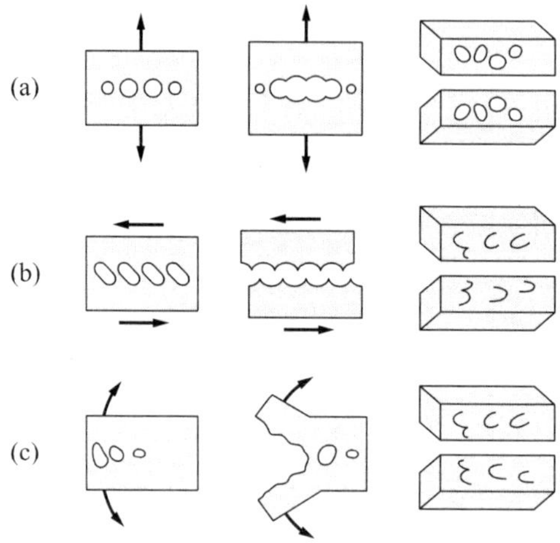


[그림 12.7] 딤플형성기구

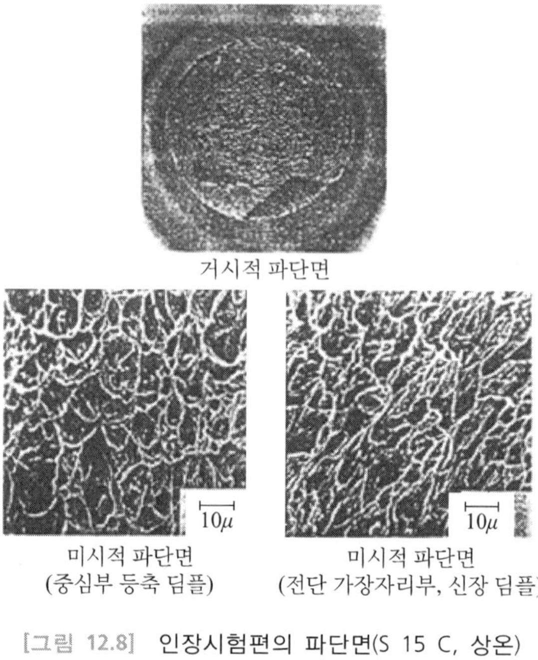


[그림 12.8] 인장시험편의 파단면(S 15 C, 상온)

[그림 12.8]과 [그림 12.9]는 저탄소강(기계구조용 탄소 철강재) 또는 중탄소강(기계구조용 탄소 철강재)의 원형봉 시험편을 상온에서 인장 파괴한 경우의 거시 또는 미시적 파단면의 형태이다. 이 그림에서 알 수 있는 바와 같이, 저탄소강의 거시적 파단면은 내부 원형 부분이 모두 수직 파괴인 섬유상이고, 외주부가 전단 파괴인 전단 가장자리가 나타난다. 미시적 파단면은 전자가 등

축 딤플, 후자가 신장 딤플이다. 중탄소강의 거시적 파단면에는 내부 중앙에 수직 파괴인 섬유상 부분(원형), 그 바깥쪽에 방사상 티어 리지(Tear ridge)의 파괴 부분, 외주부에 전단 파괴인 전단 가장자리가 있다. 미시적 파단면은 중앙원형의 섬유상 부분이 등축 딤플, 그 바깥쪽 방사상 티어 리지의 부분이 촘촘한 딤플, 외주부의 전단 가장자리 부분이 신장 딤플이다. 모든 딤플이나 저탄소강보다 매우 작고 촘촘하다.

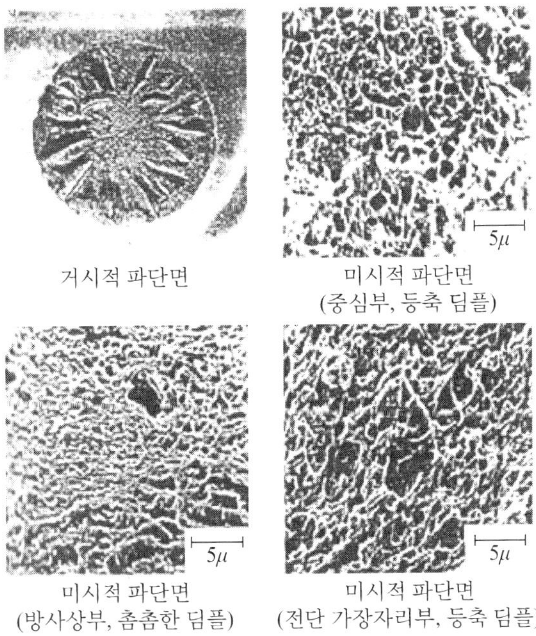


[그림 12.9] 인장시험편의 파단면(S 40 C, 상온)

## 2) 벽개 파괴

균열은 벽개면이라는 특정한 결정면(대부분 철강은 {100}면)을 따라 취성적으로 급속하게 전파된다. 즉, 거시적이든 미시적이든 취성 파괴이다. 이 메커니즘은 수직응력에 의해 벽개면에서 분리 파괴되는 것으로, 철강과 같은 다결정 재료는 각 결정립의 방향이 정해져 있지 않으므로 미시적 균열의 진행 방향이 입계마다 변한다(균열이 결정립에서 결정립으로 횡단한다). 또한, 벽개가 하나의 벽개면에서 일어나지 않고 평행한 여러 벽개면에 걸쳐 있으므로 패싯(facet, 파면단위)의 표면에 벽개단이 생성된다. 균열의 전파에 따라 벽개단이 결합하여 강이 흐르는 모양과 유사한 모양, 즉 리버 패턴이 생성된다(그림 12.10). 또한, 취성균열이 합체할 때 접합부에 텅(Tongue, 혀 모양)이 생성된다(그림 12.10). 강의 흐름 방향으로부터 균열의 전파 방향을 알 수 있다. 이처럼 리버 패턴이나 텅은 페라이트강이나 페라이트+펄라이트강에 나타나고, 특히 저온 취성 파괴를 일으킬 때 현저하게 나타난다. 거시적 파단면은 입상 혹은 입계상에 빛(단, 회주철, 가단주철 등 비교적 강도가 낮은 주철은 빛나지 않는다), 방사상, 셰브론 패턴, 헤링본 패턴 등의 모양이 나타난다.

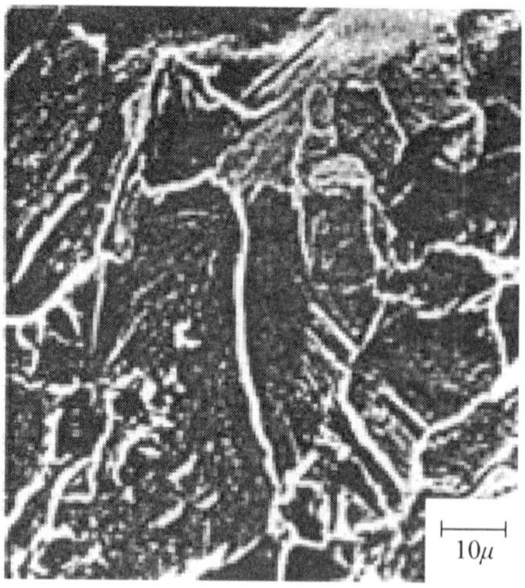


[그림 12.10] 리버 패턴과 텅(저탄소강의 노치 취성 파괴)

### 3) 의벽개 파괴

의벽개 파괴는 담금질 - 뜨임 처리를 한 강철과 같은 조질강 및 고장력강 등 거시적 취성 파괴일 경우 일어난다. 파단면은 거시적으로는 벽개 파괴와 유사하지만, 미시적으로는 패싯 중앙으로부터 강이 주위로 흐르는 모양이 나타나거나 패싯 주변에 소성 변형에 의한 티어 리지가 관찰되기도 하며 강의 모양이 확실하지 않은 때도 있어 벽개면을 따른 파괴인지 단정하기 어렵다. 이것은 저탄소강의 결정입도 등을 조질강에서 정확하게 산출할 수 없기 때문이며, 본질적으로 벽개 파괴와 동일한 것으로 추정한다.

## 12.2.2 입계 파괴

결정입계에는 원래 불순물이나 합금 원소가 쉽게 편석(偏析)하고, 제2상의 석출이 많다. 여기에 환경 또는 부식과 같은 외부 조건이나 온도 효과 등의 요소가 더해져 입계가 취화하고, 입계를 따라 파괴가 일어나는 때가 많다. 이것을 입계 파괴라고 한다. 입계 파괴는 거시적으로는 취성 파괴이고 파단면은 입상을 나타내는 경우가 많지만, 미시적으로는 소성변형의 정도에 따라 입계 연성 파괴, 입계 취성 파괴, 입계 피로 파괴 등으로 나뉜다. 또한, 입계 파괴를 입계 전단 파괴와 입계 벽개 파괴로 구분할 때가 있지만, 입내 파괴와는 상당히 다른 파괴 형태를 보인다.

### 1) 입계 연성 파괴

입계를 따라 미소 공동이 형성 및 합체한 뒤 연성적으로 균열이 확대되어 입계표면에 딤플이 생성된다. 입계에 석출한 불순물이나 제2상이 미소 공동 형성의 핵이 된다.

### 2) 입계 취성 파괴

입계를 따라 취성적으로 분리 파괴된다. 파단한 입계의 표면은 평탄하고 모양이 거의 나타나지 않는 때가 많다. 이것을 록 캔디 패턴(Rock candy pattern)이라고 한다(그림 12.11).

### 3) 입계 피로 파괴

입계를 따라 피로균열이 확대한 것으로, 미시적 입상 파단면 상에 입내 피로 파괴가 일어났을 때와 유사한 줄무늬 모양을 관찰할 수 있다.

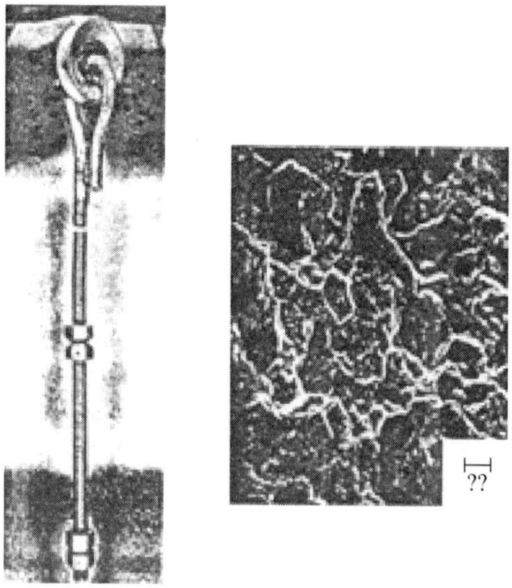

[그림 12.11] 입계 취성 파괴(아이볼트의 용접 급랭부의 노치 취성 파괴)

# 찾아보기

저 자 : **김 의 수** (金義洙, EUI SOO KIM)

- 현) 국립 한국교통대학교 안전공학과 교수
- 현) 경찰청 과학수사자문단 위원
- 현) 중앙소방학교 외래강사
- 현) 중앙소방학교 화재조사관 자격시험 출제위원
- 현) 한국소방안전원 초빙강사
- 현) 한국가스안전공사 사고조사전문위원
- 현) 경찰수사연수원 외래강사
- 현) 산업자원통상부국가안전대진단 민간위원<br>가스안전기술 심의위원<br>가스기술기준위원회 분과위원
- 현) 행정안전부안전정책자문위원<br>안전정책기동단 전문위원<br>안전한국훈련 중앙평가단 위원
- 현) 고용노동부 중대재해해제 심의위원
- 현) 대한기계학회/한국가스학회/한국법과학회<br>/한국화재조사학회 이사

- 전) 국립과학수사연구원 공업연구관
- 전) 대한민국 안전대상 심사위원
- 전) 서울대/중앙대 공과대학 객원교수
- 전) 미국 조지아텍 방문연구원
- 전) LG디스플레이/LG전자/삼성전자 선임연구원

**재료역학** 정가 18,000원

발 행 2020년 8월 31일 초판 1쇄
저 자 김의수
발행인 정우용
발행처 도서출판 **동 화 기 술**
경기도 파주시 광인사길 201(문발동, 파주출판도시)
Tel (031)955-4211~6 donghwapub@nate.com
Fax (031)955-4217 www.donghwapub.co.kr
(등록) 1977년 12월 19일/9-16호



ISBN 978-89-425-9293-7